Inhalt Band 12

Seite

Vorwort des Herausgebers 1

Dr. Claus Jordan
Einführung in den Aufbau der Hardware eines Datenverarbeitungssystems   7

Prof. Dr. Walter Goldberg
Die Programmierung elektronischer Rechenautomaten 35

K. Gewald und K. Kasper
Betriebsweisen elektronischer Datenverarbeitungssysteme 53

Dr. D. B. Pressmar
Organisationsformen des Datenverarbeitungsprozesses 67

Prof. Dr. Herbert Jacob
Der Einsatz von EDV-Anlagen im Planungs- und Entscheidungsprozeß
   der Unternehmung 91

Praktische Fälle zur Unternehmensführung

Fallstudie 17

Die problemorientierten Programmiersprachen
Von Dr. D. B. Pressmar 115

Fallstudie 18

Der Entwurf eines Datenverarbeitungssystems
Von Dipl.-Kfm. Albert Henne 139

Erläuternde Fragen zum Themenkreis der gebrachten Aufsätze 155
Kurzlexikalische Erläuterungen 159

Herausgeber: Prof. Dr. H. Jacob, Hamburg 13, Von-Melle-Park 9

Bezugsbedingungen:
Einzelband 12,90 DM

9,80 DM ermäßigter Preis je Band bei Dauerbezug für 1 Jahr (4 Bände)

7,80 DM ermäßigter Preis je Band für Studierende, befristet auf 1 Jahr

(Nur mit Angabe der Matrikel-Nr.)

Bestell-Nr. dieses Bandes
ISBN 978-3-409-79121-2   ISBN 978-3-663-13357-5 (eBook)
DOI 10.1007/978-3-663-13357-5

Springer Fachmedien Wiesbaden 1970
Ursprünglich erschienen bei Betriebswirtschaftlicher Verlag Dr. Th. Gabler GmbH, Wiesbaden 1970
(Zitierweise „Schriften zur Unternehmensführung" Band 12, Wiesbaden 1970)

Einige Zahlen zur Entwicklung und Anwendung elektronischer Datenverarbeitungsanlagen

Die ersten auf elektronischer Grundlage beruhenden Datenverarbeitungsanlagen wurden im Jahre 1946 vorgestellt. Damit setzte voll eine Entwicklung ein, die nicht selten als die zweite industrielle Revolution bezeichnet wird. Sie ist eng verbunden mit den Begriffen Information, Planung, Automatisation und Kybernetik. Während im Mittelpunkt der ersten industriellen Revolution – in England beginnend mit dem Ende des 18., in Deutschland mit dem Ende des 19. Jahrhunderts – Maschinen und Einrichtungen standen, mit deren Hilfe bis dahin ungeahnte Energien erzeugt und völlig neue Arbeitsprozesse ermöglicht wurden, nimmt diese Stellung im Hinblick auf die zweite industrielle Revolution die (elektronische) Datenverarbeitungsanlage ein.

Die Bemühungen um die Konstruktion von Rechenmaschinen reichen Jahrhunderte zurück. Es bedurfte jedoch, bevor der Bau wirklich leistungsfähiger Anlagen in Angriff genommen werden konnte, eines bestimmten technischen Entwicklungsstandes. Zum ersten Mal im Jahr 1890 wurde bei der 11. amerikanischen Volkszählung von dem Deutsch-Amerikaner Hollerith die Lochkartentechnik in größerem Umfange eingesetzt. Rund 30 Jahre dauerte es, bis leistungsfähige Büro-Lochkartenmaschinen entwickelt worden waren; sie konnten sortieren, ordnen, zählen, dagegen kaum rechnen.

Die Entwicklung der Datenverarbeitungsanlagen, die als direkte Vorläufer der heute eingesetzten angesprochen werden können, begann Mitte der dreißiger Jahre. Nochmals zehn Jahre dauerte es, bis die ersten elektronischen Datenverarbeitungsanlagen (1. Generation) gebaut waren. Eine davon war ENIAC (Electronic Numerical Integrator and Computer). Sie wog 30 t, enthielt rund 17 000 Röhren und erforderte eine eigene Klimaanlage. Für eine einfache Addition benötigte sie einige eintausendstel Sekunden. An die Wirtschaft wurden die ersten elektronischen Datenverarbeitungsanlagen in den USA Anfang der fünfziger Jahre, in der Bundesrepublik Deutschland einige Zeit später ausgeliefert. In Kürze werden elektronische Datenverarbeitungsanlagen der vierten Generation verfügbar sein. Sie setzen sich aus sogenannten integrierten Großschaltungen zusammen. Schaltungskomplexe mit ca. zehntausend Bauelementen lassen sich auf einem Block von der Größe eines Kubikzentimeter unterbringen; sie vermögen die gleichen Aufgaben wahrzunehmen, für die bei den Anlagen der ersten Generation mehr als 300 Doppelröhren mit Widerständen und Kondensatoren benötigt wurden. Eine einfache Addition bewältigen diese Anlagen in weniger als einer zehnmillionstel Sekunde; sie sind also um vier Zehnerpotenzen schneller als ihre Vorfahren der ersten Generation im Jahre 1946.

Stand heute

<u>Computer sind heute in der Lage, jede nur denkbare logische Aufgabe zu lösen, vorausgesetzt, daß ihnen in Form eines Programms mitgeteilt werden kann, wie sie im einzelnen vorzugehen haben.</u> Die Lösung selbst liegt alsdann dank der ungeheuer hohen Durchführungsgeschwindigkeit nach einem winzigen Bruchteil der Zeit vor, die der Mensch, allein auf sich angewiesen, benötigen würde.

Nach der Diebold-Statistik waren Ende 1969 rund 6300 EDV-Anlagen der zweiten und dritten Generation in der BRD im Einsatz. Der Zuwachs betrug im Jahre 1968 rd. 1140, im Jahre 1969 rd. 1320 Aggregate. Für 1975 wird mit einem Bestand von 17 000 Anlagen gerechnet. In den USA arbeiten heute nach überschlägiger Schätzung 70 000 Anlagen. Wählt man, um einen Vergleich zu ermöglichen, als Bezugsbasis die jeweilige Bevölkerungszahl, so ergibt sich in den USA eine Anlagendichte von 344 pro 100 000, während die entsprechende Zahl für die Bundesrepublik Deutschland 103 beträgt. (Bruttosozialprodukt 1969 pro Kopf der Bevölkerung in den USA: ca. 17 000 DM[1]) in der BRD: 9 720 DM.

Computereinsatz und erforderliches Wissen

Es leuchtet unmittelbar ein, daß ein derart komplexes, vielseitig verwendbares Instrument, wie es der Computer heute darstellt, an den, der damit arbeiten und es effizient nutzen will, Anforderungen besonderer Art stellt. Zwar wird man von ihm nicht verlangen, daß er in der Lage sein sollte, eine solche Anlage selbst zu konstruieren oder gar zu bauen – ebenso wenig wie es zur Erlangung des Führerscheines notwendig ist, Automechaniker zu sein oder über Ingenieurkenntnisse im Automobilbau zu verfügen. Wer sich hinter das Steuer setzt, muß aber immerhin wissen, mit welchem Kraftstoff sein Wagen fährt, wo sich der Motor befindet, wie er behandelt werden will, an welchen Knöpfen wann zu drehen ist u. ä. m. In gleicher Weise muß der, den es angeht, einen Überblick über die Arbeitsweise von EDV-Anlagen besitzen; er muß wissen, welche Gesichtspunkte bei der Auswahl der für eine bestimmte Aufgabenstellung geeigneten Maschinenkonfiguration zu be-

____

[1]) 1 US-$ = 3,70 DM.

achten sind, wie man die Anlage zum Arbeiten veranlaßt, d. h., welche Programme verfügbar sind, welche Programmiersprachen es gibt, welche Programme erstellt werden müßten und welche Probleme sich dabei ergeben können. Er muß sich ferner auf dem weiten Gebiet der Organisation auskennen. Welche organisatorischen Voraussetzungen sind zu schaffen, welche Änderungen an der bisherigen Organisation vorzunehmen, damit eine EDV-Anlage effizient eingesetzt werden kann? Und schließlich müßte er in der Lage sein, zu der vielleicht wichtigsten Frage Stellung zu nehmen, zu der Frage nämlich: Was alles läßt sich mit einer EDV-Anlage bewerkstelligen? Welche Möglichkeiten auf welchen Gebieten der Unternehmensführung bietet der Computer und wie ist er am zweckmäßigsten einzusetzen, um diese Möglichkeiten voll zu nutzen?

Wen geht es an?

Der Kreis derer, die es angeht, ist größer, als es auf den ersten Blick scheinen mag. Es gehören dazu nicht nur diejenigen, die den Computer bedienen, nicht nur die Systemanalytiker, die Organisatoren auf dem Gebiet der Datenverarbeitung, sondern auch die Führungskräfte in den Unternehmen – denn sie sollen sich der Möglichkeiten, die der Computer bietet, bedienen, mit seiner Hilfe den Betrieb steuern – die Sachbearbeiter in den Fachabteilungen – denn nur in Zusammenarbeit mit ihnen können die Aufgaben, die der Computer übernehmen kann und soll, erkannt, die organisatorischen Voraussetzungen geschaffen und eine reibungslose Integration dieses Instruments in den gesamten Betrieb gewährleistet werden.

EDV im Bereich des Rechnungswesens

Es ist verständlich, daß EDV-Anlagen zunächst überwiegend (von technisch-wissenschaftlichen Anwendungen sei hier abgesehen) im Bereich des Rechnungswesens und da wieder für wohl abgegrenzte spezielle Aufgaben eingesetzt wurden. Eindrucksvolle Beispiele zur Veranschaulichung der Leistungsfähigkeit der elektronischen Datenverarbeitung werden berichtet. Zur Durchführung der Lohn- und Gehaltsbuchhaltung für etwa 30 000 Beschäftigte einer großen Firma der chemischen Industrie wurden früher rund 200 Angestellte benötigt. Nach Einführung eines Computers (im Beispiel der 2. Generation) wurden lediglich noch 40 Lohnbuchhalter eingesetzt, wobei der Computer für die Lohn- und Gehaltsabrechnung 6–7 Stunden benötigte. Für die Überwachung und Betreuung des Lagers waren in einem bestimmten Falle 60 Angestellte erforderlich. Nach Umstellung auf EDV konnten die gleichen Funktionen von zehn Angestellten wahrgenommen werden. In einem Versandhaus waren täglich etwa 50 000 Kundenaufträge mit durchschnittlich 15 Einzelpositionen zu bearbeiten. Hierfür waren 800 bis 1000 Arbeitskräfte erforderlich. Durch Einsatz einer EDV-Anlage konnten die gleichen Aufgaben mit 200 Arbeitskräften bewältigt werden.

Auch heute noch dürfte die überwiegende Zahl der im kaufmännischen Bereich eingesetzten Computer für die isolierte Bearbeitung solcher Teilaufgaben herangezogen werden. Es besteht bei einem solchen Vorgehen sehr leicht die Gefahr, daß sowohl die quantitative als auch die qualitative Kapazität des Computers nur zu einem Bruchteil genutzt werden. Auch die Frage: Was könnten wir mit der Anlage noch tun? – mit anderen Worten: Die Aneinanderreihung isolierter Teilaufgaben – wird oft nicht zu befriedigenden Lösungen führen.

Management-Informations-systeme

Das Bestreben geht deshalb heute dahin, g e s c h l o s s e n e M a n a g e m e n t - I n f o r m a t i o n s s y s t e m e aufzubauen, in die die Teilaufgaben organisch integriert sind. Dabei sollte neben der „Dokumentationsfunktion" der „Steuerungsfunktion" wachsende Beachtung geschenkt werden[2]. Die Übernahme von Aufgaben des Rechnungsweswens (im herkömmlichen Sinne), dessen Zweck es ist, das Betriebsgeschehen in der Vergangenheit zahlenmäßig zu erfassen und gegenüber der Öffentlichkeit, den Kapitalgebern, dem Fiskus usw. Rechnung zu legen, stellt die Dokumentationsfunktion dar. So wichtig sie im einzelnen sein mag, sie ist dennoch nur Feststellung bereits eingetretener unabänderlicher Geschehnisse. Wichtiger für das Wohlergehen des Betriebes ist es sicherlich, das Betriebsgeschehen gemäß der Zielsetzung des Unternehmens optimal ablaufen zu lassen. Hierzu ist die Erfassung, Zusammenstellung, Verarbeitung und Auswertung einer Vielzahl von Daten, d. h. die Bereitstellung der zur Steuerung und Gestaltung notwendigen Informationen erforderlich. Die Hauptfunktion eines Management-Informationssystems sollte darin gesehen werden.

Gerade mit Hilfe des Computers lassen sich umfangreiche und komplizierte Planungsprobleme behandeln und auch anspruchsvolle mathematische Lösungsmethoden anwenden. Hängt die Lösung im wesentlichen von den quantitativen Gegebenheiten des Problems ab, liegt sie sozusagen in den quantitativen Daten verborgen und muß sie lediglich aus ihnen durch geeignete Rechnungen herausdestilliert werden, so kann die Problemlösung und damit die darauf aufbauende Steuerung mit Hilfe des Computers automatisiert werden. Als Beispiel sei die Lagerbewirtschaftung mit automatischer Bestimmung der optimalen Bestellmengen, gegebenenfalls der Bezugsquellen, mit Ausschreiben der Bestellungen usw. genannt. Daß eine Verbindung solcher Planungsrechnungen mit der Dokumentationsaufgabe des Informationssystems nicht nur zweckmäßig, sondern im Hinblick auf ein effizientes Arbeiten notwendig ist, geht schon daraus hervor, daß die in der Dokumentation erfaßten Größen einen guten Teil der Daten ausmachen, die zur Lösung der Planungsprobleme benötigt werden.

---

[2] Vgl. hierzu Manfred P. Wahl, Grundlagen eines Management-Informationssystems, Neuwied und Berlin 1969, S. 16 ff.

... zur Erstellung zukunftsgerichteter Detailpläne

Neben dem vergangenheitsorientierten Rechnungswesen kann mit ganz entsprechenden Methoden ein in die Zukunft gerichtetes „Rechnungswesen" aufgebaut werden. An die Stelle der Gewinn- und Verlustrechnung beispielsweise tritt hier die Ertragsvorschaurechnung, an die Stelle der Finanzbuchhaltung der detaillierte Finanzplan für die kommenden Perioden. Während das Ergebnis der Gewinn- und Verlustrechnung unabänderlich feststeht, läßt sich das Ergebnis der Ertragsvorschaurechnung mittels geeigneter Maßnahmen beeinflussen. Durch den Einsatz von EDV-Anlagen wird die laufende Erstellung, Korrektur und Beobachtung solcher Pläne in annehmbarer Zeit und zu tragbaren Kosten möglich. Der Einfluß bestimmter geplanter Maßnahmen auf den künftigen Ertrag, die künftige Finanzlage usw. läßt sich schnell erkennen. Es besteht die Möglichkeit zu „experimentieren". Der Wert solcher Planungen und „P l a n s p i e l e" liegt auf der Hand; sie stellen nicht zuletzt auch eine wirksame Sicherung gegen unliebsame Überraschungen dar.

Themen der Beiträge

Die Fülle der Fragen, die mit dem Einsatz der elektronischen Datenverarbeitung im Betrieb verbunden sind, ließ es angebracht erscheinen, diesem Thema zwei Bände der „Schriften zur Unternehmensführung" zu widmen. Während sich Band 12 vornehmlich mit den G r u n d l a g e n d e r e l e k t r o n i s c h e n D a t e n v e r a r b e i t u n g befaßt, sind in Band 13 vor allem die Fragen behandelt, die im Z u s a m m e n h a n g m i t d e m E i n s a t z der elektronischen Datenverarbeitung in der Unternehmung entstehen.

Hardware

Der hier vorgelegte Band 12 beginnt mit einer Einführung in den Aufbau der Hardware eines Datenverarbeitungssystems. Es wird zunächst gezeigt, wie durch das Zusammenwirken von Hardware, Software und problembezogenen Programmen das elektronische Datenverarbeitungssystem entsteht. Es werden alsdann die Hauptbestandteile einer Anlage: Die Zentraleinheit, bestehend aus Hauptspeicher, Steuerwerk und Rechenwerk, ferner die Ein- und Ausgabeeinheiten beschrieben, die verschiedenen Möglichkeiten z. B. der Speicherung, der Eingabe und Ausgabe dargestellt und die Arbeitsweise des Systems aufgezeigt. Abschließend wird auf die neuesten Entwicklungen im Hardware-Bereich eingegangen.

Programmierung

Damit der Mensch mit dem Computer in Verbindung treten, ihm sagen kann, was er tun soll, bedarf es einer „Sprache", mit deren Hilfe der Mensch das, was er getan haben will, ausdrücken kann und die gleichzeitig vom Computer verstanden wird. Welche Probleme dabei auftreten, welche Sprachengruppen von den Maschinensprachen über die maschinenorientierten Sprachen bis hin zu den problemorientierten

Sprachen zu unterscheiden sind, und wie sie sich unterscheiden, ist u. a. in dem Aufsatz „Die Programmierung elektronischer Rechenautomaten" dargestellt. Des weiteren wird hier auf die Frage eingegangen, nach welchen Kriterien die Sprachenauswahl in einem konkreten Fall zu treffen ist.

Betriebsweisen

Der Aufsatz „Betriebsweisen elektronischer Datenverarbeitungssysteme" gibt in seinem ersten Teil eine systematische Darstellung der möglichen Betriebsweisen. Was ist Stapelverarbeitung, simultane Verarbeitung, Multi-programming, Multi-processing, Datenfernverarbeitung, Dialogbetrieb usw.? Im zweiten Teil wird untersucht, welche Betriebsweisen in Abhängigkeit von den Datenverarbeitungsaufgaben eines Unternehmens am zweckmäßigsten erscheinen und warum.

Organisation des DV-Prozesses

In der folgenden Arbeit sind die „Organisationsformen des Datenverarbeitungsprozesses" dargestellt. Die Organisation des Speicherzugriffs und die Organisation der Datenströme stehen im Mittelpunkt dieser Betrachtung.

EDV im Planungs- und Entscheidungsprozeß der Unternehmung

Der Beitrag „Der Einsatz von EDV-Anlagen im Planungs- und Entscheidungsprozeß der Unternehmung", dessen erster Teil in dem hier vorliegenden Band gedruckt ist, bildet einen Übergang zu dem Fragenkreis des folgenden Bandes 13. Zunächst ist ein Planungssystem beschrieben, wie es zumindest für Industriebetriebe als repräsentativ angesehen werden kann. Aus der grafischen Darstellung dieses Systems ist die Verknüpfung der einzelnen Pläne und die zur Lösung bestimmter Planungsprobleme erforderlichen Datengruppen leicht zu ersehen. Im weiteren ist gezeigt, welche Methoden zur Lösung welcher Planungsprobleme herangezogen werden können. In dem hier vorliegenden Teil 1 ist neben Prognoserechnungen insbesondere auf die Anwendung der linearen Optimierung eingegangen. Im Zweiten Teil wird untersucht werden, welche Möglichkeiten zur Lösung von Planungsaufgaben z. B. die dynamische Programmierung, die Graphentheorie, ferner Simulation und heuristische Verfahren bieten; wo sie angewandt werden können und was sie leisten.

Fallstudien

Fallstudie 17 steht in enger Beziehung zu dem Aufsatz „Die Programmierung elektronischer Rechenautomaten". Sie zeigt, wie ein bestimmtes Problem in verschiedenen Sprachen dem Computer verständlich dargestellt werden kann. Fallstudie 18 „Der Entwurf eines Datenverarbeitungssystems" ist eine System-Design-Studie. An Hand der Analyse einer konkreten Situation wird gezeigt, welche Überlegungen bei der Wahl und dem Aufbau eines Datenverarbeitungssystems anzustellen sind.

Einführung in den Aufbau der Hardware eines Datenverarbeitungssystems

Von Dr. Claus Jordan, Wuppertal

0. Einleitung

1. Das Wesen der Datenverarbeitung

2. Datenverarbeitungsmaschinen in der geschichtlichen Entwicklung
   a) Rechenmaschinen
   b) Lochkartenmaschinen
   c) EDV-Anlagen

3. Bauteile von EDV-Anlagen und ihre Arbeitsweise
   a) Schaltungen, Steuer- und Rechenwerke
   b) Maschineninterne Speicher

4. Zur Daten-Ein- und -Ausgabe

5. Zur neueren Entwicklung der automatisierten Datenverarbeitung (ADV)

Literaturhinweis

0 Einleitung

Als H a r d w a r e (= Metall-, Eisenwaren) bezeichnet man alle festen Bestandteile eines Datenverarbeitungssystems: Metallrahmen, Schaltungen, Verdrahtungen, Röhren, Mechanik, Speicher, Peripherie-Geräte.

Im Unterschied dazu versteht man unter S o f t w a r e alle die Programme, die
zur Funktionsfähigkeit des Systems erforderlich sind. Man könnte sie auch system-
bezogene Programme nennen gegenüber den auf das einzelne Problem bezogenen Programmen. Die oder besser das Software wird im allgemeinen vom Her·
steller der Maschinen oder von besonderen Software-Herstellern für alle oder meh·
rere Benutzer geliefert, während die problembezogenen Programme zumeist von
den Anwendern selbst für jedes vorliegende Problem einzeln erstellt werden.

Elektronische Datenverarbeitungssysteme sind als das Zusammenwirken von Hardware, Software und individuellen Programmen im Rahmen vorgegebener Organisationsformen anzusehen. Ziele der mit Hilfe dieser Systeme angestrebten Arten der
Datenverarbeitung können sein:

- Regelungsvorgänge allgemeiner Art, z. B. Steuerung von Verkehrsampeln;

- Regelungsvorgänge im Rahmen bestimmter Organisationsformen, z. B.
  Steuerung von Raketenflügen; Steuerungen von Fertigungsprozessen;

- Durchführung von R e c h e n a r b e i t e n , z. B. Durchführung einer
  Statikberechnung im Bauwesen; Berechnung eines Netzplanes;

- Ausführung e i n f a c h e r V e r w a l t u n g s a r b e i t e n , z.B. Fort-
  schreibung eines Debitorenbestandes; Kontrolle eines Lagerbestandes auf
  Ladenhüter;

- Ausführung k o m p l e x e r V e r w a l t u n g s a r b e i t e n , z.B. integrierte Abwicklung von Aufträgen, einschließlich Optimierung der Lagerhaltung, Überwachung von Bestell- und Mahnwesen, Provisionsabrech-
  nungen und Statistiken; Durchführung von Platzreservierungen im Luft-
  verkehr;

- Lieferung von F ü h r u n g s u n t e r l a g e n einfacher Art, z. B. statisti-
  sche Auswertungen; Information der Führungsstellen über Regelabwei-
  chungen (Prinzip des management by exception);

- Steuerung umfangreicher V e r w a l t u n g s p r o z e s s e und Lieferung
  komplexer Führungsunterlagen, z. B. im Rahmen von Management-Infor-
  mations-Systemen.

Je nach der Art der Zielsetzung werden unterschiedliche Anforderungen an das
Hardware einer elektronischen Datenverarbeitungsanlage (EDVA) gestellt.

Ehe wir versuchen, näher in die Arbeitsweise und Eigenheiten des Hardware ein-
zudringen, sei zunächst generell die Frage gestellt, was unter Datenverarbeitung
zu verstehen ist.

1. Das Wesen der Datenverarbeitung

Zwei Begriffe sind hier zu klären: Was sind Daten? Worin besteht das „Verarbeiten" dieser Daten?

Zur ersten Frage:

„Daten sind Ordnungs- oder Mengeninformationen."[1])

Sie unterscheiden sich damit von einer dritten, thematisch bedeutsamen Informationsart, den Steuerinformationen, die als Befehle bezeichnet werden sollen.

Die zweite Frage sei mit folgender Abgrenzung beantwortet:

Datenverarbeitung bedeutet, Ordnungs- und Mengeninformationen auf Grund von Steuerinformationen zu erkennen durch Auswählen, Übertragen, Ändern, Mischen oder Umformen zu bearbeiten, die Bearbeitungsergebnisse zu speichern und/oder weiterzugeben.

Diese Abgrenzung deckt sich weitgehend mit der in der EDV-Praxis geläufigen Vorstellung:

Maschinelle Datenverarbeitung =		
a) Eingabe	b) Bearbeitung	c) Ausgabe

Bild 1

Sie läßt sich aber auch auf die dem Menschen eigene Art, Daten zu verarbeiten, übertragen. Die vorstehende Darstellung wäre dann in folgender Weise zu verändern:

Datenverarbeitung durch den Menschen =		
a) Wahrnehmen	b) Denken	c) Mitteilen

Bild 2

Nehmen wir als einfaches Beispiel an, es solle die Anzahl der in einem Karton befindlichen Lochkarten gezählt werden, einmal durch eine Datenverarbeitungsanlage, zum anderen durch einen Menschen. Die zur Lösung dieser Datenverarbeitungsaufgabe auszuführenden Befehle oder Schritte lassen sich folgendermaßen skizzieren:

---

[1]) Nach Dworatschek, S., Einführung in die Datenverarbeitung, Berlin 1969, S. 23.

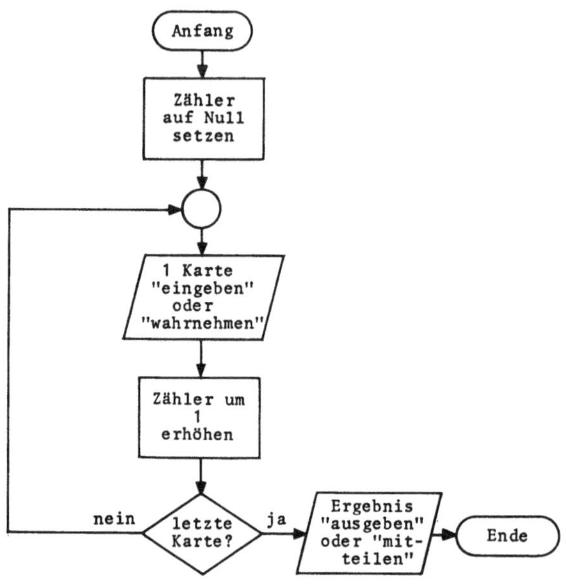

Bild 3

Etwas unterschiedlich gestalten sich in unserem Beispiel eigentlich nur die Ein- und die Ausgabe der Daten. Der Maschine (wir unterstellen eine einfache Karten-Drucker-Anlage) stehen zur „Wahrnehmung" der einzelnen Karten nur die Abfühlvorrichtungen des Eingabegerätes zur Verfügung. Der Mensch kann die einzelne Karte sowohl fühlen als auch sehen. Bei der Ausgabe ist die hier unterstellte einfache Maschine darauf beschränkt, das Ergebnis der Zählung auszudrucken. Der Mensch kann es entweder gleichfalls zu Papier bringen; er kann es sich aber auch merken und seinem Auftraggeber mündlich mitteilen.

Wichtiger als diese kleinen Unterschiede zwischen Eingabe und Wahrnehmen bzw. zwischen Ausgabe und Mitteilen ist aber, daß der zentrale Bearbeitungsvorgang in der Maschine sich praktisch nicht von der für diese Aufgabe erforderlichen Denktätigkeit des Menschen unterscheidet. Worin bestand hier das „Denken"? Der Mensch mußte erstens eine einfache Rechenlogik kennen und anwenden und zweitens eine einfache Frage beantworten. Nichts anderes hat die Maschine getan. Können also Maschinen denken, besitzen sie Intelligenz? An dieser Frage entzünden sich die Gemüter, und häufig stehen emotionelle Ressentiments einer sachlichen Erörterung im Wege.

Unter völligem Verzicht auf Beachtung einschlägiger Tabus haben die Kybernetiker diese Frage aufgegriffen. Wiener läßt z. B. im Titel eines seiner Bücher erkennen, daß es ihm darum geht, Gleichartigkeiten und Unterschiede bei Lebewesen und Maschinen zu erkennen[2]). Beer nennt bei der Erläuterung des Begriffes „Systeme" eine Schere, die damit arbeitende Frau und den Fertigungsbetrieb, in dem die Frau arbeitet, als unterschiedliche Erscheinungsformen des gleichen Begriffsinhaltes[3]). Es nimmt bei soviel Unvoreingenommenheit nicht wunder, daß wir gerade den Forschungsbereichen der Kybernetik wesentliche Anregungen für die Entwicklung von Datenverarbeitungsanlagen, von „denkenden" Maschinen verdanken.

Doch zurück zur Frage: Was heißt „denken"? Muß der Mensch, der die oben genannte kleine Aufgabe erledigen soll, eigentlich „denken"? Wo liegen die Grenzen zwischen „einfachem Denken", „Nachdenken" und „schöpferischem Denken"? Muß der Sachbearbeiter noch denken, wenn er eine etwas kompliziertere Arbeit schon so oft in der gleichen Art ausgeführt hat, daß er sie „im Schlaf" erledigen kann? Ist es „Nachdenken", wenn er nur deshalb über einem Bearbeitungsfall brütet, weil er die erhaltenen Anweisungen vergessen hat? Bejahen wir diese Fragen, so müssen wir auch der Maschine Denkvermögen zugestehen, denn sie kann repetive Arbeiten nach vorgegebenen Anweisungen genauso wie ein Mensch ausführen, und „nachzudenken" braucht sie nicht, weil sie ein besseres Gedächtnis hat und keine einmal erhaltenen Anweisungen vergißt. Verneinen wir dagegen die zuvor gestellten Fragen und fassen wir „Denken" als schöpferischen Vorgang auf, dann können wir mit gutem Gewissen der Maschine ein eigenes Denkvermögen abstreiten.

Es ist zwar richtig, daß „jede geistige Tätigkeit, sobald ihre Prinzipien eindeutig mitteilbar sind, einer Maschine anvertraut werden kann"[4]), und es können sicherlich sehr viel mehr Datenverarbeitungsprozesse nach klaren Regeln gestaltet und damit programmierbar gemacht werden, als manch einer wahrhaben möchte. Aber der Möglichkeit, die Prinzipien geistiger Tätigkeit eindeutig mitteilbar zu machen, sind doch sehr enge Grenzen gezogen. In der maschinellen Datenverarbeitung plagt man sich trotz aller technischen Fortschritte seit Jahrzehnten damit herum, einfache Tätigkeiten in betrieblichen Organisationen eindeutig zu formulieren (viele Betriebe scheitern schon beim Versuch, die Prinzipien ihrer Rabattgewährung festzulegen); die Naturwissenschaftler wissen seit Jahrzehnten, daß die Informationsverarbeitung im menschlichen und tierischen Nervensystem von den Neuronen wahrgenommen wird und daß die Informationsvermittlung über die Rezeptoren und die Synapsen, die Schaltstellen der Nervenfasern, geschieht, aber eindeutig ermittelt sind die Funktionsprinzipien dieser organischen Informationssysteme bisher nicht einmal bei den Strudelwürmern. Es gibt zwar lernende Maschinen, z. B. künstliche Käfer, aber sie können bestenfalls die Bedeutung einer

---

[2]) Norbert Wiener, Kybernetik – Regelung und Nachrichtenübertragung im Lebewesen und in der Maschine, Düsseldorf/Wien 1963.

[3]) Stafford Beer, Kybernetik und Management, Hamburg 1962, S. 24.

[4]) Helmar Frank, Kybernetische Grundlagen der Pädagogik, Baden-Baden 1962, S. 9.

Handvoll Beeinflussungsfaktoren erlernen (z. B.: Licht = Futter; andere Maschine, Warnlaut, Tischkante = Gefahr), während das, was wir Menschen unter „Lernen" verstehen, sich aus Milliarden derartiger Einflußfaktoren zusammensetzt. Man arbeitet zwar an der Entwicklung assoziativer Maschinenspeicher, aber man wird froh sein, wenn in fünf oder zehn Jahren ein Maschinenspeicher tatsächlich ohne gezielte Adressierung eines Speicherwortes die darunter gespeicherten Angaben direkt wiedergibt; auch hier besteht kaum ein Vergleich zur Fähigkeit des menschlichen Gehirns, das eine nahezu unendliche Zahl von Eindrücken abstrahierend und zuordnend verarbeiten kann.

Alles in allem: Es sind keine Anzeichen dafür zu sehen, daß der Mensch von der Maschine verdrängt werden könnte. Dazu unterscheiden sich die maschinellen Datenverarbeitungsprozesse – nicht nur zur Zeit, sondern auch für die absehbare Zukunft – zu sehr vom Denkvermögen des Menschen. Statt eine Verdrängung durch die Maschine zu befürchten, erscheint es sinnvoller sich zu bemühen, ihre unterschiedliche Arbeitsweise zu einer zweckmäßigen Arbeitsteilung zu benutzen.

Überall dort, wo nicht nur repetive Aufgaben nach festem Plan abzuarbeiten sind, zeigt sich, daß die Datenverarbeitungsprozesse bei Mensch und Maschine weit mehr Unterschiede als Gemeinsamkeiten aufweisen und daß die Flexibilität und Assoziationsfähigkeit des menschlichen Gehirns nicht durch Maschinen und Programme ersetzt werden können. Die Fähigkeit des menschlichen Gehirns, ständig mit neuen Situationen fertig zu werden, sollte freilich nicht nach dem Motto vergeudet werden: „Wer Ordnung hält, ist nur zu faul zum Suchen." Je mehr Datenverarbeitungsprozesse zu repetiven Vorgängen gestaltet werden können, um so mehr Arbeiten können den Maschinen übertragen, um so mehr menschliche Datenverarbeitungskapazität wird für schöpferische Aufgaben auf technischem, wirtschaftlichem und künstlerischem Gebiet frei.

2. Datenverarbeitungsmaschinen in der geschichtlichen Entwicklung

a) Rechenmaschinen

Die ersten Versuche, Maschinen zur Datenverarbeitung zu verwenden, hatten eine Entlastung des Menschen von einfachen Rechenarbeiten zum Ziel.

Ein Tübinger Professor für biblische Sprachen, Wilhelm Schickard (1592–1632), baute die erste bekannte Maschine dieser Art. Eine Kopie dieser „addierenden und subtrahierenden Rechenuhr" steht im Deutschen Museum in München. Der 19jährige Blaise Pascal führte 1642 in Paris eine addierende Maschine vor. Gottfried Wilhelm von Leibniz (1646–1716) konstruierte eine „4-Spezies-Maschine", die addieren, subtrahieren, multiplizieren und dividieren konnte.

Weitere Entwicklungen folgten, die schließlich – etwa um die Mitte des 19. Jahrhunderts – zur industriellen Produktion von Rechenmaschinen führten. 1850 wurde in England die erste tastaturgesteuerte Rechenmaschine patentiert. Die Zahl der um 1880 in Europa im Einsatz befindlichen Rechenmaschinen wird auf 1500 geschätzt.

Die entwickelten Rechenmaschinen verlangten für jede einzelne Aufgabe erneutes Eintasten der Daten und Betätigen der Funktionstasten.

Obwohl das Rechnen selbst von der Maschine richtig besorgt wird, ergeben sich auf dieser unteren Mechanisierungsstufe von der Dateneingabe und der Auslösung der einzelnen Funktionen her Fehler, durch die manuelle Bedienung. Diese Fehler können sich, besonders bei größeren, vielstufigen Rechenaufgaben sehr störend bemerkbar machen. Einer, den das besonders störte, war ein Mathematikprofessor aus Cambridge, Charles Babbage (1792–1871). Er hatte zunächst eine „Difference Engine" gebaut, eine Rechenmaschine zur Berechnung von Tabellenwerken, die z. B. von Versicherungsgesellschaften zur Berechnung von Sterbetafeln eingesetzt wurde. Dann aber machte er sich an den Versuch, eine Maschine zu entwickeln, die nicht nur die zu berechnenden Daten selbständig lesen, sondern auch größere Folgen von Rechenschritten selbständig steuern können sollte. Die Spezifikation dieser Maschine enthält in Grundzügen bereits alle Bestandteile einer modernen Datenverarbeitungsanlage, nämlich:

> Speicherwerk, Rechen- und Steuerwerk, Ein- und Ausgabe von Daten und Programmen über Lochkarten.

Babbages „Analytical Engine" ist nie zum praktischen Einsatz gekommen. Babbages Vorstellungen waren zu seiner Zeit technisch nicht realisierbar, seine Erfindung geriet in Vergessen. Erst rund 100 Jahre später erinnerte man sich daran, daß damit schon die Entwicklung unserer heutigen Datenverarbeitungsanlagen vorausgedacht worden war.

b) Lochkartenmaschinen

Bereits vor Babbage waren Lochkarten erfolgreich angewendet worden, allerdings nicht in Rechenmaschinen. Ein französischer Seidenweber, Joseph Maria Jacquard (1752–1834) entwickelte um 1800 in Lyon eine Lochkartensteuerung für Webstühle. Das beabsichtigte Webmuster wurde in Kartons gelocht, durch die an der Webmaschine vor jedem „Schuß" die die Kettfäden steuernden Drähte fielen.

Der erste Versuch, derartige Lochkarten für Rechenarbeiten einzusetzen, scheiterte mit Babbages „analytischer Maschine". Ein halbes Jahrhundert nach Babbage gelang es dem Deutsch-Amerikaner Dr. Hermann Hollerith (1860–1929), einen Satz Lochkartenmaschinen zu entwickeln, mit dessen Hilfe die Auswertung der elften amerikanischen Volkszählung von 1890 in 2½ Jahren durchgeführt werden konnte (gegenüber 7½ Jahren für die Auswertung der vorangegangenen Volkszählung). Ein Anlagensatz bestand aus: Kartenlocher, Sortiervorrichtung und einer handbedienten elektromagnetischen Zählmaschine. Die Ausgabe der Zählergebnisse, der Ausgabedaten, erfolgte in einfachster Form: Ablesen der Zeigerstellung an einer Anzahl von Ableseskalen.

Die Maschinen Holleriths wurden in der Folge von ihm und anderen (hier sind vor allem James Powers und Frederik Bull zu nennen) weiter verbessert und ausgebaut. Bei der amerikanischen Volkszählung von 1910 konnten bereits kontinuierlich arbeitende Sortier- und Tabelliermaschinen mit einer Arbeitsgeschwindigkeit von maximal 1800 Karten in der Stunde eingesetzt werden. In den Jahren 1910–1930 finden diese rechnenden und schreibenden Lochkartenmaschinen immer weitere Verbreitung für Zählarbeiten und Zahlenauflistungen. In einem weiteren Entwicklungsabschnitt, etwa von 1930–1950, werden in zunehmendem Maße alphabetschreibende und multiplizierende Lochkartenmaschinen eingesetzt; 1939 bringt die Deutsche Hollerithgesellschaft eine Tabelliermaschine auf den Markt, bei der man über eine Stecktafel kurze Rechenprogramme speichern kann. Das Jahrzehnt von 1950 bis 1960 bringt – ehe der Ansturm der elektronischen Datenverarbeitungsanlagen auf die Büros einsetzt – noch weitere Ausbaustufen der Lochkartentechnik. An Stelle der mit Zählrädern arbeitenden Rechen- und Speicherwerke werden Relais eingesetzt, und Zeichenlochkarten ermöglichen die direkte Übertragung handschriftlicher Markierungen in maschinenlesbare Kartenlochungen. Die zunächst nur für einfache Zählvorgänge eingesetzten Lochkartenanlagen dringen in dieser Zeit in immer mehr Bereiche der Verwaltung vor, in denen einfache, massenweise anfallende Schreib- und Rechenarbeiten zu bewältigen sind.

Als die, nunmehr als „konventionell" deklassierten Lochkartenanlagen in den 60er Jahren mehr und mehr von EDV-Anlagen abgelöst wurden, waren sie durch etwa folgende Ausstattung und Leistungswerte gekennzeichnet:

Gerät	Funktion	Leistung
Kartenlocher und Prüfer	Manuelle Übertragung vom Beleg auf Lochkarten	Je nach Belegart und Leistung der Bedienungskraft ca. 50–500 Karten je Stunde
Sortiermaschine	Sortieren von Lochkartensätzen nach Ordnungsbegriffen	30–70 000 Kartendurchläufe je Stunde (jede Karte und jede Stelle des Ordnungsbegriffes ein Durchlauf)
Kartenbeschrifter	Hinzufügen klarschriftlicher Übersetzungen auf die gelochten Karten	18 000 Karten je Stunde
Mischer	Zusammenführen mehrerer Kartensätze zu einer einheitlichen Reihenfolge; Trennen gemischter Kartenpakete in mehrere Sätze	14 000 bis 18 000 Karten von jeder der zwei Eingabebahnen
Tabelliermaschinen mit Kartenleser	Dateneingabe	
Programmstecktafel Datenspeicher (ca. 40 Stellen) **Rechenwerk**	Datenverarbeitung	9 000 Karten und/oder Zeilen je Stunde
Drucker Kartenstanzer	Datenausgabe	

Die Kosten einer solchen Lochkartenanlage (ohne die jeweils in unterschiedlicher Anzahl benötigten Locher und Prüfer) lagen bei etwa 4000 bis 5000 DM Monatsmiete.

c) EDV-Anlagen

Als einen ihrer geistigen Vorväter haben wir bereits Babbage genannt. Er hatte für seine „Analytical Engine" schon alle die Bestandteile vorgesehen, die wir in einer EDVA wiederfinden:

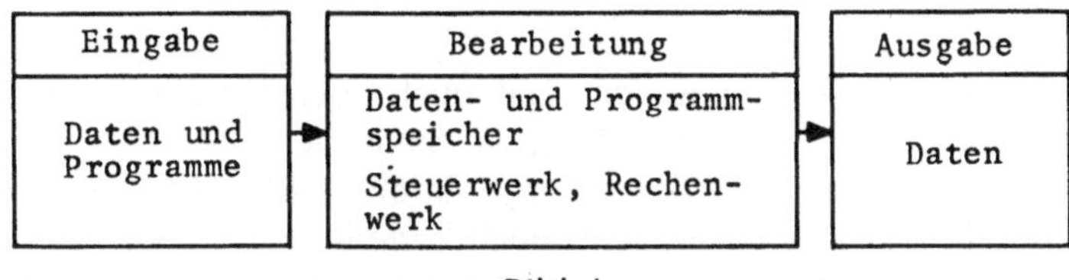

Bild 4

Zur Eingabe von Daten und Programmen wollte er Lochkarten verwenden. Zur Realisierung seiner Vorstellungen zur Datenverarbeitung fehlten ihm jedoch die technischen Voraussetzungen, insbesondere arbeitsfähige Schalt- und Speicherelemente. Seine Vorstellung, einen Speicher für 1000 fünfzigstellige Zahlen zu bauen, versuchte er mit Zählrädern zu verwirklichen: 50 000 Zahnräder auf 1000 Achsen! Ihm fehlten Bauelemente, wie sie uns die Entwicklung mit Relais, Röhren und Transistoren brachte.

Ihm fehlte aber außerdem ein Rechensystem, das mit weniger Ziffern und mit einfacheren Regeln auskommt, als das bekannte dezimale Zahlensystem. Man fand es schließlich in dem dualen Zahlensystem, mit dem sich schon Friedrich-Wilhelm von Leibniz befaßt hatte. Im Unterschied zum Dezimalsystem, das (unter Einbeziehung der Null) zehn Ziffern benötigt, kommt das Dualsystem mit zwei Ziffern, z. B. 0 und L, aus. Während im Dezimalsystem jede Verschiebung um eine Stelle nach links die Potenzierung des Ziffernwertes mit 10 bedeutet (z. B. 5, 50, 500), wird im Dualsystem durch eine solche Stellenverschiebung eine Potenzierung mit 2 ausgedrückt. Die Dezimalzahl 45 wird somit dual folgendermaßen dargestellt:

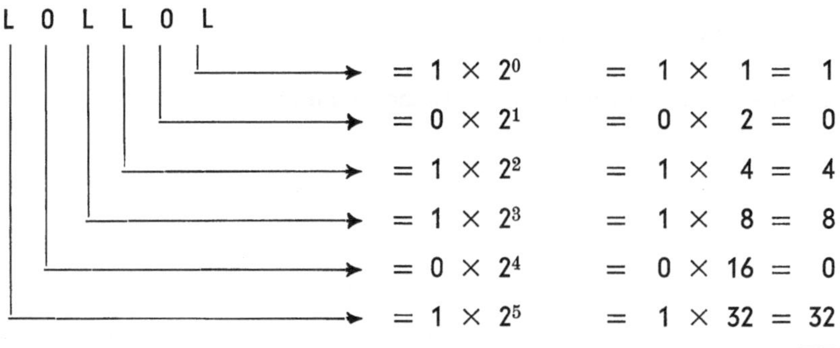

Da die duale Zahlendarstellung nur 2 Ziffern unterscheiden muß, eignen sich für sie besonders alle Bauelemente, die von Natur aus der Unterscheidung von zwei Zuständen dienen, z. B.:

„Lämpchen – brennt, brennt nicht"

„Relais – geöffnet, geschlossen"

„Röhre (Transistor) – führt Strom, führt keinen Strom".

Die gleichen Bauelemente eignen sich aber auch noch für einen anderen Zweck, die Darstellung logischer Zusammenhänge im Sinne der B o o l e s c h e n A l g e - b r a. Der englische Mathematiker George Boole (1815–1864) entwickelte eine symbolische Algebra, die es ermöglicht, auch komplexe logische Zusammenhänge in einer nur zwei Werte umfassenden mathematischen Form darzustellen (Ja/Nein, Wahr/Unwahr). Damit läßt sie sich mit Hilfe der genannten, zwei Zustände unterscheidenden Bauelemente realisieren, so daß die ursprünglich zur Lösung philosophischer Probleme entwickelte Boolesche Algebra später als Schalt-Algebra zur Konstruktionsgrundlage elektronischer Datenverarbeitungsanlagen werden konnte.

Computer-Generationen

Als die ersten programmgesteuerten Rechenanlagen gebaut wurden, wußte man noch nicht, daß die Computer 20 Jahre später nach Generationen eingeteilt werden sollten. Vielleicht ist es darauf zurückzuführen, daß die Einteilung der Generationen nicht so ganz stimmt. Man richtet sich dabei nach den Schaltelementen und zählt folgendermaßen:

1. Generation – Röhren,

2. Generation – Transistoren,

3. Generation – Monolith-Baugruppen,

4. Generation – LSI-Baugruppen (LSI = Large Scale Integration).

Relais-Rechner (1940–1950)

Wir vermissen sie bei genauerem Hinsehen in der obigen Aufstellung der Computer-Generationen, und doch sind sie die eigentlichen Stammväter unserer heutigen EDV-Anlagen.

1932 begann Konrad Zuse, damals 22jährig, mit der Entwicklung von Rechenmaschinen. 1938 war die Z 1 fertiggestellt, eine noch rein mechanisch, aber bereits nach dem Binär-Prinzip arbeitende Maschine. Die 1939 folgende Z 2 verwendete bereits 200 Relais als Rechenwerk. 1941 wurde die im Auftrag der Deutschen Versuchsanstalt für Luftfahrt entwickelte Z 3 fertiggestellt, der erste funktionierende programmgesteuerte Rechner der Welt.

Die Programme, die übrigens noch keine Sprungverzweigungen kannten, wurden über gelochte Filmstreifen eingegeben, die Daten über Tastatur. Die Bearbeitung der Daten erfolgte binär und ausschließlich mit Relais, von denen 2000 als Speicher und 600 als Rechen- und Zählwerke zur Verfügung standen. Die Datenausgabe erfolgte durch Anzeige auf einem Lampenfeld. Die Anlage konnte 30 bis 50 Operationen in der Minute durchführen.

Etwa in der gleichen Zeit, in der Zuse in Berlin seine Entwicklungsarbeiten durchführte, beschäftigten sich Forscher und Konstrukteure in anderen Teilen der Welt mit ähnlichen Vorhaben. Der Engländer A. M. Turing entwickelte 1936 ein theoretisches Modell für eine speicherprogrammierte universelle Rechenmaschine. Louis Couffignal beschreibt 1939 in Paris eine programmgesteuerte Rechenmaschine mit dualer Zahlendarstellung. G. Stibitz baute 1942 in den Laboratorien der Bell-Company einen Programmrechner mit 500 Relais. Die bekanntesten Parallelentwicklungen zur Z 3 sind die Anlagen Mark I und Mark II. Ihre Entwicklung wurde 1937 der IBM von dem Harvarder Professor Howard Aiken vorgeschlagen. Die 1944 fertiggestellte Mark I enthielt allerdings als Speicher noch Zählräder. Ihr Nachfolger, die 1948 fertiggestellte Mark II, verfügte dagegen über 13 000 Relais. Zu dieser Zeit ist sie bereits durch eine Neuentwicklung überholt, die Röhrenanlage.

Erste Generation der Elektronenrechner (1946 – ca. 1960)
Schalt- und Speicherelemente: Röhren

Die ersten Anlagen dieser Computergeneration waren Röhrenriesen: Die 1956 vollendete ENIAC (Electronic Numerical Integrator and Calculator), wog 30 Tonnen, besaß fast 18 000 Elektronenröhren und hatte einen Stromverbrauch von 174 KW. J. M. Brainerd, J. P. Eckert, J. W. Mauchly und H. H. Goldstine werden als geistige Väter dieser Anlage genannt. Ihr folgen weitere Röhrenriesen, wie BINAC oder UNIVAC I. Ihre Anwendung beschränkt sich weitgehend auf die Berechnung mathematisch-technischer Aufgaben. Wegen ihrer Größe und Kosten finden sie kaum Verwendung für Verwaltungsaufgaben.

Anders dagegen die Abfallprodukte dieser Entwicklung, die Röhrenzwerge. Kleine Röhrenrechner, wie die BULL Gamma 3, die IBM 609 oder die UNIVAC 40, wurden in den 50er Jahren in vielen Fällen zur Ergänzung von Lochkartenanlagen eingesetzt, zur Steigerung ihrer Rechengeschwindigkeit und ihrer Programmierungs- und Speicherfähigkeit.

Die zweite Computergeneration (1960 bis etwa 1967)

Schaltelemente: Transistoren, gedruckte Schaltungen
Interne Speicherelemente: Magnetkernspeicher

Der eigentliche Durchbruch gelang den Herstellern von EDV-Anlagen mit der Einführung der Transistortechnik, die es ermöglicht, auch kleinere und damit billige und kompakte Anlagen mit beachtlicher Leistungsfähigkeit zu konstruieren und anzubieten.

Als erste transistorisierte EDVA wurde 1959 eine UNIVAC UCT aufgestellt, und zwar bei der Dresdner Bank AG in Hamburg. 1960 folgte die 1401 von IBM, die ein großer Markterfolg wurde. Von ihr und ihren Schwesteranlagen 1410, 1440 und 1460 standen Ende 1969 in Deutschland noch rund 500 Exemplare im Einsatz.

Im folgenden sei der Aufbau und die Arbeitsweise derartiger Anlagen etwas näher betrachtet.

In den frühen 50er Jahren wurden für betriebliche Anwendungen vornehmlich Anlagen eingesetzt, die für die Dateneingabe einen Lochkartenleser und für die Datenausgabe einen Lochkartenstanzer und einen Drucker besaßen:

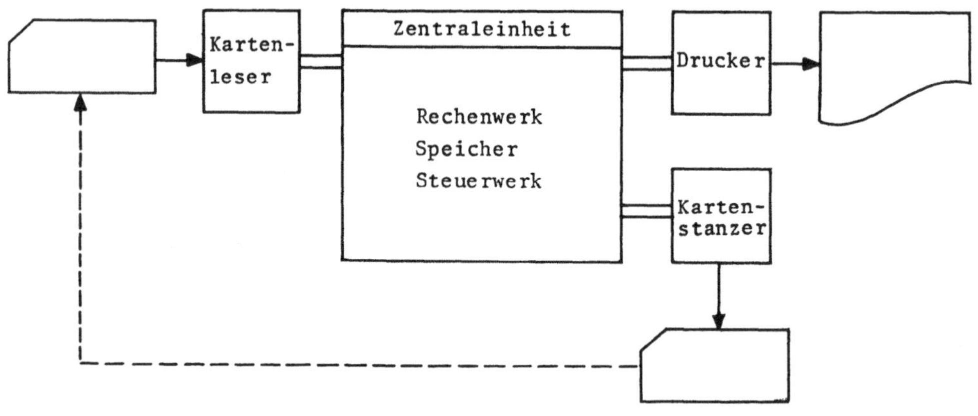

Bild 5

Bereits in der ersten Computergeneration waren außer Lochkarten und/oder Lochstreifen als weitere externe Speichermedien Magnetbänder und gelegentlich auch Magnettrommeln eingesetzt worden.

Die zweite Generation brachte in ihren Ausbaustufen vermehrten Einsatz von Magnetbändern und – als besonders propagierte Neuerung – die Magnetplatte.

Mit den Anlagen der zweiten Generation begann die EDV ihren Einzug in die Betriebe und Verwaltungen. Meist wurden zunächst Karte-Drucker-Anlagen neben „konventionellen" Lochkartenmaschinen eingesetzt, häufig unter Übernahme der bisherigen Lochkarten-Anwendungen. Unter dem buntschillernden Schlagwort

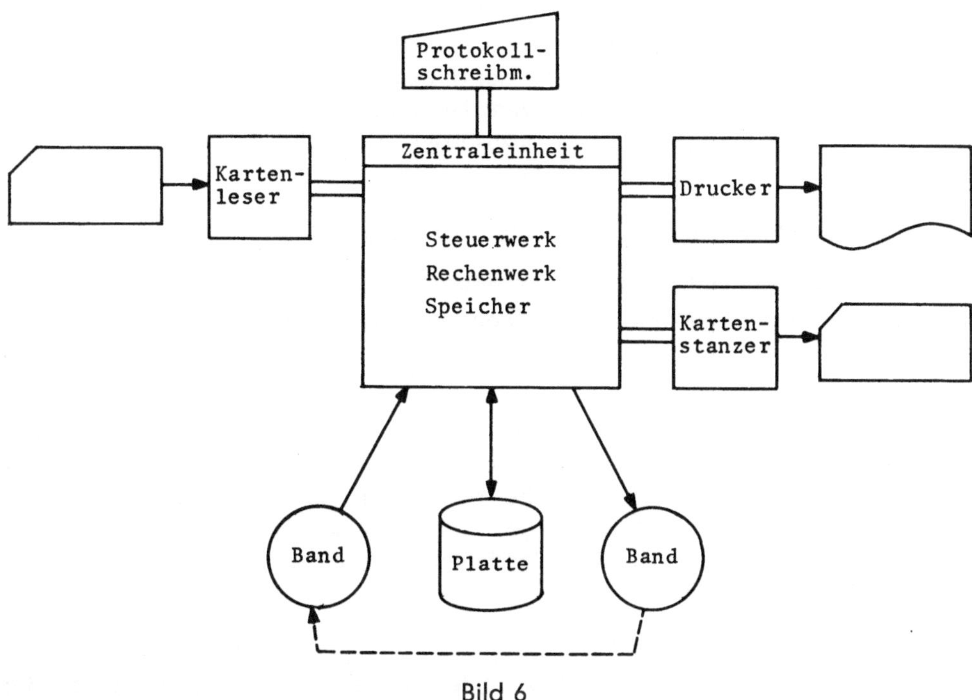

Bild 6

„**i n t e g r i e r t e D a t e n v e r a r b e i t u n g**" verstand man damals vorwiegend
entweder die Zusammenlegung mehrerer Maschinenläufe zu einem Lauf oder die
Verlagerung der Daten-Ein- und -Ausgabe von der Lochkarte auf die schnelleren
Medien, also auf Platten und/oder Bänder. Zu derartigen „Integrationen" erfolg-
ten gegen Ende der zweiten Generation, zum Teil unter dem Einfluß einer auch
heute noch nachwirkenden Platten-Euphorie, sehr viele Installationen unter Einsatz
von Magnetplatten.

Die Unterschiede der Arbeitsweise von Magnetband und Magnetplatte lassen sich
durch einen Vergleich mit Tonband und Schallplatte erläutern: Ein Magnetband
muß wie ein Tonband abgespult werden, wenn eine bestimmte Stelle auf dem Band
gesucht wird. Bei einer Magnetplatte kann auf einen bestimmten Datensatz direkt
zugegriffen werden, ähnlich wie man bei der Schallplatte den Tonabnehmer auf
eine bestimmte Stelle direkt aufsetzen kann.

Der Vorteil der direkten Zugriffsmöglichkeit ist besonders dann von Bedeutung,
wenn aus einer größeren Datei häufig einzelne Datensätze in Sekundenschnelle
herausgesucht werden müssen, z. B. für Kontenstandsabfragen bei Banken oder für
Platzreservierungen im Flugverkehr. Hier ist direkter Zugriff zu den Daten (**r a n -
d o m a c c e s s**) und sofortige Verarbeitung (**R e a l t i m e - V e r a r b e i t u n g**)
aus der Aufgabenstellung heraus unbedingt erforderlich. Plattenorganisationen
wurden allerdings häufig nicht aus derartigen Notwendigkeiten der Aufgabenstellung heraus eingeführt, sondern mit der Begründung, daß der direkte Zugriff
Zeitvorteile bringt, wenn bei einem Verarbeitungslauf nur ein bestimmter Prozent-

satz der Datensätze einer Datei angesprochen wird. Grundsätzlich ist diese Behauptung richtig, nur wird in der Praxis der Prozentsatz der Zugriffshäufigkeit, von dem ab der serielle Zugriff zeitgünstiger als der direkte Zugriff ist, häufig zu hoch angenommen, bei 30, 50 oder sogar 90 Prozent. Leicht nachprüfbare Rechnungen zeigen, daß die Nutzschwelle viel niedriger anzusetzen ist, nämlich je nach Aufgabe und Gerät bei 0,5 bis 5 % Zugriffshäufigkeit.

Die dritte Maschinengeneration (1965 bis etwa 1971)

Schaltelemente: Monolith, integrierte Schaltgruppen
Interne Speicher: Magnetkernspeicher, Magnetdrahtspeicher

Eine klare Trennung der sogenannten „Generationen" ist im Grunde genommen nur dann möglich, wenn man sich darauf beschränkt, die Produkte und Maschinenserien nur eines Herstellers zu betrachten, weil Eigenschaften und Bestandteile, die der eine Hersteller als Kennzeichen der dritten Generation verstanden wissen möchte, oft bereits wesentlich früher bei Maschinen anderer Hersteller vorkamen. Von IBM wurde die dritte Maschinengeneration mit der 360er Serie angekündigt. Gegenüber den vorangegangenen Maschinen des gleichen Herstellers wies diese Serie folgende Unterschiede auf:

1. Technische Unterschiede
   - integrierte Schaltkreise bei bestimmten Modellen der Serie an Stelle oder neben den bisherigen Transistorschaltungen
   - Selektor- und Multiplex-Kanäle an Stelle der bisher starr zugeordneten Kanäle
   - Zusätzliche Peripheriegeräte (Plotter, Bildschirme, Terminals, Magnetkartenspeicher, optische Belegleser)
   - Verbesserung der bisher verwendeten Ein-/Ausgabegeräte (schnellere Bänder, schnellere und aufnahmefähigere Platten, schnellere Drucker)

2. Organisatorische Unterschiede
   - Ausbaufähigkeit im „Familien-System" von der kleinen Karten-Drucker-Anlage bis zur Großanlage für Multi-Programming, Multi-Processing, Datenfernverarbeitung und Time-Sharing
   - Zeichen- und Befehlsdarstellung in Byte-Struktur

3. Wirtschaftliche Unterschiede
   - Verbessertes Preis-Leistungs-Verhältnis
   - Geringerer Raum- und Klimatisierungsbedarf (je Leistungseinheit)

Ende 1969 waren fast 6000 EDV-Anlagen in der Bundesrepublik eingesetzt, von denen ungefähr die Hälfte bis zwei Drittel der dritten Maschinengeneration angehörten. Wertmäßig mögen die Anlagen dieser Gruppe mit gut zwei Dritteln an dem auf über 1,5 Milliarden DM zu schätzenden Jahresmietwert partizipieren. Untersucht man, wofür diese Anlagen vorwiegend eingesetzt worden sind, so ist als erster Anwendungsbereich die Übernahme von Programmen früherer Anlagen im sogenannten E m u l a t o r b e t r i e b zu nennen. Zahlreiche Betriebe fahren schlicht und einfach ihre alten Programme mit neueren Maschinen geringfügig schneller, dafür aber wesentlich teurer[5]).

Der zweite große Anwendungsbereich umfaßt die Neuprogrammierung für die dritte Generation. Im Vordergrund steht der aus der zweiten Generation übernommene Integrationsgedanke, der nun allmählich realisiert wurde.

Mit der Durchdringung umfangreicherer Arbeitsgebiete wurden die bisherigen Automationsinseln zu Automationsketten verbunden. Gewöhnlich wurden in diesen vergrößerten Integrationsbereichen über die bisherigen reinen Rechen- und Buchungsarbeiten hinaus in zunehmendem Maß auch schon dispositive Aufgaben übernommen. Hand in Hand damit wurden neue Vorstellungen sowie maschinen- und programmtechnische Möglichkeiten für neue umfassende Informationssysteme entwickelt. MIS, Management Information System, und Datenbank hießen die neuen Schlagwörter am Ende der dritten Maschinengeneration. Ehe wir uns mit der weiteren Hardware-Entwicklung einer vierten Maschinengeneration, deren Einsatz eventl. die Erfüllung der MIS-Vorstellungen bringen wird, befassen, scheint ein Blick auf die wesentlichen Bauteile der bisher dargestellten Maschinensysteme am Platze.

3. Bauteile von EDV-Anlagen und ihre Arbeitsweise

a) Schaltungen, Steuer- und Rechenwerke

Wir haben bereits mehrfach darauf Bezug genommen, daß die Einteilung nach Maschinengenerationen vorwiegend von der Art der eingesetzten Schaltelemente ausgeht, nämlich

Röhren, Transistoren und Monolithe.

Am eindrucksvollsten ist der Vergleich der Größenverhältnisse. Baugruppen, die in der ersten Generation ein Chassis von Schubladengröße mit Röhren bestückten, wurden in der zweiten Maschinengeneration auf postkartengroßen gedruckten Schaltungen untergebracht, während eine integrierte Monolith-Baugruppe mit gleicher Funktionsstärke in der dritten Generation nur noch briefmarkengroß ist.

Unabhängig von den verwendeten Bauelementen liegen jedoch den Schaltungen aller bisherigen und auch der kommenden Maschinengenerationen die gleichen logischen Aufbau- und Funktionsprinzipien zugrunde. Gleichgültig, ob in einem Relais durch den Elektromagneten eine mechanische Bewegung ausgelöst und dann ein Stromkreis unterbrochen wird, oder ob das gleiche dadurch geschieht, daß in einem Transistor der Stromfluß zwischen Emitter und Kollektor durch Veränderung eines Basisstromes hergestellt oder unterbrochen wird, die Schaltungslogik wird von den Unterschieden der Bauelemente nicht berührt.

In der wohl zuerst von Thüring[6]) so vereinfacht angewandten Darstellungsform können wir mit zwei Darstellungselementen die logischen Zusammenhänge ausreichend deutlich darstellen.

---

[5]) In Amerika, so behaupten namhafte Fachleute, soll von der Gesamtkapazität aller eingesetzten 360er Anlagen nach 1968 etwa 50 % im Emulatorbetrieb verbraucht worden sein, wobei nach Grosch, Diebold-Forschungsprogramm Europa, ,,in schlimmen Fällen nur 10 % der möglichen Leistung effektiviert'' wird. Bei uns dürften die Relationen nicht ganz so ungünstig liegen, weil der Anteil der Aufgaben, die mit der dritten Generation überhaupt erst in Angriff genommen wurden, hier größer ist.
[6]) Prof. Dr. B. Thüring, Die Logik der Programmierung, Baden-Baden 1961.

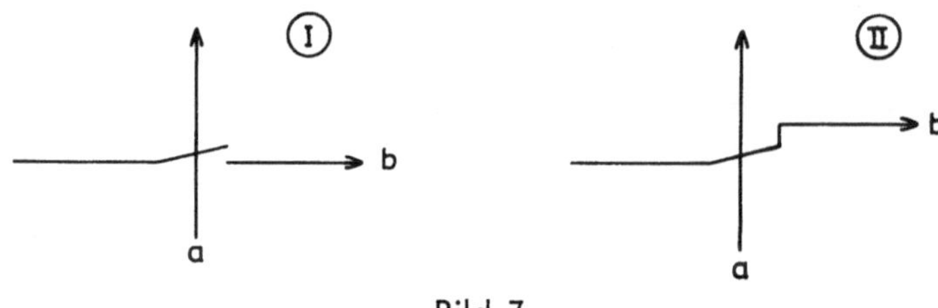

Bild 7

In beiden Fällen steuert der Basisstrom a den Stromfluß b. Nach Bild I wird bei Anliegen von a der Stromfluß nach b hergestellt. Nach Bild II wird bei Anliegen von a der Stromfluß nach b unterbrochen. Mit diesen Darstellungselementen können die logischen Strukturen beliebiger Baugruppen zusammengestellt werden. Dazu ein Beispiel:

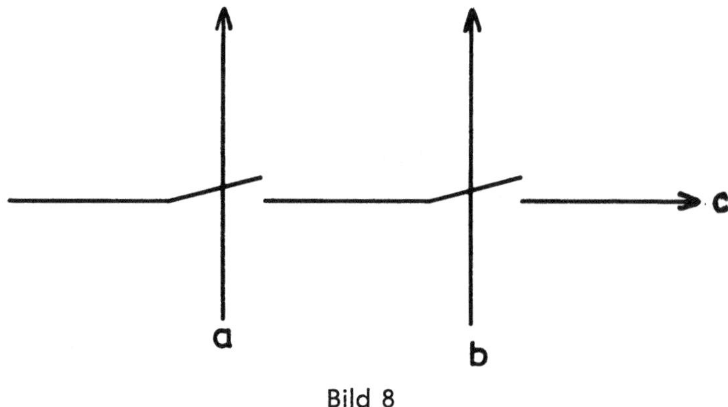

Bild 8

In dieser **k o n j u n k t i v e n   S c h a l t u n g** fließt Strom nach c, wenn sowohl a als auch b aktiv sind.

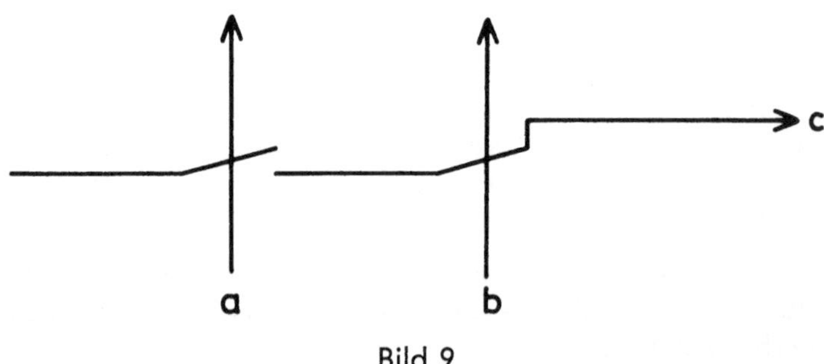

Bild 9

In der **d i s j u n k t i v e n   S c h a l t u n g** erhält c nur Strom, wenn a aktiv, b aber passiv ist. Die Kombination von zwei Schaltungen des letzten Typs läßt als übergeordnete Baugruppe eine Vergleichsschaltung entstehen:

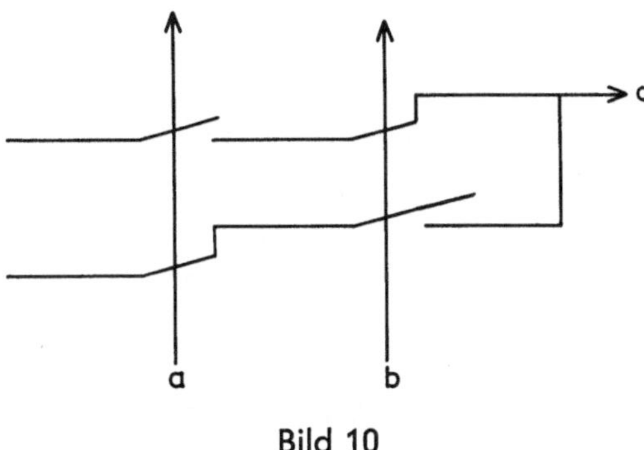

Bild 10

Nach c fließt nur dann Strom, wenn a und b unterschiedliche Zustände haben, das heißt, wenn entweder a aktiv und b passiv ist, oder wenn a passiv und b aktiv ist. Haben beide Basisströme den gleichen Zustand, sind sie also beide aktiv oder beide (wie im Bild) passiv, fließt kein Strom nach c. Man kann dadurch die Zustände von a und b vergleichen und das Vergleichsergebnis an Hand des Eintreffens oder Ausbleibens eines Stromimpulses in c feststellen. Genausogut kann man die bisher gezeigten logischen Schaltelemente oder -gruppen zur logischen Baugruppe eines Additionswerkes kombinieren. Dazu ist es notwendig, zunächst einen Blick auf die grundlegende Axiomatik binärer Rechenweise zu werfen. Sie baut sich aus vier einfachen Regeln auf:

$$
\begin{aligned}
0 + 0 &= 0 \\
0 + L &= L \\
L + 0 &= L \\
L + L &= L0
\end{aligned}
$$

Zur Durchführung dieser Rechenregeln ist folgende Kombination logischer Baugruppen geeignet:

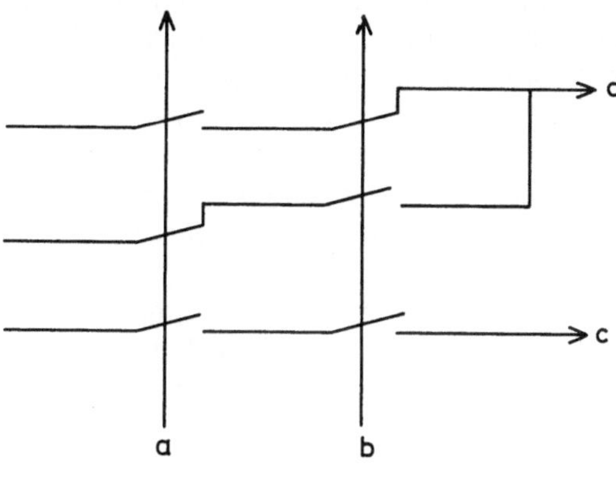

Bild 11

Die einzelnen Regeln der vorgestellten Axiomatik lassen sich allgemein folgendermaßen ausdrücken:

$$a + b = cd$$

Ein Durchspielen der einzelnen Schaltzustände ergibt:

$$0 + 0 = 00$$

Wenn weder a noch b aktiv ist (siehe Abb. II), liegt weder in c noch in d Strom an.

$$L + 0 = 0L$$
$$0 + L = 0L$$

Wenn a oder b aktiv ist, liegt in d Strom an.

$$L + L = L0$$

Wenn a und b aktiv sind, liegt in c Strom an.

b) Maschineninterne Speicher

Als maschineninterne Speicher bezeichnen wir (im Gegensatz zu externen Speichern, wie Lochkarte, Magnetband oder Magnetspeicher) die Teile der Zentraleinheit, in denen Informationen (Daten und Befehle) über beliebige Zeiträume so aufbewahrt werden können, daß sie jederzeit und beliebig oft zur Auswertung und Bearbeitung in die Register, Rechen- und Steuerwerke abgerufen werden können.

Der Vergleich zwischen menschlichem Gedächtnis und maschineninternem Speicher hinkt, wie alle derartigen Vergleiche[7]. Wenn wir ihn mit einigem Vorbehalt trotzdem anwenden, so können wir dem internen Speicher die Funktion des Gedächtnisses und den Registern, Rechen- und Steuerwerken die Funktion des Bewußtseins zuordnen. Im Gegensatz zum „Bewußtsein" ist „Gedächtnis" etwas Ruhendes; die dort „gespeicherten" Informationsinhalte müssen zu ihrer Bearbeitung erst in das aktive „Bewußtsein" gebracht werden. Vorher müssen allerdings die zu speichernden Informationen zunächst einmal aus den Registern in den Speicher übernommen worden sein. Wie geschieht dieses „Schreiben" in einen Speicher und das „Lesen" aus dem Speicher technisch? Zur Beantwortung dieser Frage sei die Arbeitsweise des Magnetkernspeichers etwas näher betrachtet, der in der zweiten Maschinengeneration und auch noch bei den meisten Anlagen der dritten Generation als interner Speicher verwendet wird. Den Namen hat diese Speicherart von den Magnetkernen, kleinen Ferritringen von ungefähr 1 mm äußerem Durchmesser. Diese Magnetkerne können durch Stromstöße magnetisiert werden, wobei die

---

[7] Der Vergleich berücksichtigt z. B. nicht das Vorhandensein verschiedener Gedächtnistypen, wie „Fluoreszenzgedächtnis" oder „Vorbewußtes Gedächtnis". Siehe hierzu Frank, a. a. O., S. 90 f.

Magnetfelder je nach der Richtung des Magnetisierungsstromes geordnet werden. Der erzeugte Magnetisierungszustand bleibt auch nach Abschalten des Stromes bestehen, so daß binäre Informationen in diesen Magnetkernen beliebig lange gespeichert werden können. Nehmen wir an, daß den Magnetisierungsrichtungen der Kerne folgende Bedeutung zugeordnet sei:

Magnetisierungsrichtung „Nord"   = binäre 0,

Magnetisierungsrichtung „Süd"   = binäre 1 (L).

Mit Hilfe einer Reihe von Magnetkernen kann nun z. B., entsprechend unserer früheren Erläuterung, die Dezimalzahl 45 binär gespeichert werden, wie dies in Abbildung 12 dargestellt ist:

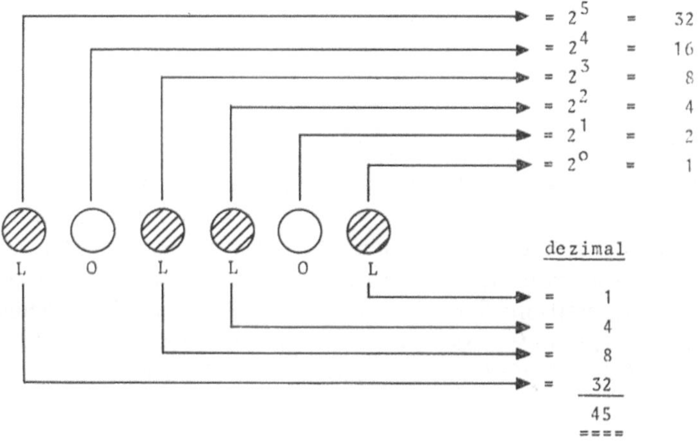

Bild 12

Die binären Einsen sind im Unterschied zu den Nullen schraffiert dargestellt.

Die einzelnen binären Stellen werden als BIT (**binary digit**) bezeichnet. Die in der dritten Maschinengeneration üblichste Form der Anordnung solcher Bits ist die Byte-Struktur. Ein BYTE ist eine Gruppe von 8 Bits. Diese Gruppe wird noch einmal unterteilt in sogenannte Halb-Bytes von je 4 Bits. In jedem dieser Halb-Bytes kann nach dem sogenannten EBCDI-Code (Extended Binary Coded Decimal Interchange-Code) eine dezimale Ziffer gespeichert werden. Unsere Zahl 45 wäre nach diesem Code folgendermaßen darzustellen:

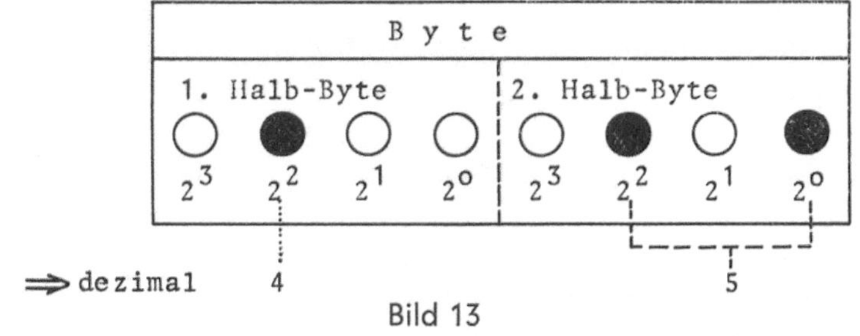

Bild 13

Allerdings ist das Bild noch nicht ganz vollständig: Zur Absicherung gegen Fehler wird in jedem Byte noch ein neuntes Bit mitgeführt, das sogenannte Prüf-Bit. Es ergänzt die Einser-Bits (L, bzw. schraffierte Kreise) auf eine gerade Anzahl. Im obigen Beispiel würde das Prüf-Bit den Wert EINS (L) erhalten, während es z. B. bei Darstellung der Zahl 65 den Wert NULL (0) erhielte:

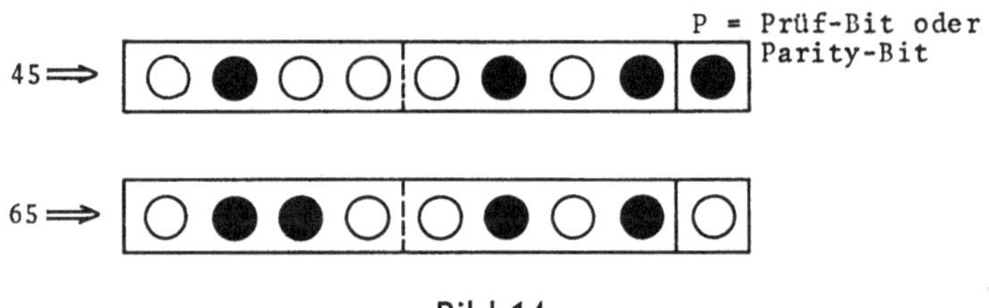

Bild 14

Als Maßstab für die Größe eines Speichers dient das Kilo-Byte (= 1024 Bytes). Kleinere Maschinen haben meist Kernspeichergrößen von 4–16 K (K = Kilo-Byte), mittlere Anlagen 16–64 K, größere Anlagen 64–256 K oder mehr. Neben der erläuterten Byte-Struktur kommen sehr häufig auch andere Formen der Kernspeichereinteilung vor. Insbesondere bei Groß-Rechenanlagen für rechenintensive Aufgaben ist die kleinste adressierbare Einheit oft das Maschinenwort. Ein solches WORT ist, ähnlich wie das Byte, eine Gruppe von Bits, von denen jedoch ein Wort grundsätzlich eine größere Zahl umfaßt (je nach Maschinentyp 12 bis 60 Bits je Wort).

4. Zur Daten-Ein- und -Ausgabe

Dem Menschen stehen zur „internen" Datenspeicherung Milliarden (rund 10 Milliarden sollen es sein) von Nervenzellen zur Verfügung. Die allergrößten Kernspeicher haben bestenfalls einige Millionen Speicherzellen. Selbst der Mensch hat aber nicht alle Daten für die Verarbeitung im Gedächtnis. Er benötigt zur Verarbeitung von Verwaltungsdaten oder für wissenschaftliche Arbeiten zusätzliche Informationen: Belegsammlungen, Karteien, Bibliotheken. Noch stärker ist die Maschine auf e x - t e r n e   D a t e n s p e i c h e r angewiesen. Als wichtigste maschinenlesbare Datenträger stehen den EDV-Anlagen heute zur Verfügung:

Lochkarten und Lochstreifen,

Magnetbänder, -platten, -trommeln, -karten,

Klarschriftbelege.

Diese drei Gruppen von Eingabemedien können auch als externe Datenspeicher verwendet werden. Insbesondere die als zweite Gruppe aufgezählten Magnetschichtspeicher sind dazu geeignet, einmal erfaßte Daten zur ständig erneuten Verwendung festzuhalten. Ihre besondere Eignung als computergerechte externe Speicher- und Ein-/Ausgabemedien ergibt sich daraus, daß sie sehr schnelle Ein-/

Ausgabe gestatten und daß auf ihnen die Daten außerdem in der gleichen Weise codiert werden können wie im internen Maschinenspeicher, z. B. in dem zuvor erwähnten EBCDI-Code. Ein Magnetband mittlerer Geschwindigkeit kann z. B. in einer Millisekunde ($^1/_{1000}$ s) 60 Bytes lesen. Zur Einlesung der gleichen Zeichenmenge über Lochkarten werden dagegen rund 100 Millisekunden verbraucht.

Für die erstmalige Erfassung von Daten (im Unterschied zur wiederholten Eingabe nach Zwischenspeicherung) haben Lochkarten und Lochstreifen nach wie vor große Bedeutung, obwohl die Ersterfassung von Daten heutzutage auch direkt auf Magnetbänder erfolgen kann. Daß die Lochkarte sich immer noch größter Beliebtheit erfreut, liegt wohl vor allem an ihrer Einfachheit und Robustheit. Das Gerät zur Erstellung von Lochkarten, der Kartenlocher, läßt sich ähnlich einfach bedienen wie eine Additions- oder Schreibmaschine. Wie die folgende Abbildung zeigt, ist die Codierung der Lochkarte leicht zu verstehen:

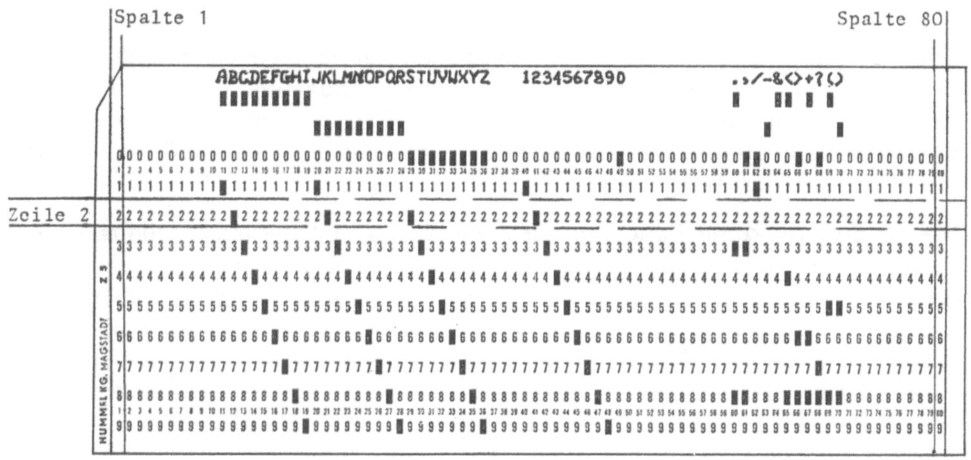

Jede der 80 senkrechten Spalten kann ein Zeichen aufnehmen. Bei Ziffern genügt e i n e Lochung in der betreffenden Zeile. Alphabet- und Sonderzeichen werden nach einem einfachen Schlüssel durch mehrere Lochungen je Spalte dargestellt.

Das „Lesen" der Lochkarte erfolgt bei älteren Eingabegeräten durch elektrische Abtastung mit Hilfe von Metallbürsten. In neueren Eingabegeräten werden fast ausschließlich Photo-Dioden zur optischen Abtastung verwendet.

Dem klassischen Eingabemedium, der Lochkarte, steht als klassisches Ausgabemedium der Schnelldrucker gegenüber. Auch seine Arbeitsgeschwindigkeit liegt im Mittel bei 100 Millisekunden je gedruckte Zeile.

Die für die erstmalige Dateneingabe (über Lochkarten) und für die endgültige Datenausgabe (über Drucker) genannten Zeitmaße stehen in krassem Mißverhältnis zur internen Arbeitsgeschwindigkeit moderner EDV-Anlagen. Hier wird in Mikrosekunden (Millionstel Sekunden, abgekürzt μ s) gerechnet. Im Laufe der Maschinengenerationen hat man sich mit unterschiedlichen Mitteln bemüht, diese Diskrepanz zwischen Ein-/Ausgabegeschwindigkeit und interner Verarbeitungsgeschwindigkeit zu mindern.

Es liegt auf der Hand, daß man beim Vorhandensein schnellerer Speichermedien (Magnet-Platte usw.) die Lochkarte nur für die erstmalige Eingabe neuer Daten einsetzt und alle wiederholt benötigten Daten auf schnelleren Medien zwischenspeichert. Aber auch ein schnelles Magnetband oder eine Magnetplatte ist im Vergleich zur internen Geschwindigkeit der Maschine recht langsam.

<u>Um die wertvolle interne Arbeitszeit so wenig wie möglich mit dem Warten auf die langsameren Peripheriegeräte zu vergeuden, hat man vor allem in der zweiten und dritten Maschinengeneration Pufferungsmethoden und Kanaltechnik besonders ausgebaut.</u>

Unter **P u f f e r u n g** ist zu verstehen, daß Peripheriegeräte mit eigenen Speichern ausgestattet sind. Dadurch kann z. B. der Informationsinhalt aller 80 Stellen einer Lochkarte im Pufferspeicher des Kartenlesers gesammelt werden, ehe die zentrale Steuereinheit zur Übertragung dieser 80 Zeichen in dem internen Arbeitsspeicher tätig werden muß. Bei ungepufferter Arbeitsweise muß die Zentraleinheit die Übertragung schon beim Lesen jedes einzelnen Zeichens vornehmen. Sie kann infolgedessen während des ca. 100 Millisekunden dauernden Einlesevorgangs für eine Karte nichts anderes tun. Bei gepufferter Eingabe kann die Zentraleinheit parallel oder überlappend dazu weitere Tätigkeiten ausführen, z. B. die Ausgabe einer Druckzeile steuern.

Die als Ergänzung zur Pufferung verwendete **K a n a l t e c h n i k** führte in ihren ersten Stufen zunächst zum Einsatz von gesonderten Kanälen für jedes Peripheriegerät. Ein Kanal ist eine Steuereinheit, die die Datenübertragung zwischen Peripherie, Puffer und Arbeitsbereich im internen Speicher durchführen kann, ohne die Arbeit der zentralen Steuereinheit nennenswert zu unterbrechen. Der vorwiegend starren Kanalzuordnung, wie sie bei größeren Anlagen der zweiten Generation vorherrschte, folgte in der dritten Generation die Einführung von Selektor- und Multiplexkanälen. Ein Selektorkanal kann jeweils eins von verschiedenen Peripheriegeräten zur Übertragung ansteuern. Dabei erfolgt die Übertragung blockweise, das heißt in vorgegebenen Gruppen von Zeichen. Ein Multiplex-Kanal kann darüber hinaus die Bedienung mehrerer Peripheriegeräte zeichen- oder byteweise vornehmen. Zum Beispiel liegt zwischen dem Einlesen der ersten und der zweiten Spalte einer Karte für den Multiplexkanal genügend Zeit, um inzwischen die zehnte oder elfte Stelle für den Aufbau einer Zeile an den Drucker zu übertragen.

Aus Pufferungs- und Kanaltechnik resultierten bereits in der frühen zweiten Maschinengeneration Vorstellungen zur Neugestaltung der bisherigen festen Verarbeitungsfolge.

<u>Um möglichst wenig interne Arbeitszeit brachliegen zu lassen, wollte man nicht nur verschiedene Peripheriegeräte parallel oder überlappt arbeiten lassen, sondern generell die Abhängigkeit, Eingabe, Bearbeitung, Ausgabe, für die einzelnen Bearbeitungsfälle aufheben.</u> Wenn nämlich z. B. aus jeweils 5 Eingabekarten eine Druckzeile zusammenzustellen ist, nützt es nichts, wenn der Drucker zwar überlappt zum Lesen der Karten arbeiten kann, trotzdem aber immer 4 Kartentakte stillsteht, weil erst nach der fünften Karte alle Daten für eine Ausgabezeile vorliegen. Die

Lösung wird in der Aufhebung der Synchronisation von erster Eingabe, Bearbeitung und endgültiger Ausgabe gesucht. Im obigen Beispiel könnten die Eingabedaten zunächst auf ein Magnetband übernommen und, zeitlich unabhängig von der Eingabe, später vom Magnetband auf den Drucker übertragen werden. Diese Verselbständigung der drei Verarbeitungsphasen ist der erste Schritt zum M u l t i - p r o g r a m m i n g , bei dem von der Anlage mehrere Hauptprogramme „gleichzeitig" bearbeitet werden. Multiprogramming wiederum wird zusammen mit der Möglichkeit zur Datenfernübertragung zum Time-Sharing benutzt, dem Versuch, mehreren Benutzern gleichzeitig die Vorteile einer Großanlage zugängig zu machen.

Neben und ergänzend zu diesen höheren Organisationsstufen für EDV-Systeme sind in den letzten Jahren zahlreiche neue Ein- und Ausgabegeräte entwickelt worden. Als eine neue Form der Datenerfassung hatten wir bereits die Direkteingabe auf Magnetband erwähnt. Daneben stehen heute für die Erfassung von großen Belegmengen optische Belegleser zur Verfügung, die genormte Schriftzeichen (z. B. die OCRA-Schrift) direkt vom Beleg ablesen können, ohne daß die Daten zunächst manuell abgetastet werden müssen. Eine dritte neue Eingabeform ist die akustische Eingabe, die z. B. für die Personenidentifikation vielleicht einmal ähnliche Bedeutung erhalten könnte wie das Fingerabdruck-Verfahren. Auf der Ausgabeseite werden seit Jahren zunehmend „P l o t t e r" verwendet: Zeichengeräte für graphische Darstellung von Resultaten. Noch stärker scheint die Datenausgabe über Bildschirme „im Kommen" zu sein; an der Maschinenseite (als Teil der Bedienungseinrichtung), als selbständige Ausgabestation (z. B. an Abfrageplätzen) und als kombiniertes Aus-/Eingabegerät in Verbindung mit Eingabetastaturen oder unter Verwendung von Lichtstiften, mit denen z. B. auf dem Bildschirm sichtbar gemachte Zeichnungen direkt geändert werden können.

Zwischen Ein- und Ausgabe und der Bearbeitung steht bei den Anwendungen der Realtime-Technik oder des Time-Sharing die Datenübertragung vom Terminal zur Zentraleinheit. In Deutschland stellt die Post dafür Fernsprech- und Fernschreiberleitungen sowie ein gesondertes Datex-Netz zur Verfügung. Die Leitungen können entweder fest für Zwecke der Datenfernübertragung (DFÜ) von der Post angemietet werden (Standverbindung) oder wie im normalen Telefon- oder Fernschreiberverkehr als Wählleitungen benutzt werden (Wählverbindung). Grundsätzlich muß jedoch an jedem Empfangs- oder Sendegerät ein M o d e m (Modulator/Demodulator) zwischen EDVA und Leitungsanschluß eingefügt werden, der die Umwandlung von und auf die Frequenzen der Postleitungen übernimmt. Daraus ergibt sich eine gewisse Verteuerung und Immobilität der Fernübertragung, die sich besonders dort ungünstig auswirkt, wo mit ihrer Hilfe die Kosten eines eigenen Rechners erspart werden sollen. Hier verdienen zwei Entwicklungen Beachtung, die zur Zeit in den USA rasche Verbreitung finden: Die a k u s t i s c h e K u p p l u n g und das „T o u c h - T o n e - T e l e f o n". Die akustische Kupplung wird dadurch hergestellt, daß ein normaler Telefonhörer in die dafür bestimmten Mulden eines Gerätes gelegt wird, das zur Datenübertragung keine digitalen Impulse, sondern, vereinfacht gesagt, Knacklaute von sich gibt. Als Touch-Tone-Telefon ausgestattet, besitzt dieses einfache Sendegerät eine Tastatur, auf der Zahlen und Steuerzeichen eingetastet werden können, die es dann in akustische Signale umsetzt. Am Empfangsort werden diese akustischen Signale wieder in die vom Computer benötigten digitalen Werte umgesetzt. Die verwendete Apparatur ist billig, einfach und leicht. Die empfohlenen und in den USA schon praktizierten Anwendungsmöglichkeiten reichen vom Einsatz als Datenerfassungsgerät im Gepäck des Außendienstlers über Verwendung als Platzbuchungsgerät für die Reservierung von Hotelzimmern bis zur Anwendung durch die Hausfrau, die ein Kochrezept oder ein Schnittmuster zur Ausgabe auf den Bildschirm ihres Fernsehgerätes anfordert.

5. Zur neueren Entwicklung der automatisierten Datenverarbeitung (ADV)

Unter Automatisierung verstehen wir die Durchführung von Produktions- und Verwaltungsverfahren innerhalb selbständiger Steuerungs- und Regelkreise.

Eine Datenverarbeitung ist automatisiert, wenn nicht mehr einzelne der dazu gehörenden Tätigkeiten mechanisiert werden, sondern ganze Ketten von Tätigkeiten ohne menschlichen Eingriff ablaufen.

Der Versuch, die Zukunfts-Trends der ADV aufzuzeigen, muß die Erfahrungen der bisherigen Entwicklung und die Diskrepanzen zwischen technischer und Anwendungsentwicklung berücksichtigen. Die Erfahrungen aus der zweiten und dritten Maschinengeneration zeigen, daß die Anwendung im Verwaltungsbereich, grob gesprochen, ein bis zwei Generationen hinter der technischen Entwicklung herhinkt, und zwar auch dort, wo bereits die neuesten Anlagen installiert sind. Es ist deshalb wesentlich einfacher, eine Prognose zur technischen Entwicklung abzugeben, als Vorhersagen darüber zu machen, wie viele Betriebe und Verwaltungen tatsächlich in 5 oder 10 Jahren über Management-Informations-Systeme oder Datenbanken verfügen werden, die diesem anspruchsvollen Titel einigermaßen gerecht werden.

Zur technischen Entwicklung ist vorauszuschicken, daß nach allgemeiner Auffassung die vor der Tür stehende v i e r t e M a s c h i n e n g e n e r a t i o n keine Revolution der DV-Anwendungen erwarten läßt. Eine solche Revolution hatte man von der dritten Maschinengeneration erwartet, und, was immer man unter „Revolution" auf diesem Gebiet verstehen will: in vielen Bereichen hat zumindest der notwendig werdende Übergang auf andere Programmierungs- und Codierungsformen eine Trennlinie geschaffen. Eine derartige Zäsur ist bei Übergang auf die vierte Maschinengeneration aus zwei Gründen weniger wahrscheinlich: Erstens sind die Hersteller an das bei Ankündigung der dritten Maschinengeneration gegebene Versprechen gebunden, daß nämlich die neuen Maschinen im Familiensystem praktisch unbegrenzt ausbaufähig seien. Selbst wenn jetzt völlig neue Prinzipien realisiert werden sollten, müßte zumindest die Übernahme der Programme und Daten sichergestellt sein (wie es bereits weitgehend bei der Einführung der dritten Maschinengeneration über die als „Emulatoren" bezeichneten Software-Teile geschehen ist). Zweitens haben in den letzten Jahren sehr viele Anwender ihre Programme in maschinenunabhängigen C o m p i l e r - S p r a c h e n geschrieben. Die Normierung von COBOL durch das „Standards Institute" der USA verspricht zumindest für diese Compiler-Sprache künftig eine ausreichende Kompatibilität.

Als wichtigster Antrieb der Evolution ist die nochmalige Verschiebung der Preis-Leistungs-Relation anzusehen. Die Kosten eines Schaltelements oder einer Speicherstelle waren in der ersten Maschinengeneration in Hunderten von D-Mark zu rechnen. Sie reduzierten sich in jeder der beiden folgenden Generationen auf etwa ein Zehntel, so daß zur Zeit ein solches Bauteil etwa eine Mark oder bereits nur einen Teil davon kostet. In der vierten Generation werden zumindest die Kosten der Schaltelemente erneut auf ein Zehntel zurückgehen und künftig in Pfennigen zu berechnen sein. Diese Verbilligung wird der LSI-Technik zu verdanken sein. Die „L a r g e - S c a l e - I n t e g r a t i o n" wird als Kennzeichen der vierten Generation angesehen. Die Baugruppen werden zwar kaum unter die in der dritten Maschinengeneration erreichte Briefmarkengröße verkleinert, dafür wird eine Gruppe in dieser räumlichen Größe jedoch ein Vielfaches an Funktionen übernehmen können, so daß ganze Teile der Steuerung eines Computers und ganze Teilsysteme in kompakten Baugruppen auf kleinstem Raum dargestellt werden können.

Nicht ganz so eindeutig wie bei den Schaltelementen ist die Entwicklung bei den internen Speichern. Zwar sind bereits mit den D ü n n f i l m - S p e i c h e r n der 1100er Serie (UNIVAC) und den Magnetdrahtspeichern in der dritten Maschinengeneration neue Entwicklungen aufgezeigt worden. Der Dünnfilm-Speicher konnte aber bisher offenbar nicht in serienmäßiger Massenproduktion erzeugt werden, und der Magnetdrahtspeicher bringt gegenüber dem Magnetkernspeicher nur Einsparungen auf etwa die Hälfte der Kosten. Hier ist also zunächst von der Kostenseite her keine revolutionierende Entwicklung zu erkennen. Vielleicht wird die Weiterentwicklung hierarchischer Ordnungen der internen Speicher (Erweiterung der schnellen Register zu „S c r a t c h P a d M e m o r i e s" mit mehreren tausend Wörtern Kapazität, oder vermehrter Einsatz von „R e a d - O n l y" -Speichern neben den eigentlichen Arbeitsspeichern) die relativen Kostensenkungen etwas beschleunigen. Zur Zeit (Anfang 1970) sind aber noch keine Anzeichen dafür zu erkennen, daß in absehbarer Zeit zu vertretbaren Kosten interne Speicher im Umfang von einigen hundert Millionen oder von Milliarden Stellen eingesetzt werden können.

Diese Größenordnungen rücken zunächst einmal nur bei den externen Speichern in den Bereich des wirtschaftlich Vertretbaren. Allerdings wird man vorläufig wohl nicht ohne mechanisch bewegte Speicher (Magnetbänder oder Rotationsspeicher wie Platte und Trommel) auskommen. Immerhin ist aber mit einer Erhöhung der Speicherkapazität und einer Verringerung der Zugriffszeit um etwa eine Zehnerpotenz zu rechnen.

Erwähnenswert scheinen auch die Entwicklungen bei den Magnetbändern zu sein. Hier wird bereits erfolgreich mit nur einmal beschreibbaren Bändern (Aluminiumbänder, in die die Daten mit Laser-Strahlen eingebrannt werden) gearbeitet, die zur Datensicherung und Archivierung über beliebige Zeiträume ohne Gefahr des berüchtigten „F a d i n g", des Verblassens der Magnetschrift, eingesetzt werden. Bei etwa gleichbleibenden Kosten wird hier eine mehr als zehnfache Steigerung der Aufnahmekapazität und Lesegeschwindigkeit erreicht.
Wie beeinflussen nun diese technischen Entwicklungen die Anlage-Konfigurationen und die künftige Anwendungsphilosophie? Sicherlich wird die Verbilligung der

Maschinenleistung einen vermehrten Einsatz von Hardware fördern. Das kann sich bereits darin ausdrücken, daß man bei der Konstruktion der Anlagen zusätzliche Kontroll-Schaltkreise einbaut und wesentliche Bauteile doppelt vorsieht, so daß die Maschine z. B. selbst eine Nachricht im Sinne von: „Schaltkreis 17 a ausgefallen, gelegentlich ersetzen, vorläufig auf Reserveschaltkreis 17 b umgeschaltet" ausgeben kann. Das könnte eine erhebliche Einsparung an den immer teurer werdenden Aufwendungen für technisches Wartungspersonal bringen. Darüber hinaus wird man in zunehmendem Maße F i r m w a r e einsetzen.

Firmware ist ein Zwischending zwischen Hardware und Software. Bestimmte Programme werden als Hardware dargestellt. Zum Beispiel wird man vielleicht in einigen Jahren eine Lohnsteuerformel oder ein Optimierungsprogramm als auswechselbare Baugruppe geliefert bekommen.

Sicherlich wird die weitere Verschiebung der Kosten des internen Speicherplatzes gegenüber den Programmierergehältern auch die Vorstellungen wirtschaftlich sinnvoller Maschinenkonfigurationen und Programmierungsstile beeinflussen. Wo sich in der dritten Generation die Erkenntnis noch nicht durchgesetzt hat, daß es nicht sinnvoll ist, zur Einsparung einiger tausend Kernspeicherplätze zeitraubenden zyklischen Programmierungsstil zu pflegen, wird es spätestens in der vierten Maschinengeneration geschehen müssen.

Eine ganz andere Frage ist jedoch, ob diese technische Entwicklung und die Verschiebung der Kostenrelationen den bisherigen Trend zur Großanlage fördern oder hemmen wird. Multiprogrammierung und universelles Time-Sharing sind, wie wir schon angedeutet haben, der Überlegung entsprungen, daß die interne Arbeitsleistung der Anlagen möglichst pausenlos genutzt werden soll, und daß nicht nur mehrere Peripherie-Geräte, sondern möglichst auch eine Vielzahl von Benutzern gleichzeitig bedient werden sollen. In den Maschinensystemen und der Software-Philosophie der dritten Maschinengeneration führte das zum Einsatz äußerst komplizierter Betriebssysteme, und nicht selten verschlang der Verwaltungsaufwand mehr interne Bearbeitungszeit als für die praktischen Arbeiten übrigblieb. Grosch glaubt, eine Gesetzmäßigkeit dahingehend entdeckt zu haben, daß jede Maschinengeneration gegenüber der vorangehenden elf- bis zwölfmal mehr Software fordert[8]). Der Umfang des grundlegenden Software für die 360er Serie der IBM wird mit etwa 5 Millionen Befehlen angegeben. Wenn die von Grosch aufgezeigte Entwicklungslinie anhält, wären allein für eine Maschinengruppe der vierten Generation 60 000 000 Software-Befehle zu schreiben. Bei einer Jahreskapazität von netto etwa 1000 Software-Befehlen je Programmierer wären das 60 000 Mann-Jahre. Softwareprogrammierer sind selten; selbst wenn man aber wirklich zehntausend davon fände, wäre das Software der vierten Generation bestenfalls bei Einführung der fünften Maschinengeneration fertig. (Und für das Software der fünften Generation würde die genannte Personengruppe dann etwa 60 Jahre benötigen!) Die von Grosch aufgezeigte Entwicklung wird also nicht unbegrenzt anhalten können. Wir wagen deshalb folgende Aussage: Statt immer größer werdende Anlagen mit immer unverselleren Aufgabenpaketen zu belasten, wird die

---

[8]) Grosch, H., a. a. O.

verbesserte Preis-Leistungs-Relation künftig gestatten, Computer wieder mit einfachen Betriebssystemen, z. B. im beschränkten Multiprogramming einzusetzen, und lieber Leistung der Zentraleinheit ungenützt zu lassen, wenn nur die in der Relation teurer werdenden Peripheriegeräte sinnvoll genutzt werden und der in Zukunft gesondert berechnete und teurer werdende Software-Aufwand niedrig gehalten wird.

Schon die Entwicklung einer der Traumvorstellungen der dritten Maschinengeneration weist in diese Richtung: Nicht Random-Verarbeitung um jeden Preis hat sich als das Richtige erwiesen, sondern der Einsatz des Direktzugriffes dort, wo es wirklich unbedingt auf sekundenschnellen Zugriff ankam; nicht das universelle Time-Sharing für jede Art von Verwaltungsarbeit hat sich durchgesetzt, sondern nur die gemeinsame Anlagenbenutzung für eine überschaubare Zahl festgelegter und aufeinander abgestimmter Arbeiten (dedicated time-sharing); nicht die universellen Datenbanken nach dem Schreckbild des „Big-Brother-Is-Watching-You" sind in Realisierungsnähe gekommen, sondern eng zweckbegrenzte Dateien, die durch ihre Flexibilität und Ansprechbarkeit zu unterschiedlichen Zwecken den Charakter von Datenbanken erhalten haben.

Und noch etwas spricht gegen die Vorstellung einer künftigen Marktbeherrschung durch universelle Großanlagen: Die Entwicklung der sogenannten mittleren Datentechnik. Die außerordentlichen Erfolge, die mit M a g n e t k o n t e n c o m p u t e r n und ähnlichen Anlagen zunächst auf dem europäischen Markt und von da aus nach den USA übergreifend, erzielt werden konnten, sollten nachdenklich stimmen. Hier kommt ein Bedarf nach einfacher, unkomplizierter und in engen Integrationsbereichen überschaubarer Automatisierung der Datenverarbeitung zum Ausdruck, der bei zu einseitiger Blickrichtung auf immer umfangreichere Lösungen mit goßen Systemen leicht übersehen wird. Wenn man einmal die Frage stellt, wo denn die Masse der Betriebe auf der von Blau aufgezeigten Leiter der organisatorischen Entwicklungsstufen[9] steht, so wird man sicher feststellen, daß die Masse der kleinen und mittleren Betriebe die erste Stufe (Mechanisierung von Routinearbeiten) noch nicht überschritten hat, und daß auch von den Großbetrieben durchaus noch nicht alle die zweite Stufe (integrierte Phase mit dispositiven Hilfen) erreicht haben.

Mit kleineren und relativ unkomplizierten Systemen läßt sich aber die erste Entwicklungsstufe unter Umständen gefahrloser erreichen, als mit größeren Systemen, deren zusätzlicher Komfort nicht selten zu Automationszielen verlockt, die für die erste Entwicklungsstufe zu weit gesteckt und zu ehrgeizig sind. Oft genug haben sich in der bisherigen Einführungspraxis Enttäuschungen daraus ergeben, daß das Gebot „Entwicklungsstufen lassen sich nicht ungestraft überspringen"[10] mißachtet wurde. Den meisten Betrieben fehlen nicht noch schnellere und noch leistungsfähigere Maschinen, sondern organisatorische Erfahrung, EDV-geschultes Personal und oft auch etwas größere innere Bereitschaft zur Überwindung der Betriebsblindheit und zu organisatorischen Neugestaltungen.

---

[9] Blau, H., Wo stehen wir heute in der Datenverarbeitung?, adl-Nachrichten, Heft 60/70.
[10] Blau, H., Lassen sich Entwicklungsstufen in der EDV-Organisation überspringen? BTA Juni 1967, S. 280.

Literaturhinweis

Beer, Stafford: Kybernetik und Management, Hamburg 1962.

Blau, Hellmut: Wo stehen wir heute in der Datenverarbeitung? adl-Nachrichten 60/70.

Dieboll, Hans: Datenverarbeitung kurz und bündig, Würzburg 1970.

Dworatschek, Sebastian: Einführung in die Datenverarbeitung, Berlin 1969.

Frank, Helmar: Kybernetische Grundlagen der Pädagogik, Baden-Baden 1962.

Futh, Horst: Elektronische Datenverarbeitungsanlagen, Band I, Einführung in Aufbau und Arbeitsweise, München - Wien 1964.

Gerteis, Martel: Automation, ihr Wesen und ihre Bewältigung, Zürich 1964.

Leue, Günther: Wohin geht die technische Entwicklung?, ZfD 1/1970.

Müller / Löbel / Schmid: Lexikon der Datenverarbeitung, München 1969.

Trede / Herkelmann / Schwarzer: Datenverarbeitung – Lehrbuch, Verwaltungsfachverlag Springel KG, Bremen 1969.

Wiener, Norbert: Mensch und Menschmaschine, Frankfurt - Berlin 1958; Kybernetik, Düsseldorf - Wien 1963.

Wolters, Martin F.: Der Schlüssel zum Computer, Düsseldorf - Wien 1969.

Zuse, Konrad: Entwicklungstendenzen der Informationsverarbeitung, adl-Nachrichten 60/70.

Die Programmierung
elektronischer Rechenautomaten

Von Prof. Dr. Walter Goldberg, Göteborg

Inhaltsübersicht

  I. Einleitung

 II. Grundlagen der Programmiersprachen
     a) Die Notwendigkeit von Programmiersprachen
     b) Drei Ebenen der Programmiersprachen

III. Übersicht zu den Programmiersprachen
     a) Definition
     b) Maschinensprachen
     c) Symbolische Sprachen
     d) Problemlösungsorientierte Sprachen
     e) Spezialsprachen
     f) Tendenzen der künftigen Entwicklung

 IV. Sprachübersetzung
     a) Assembler
     b) Interpretiersysteme
     c) Compiler

  V. Kriterien für die Sprachauswahl
     a) Allgemeine Fragen der Sprachauswahl
     b) Wahl zwischen Sprachen der höheren Ebene
     c) Wahl zwischen Sprachen verschiedener Ebenen
     d) Wann lohnen sich Spezialsprachen?
     e) Absolute und relative Sprachbewertung

I. Einleitung

Seit dem Frühjahr 1970 haben die größten Hersteller elektronischer Datenverarbeitungsanlagen (EDV) eine neue Preis- und Lieferpolitik eingeführt: Von nun ab können Maschinen und Programme, die bislang gemeinsam angeboten und abgerechnet wurden, einzeln gekauft werden. Unter anderem muß der Käufer bzw. Mieter von nun ab selbst bestimmen, welche Programme er haben und wieviel er dafür bezahlen will.

Der Zweck dieses Beitrages ist es u. a., die Unternehmensleitung mit den Fragen der Programmiersprachen vertraut zu machen und ihr mit der Bereitstellung von Maßstäben für die Bewertung solcher Sprachen behilflich zu sein. Der Beitrag ist also auf die Entscheidungssituation des Nicht-Spezialisten abgestimmt[1]).

Von der Unternehmensleitung werden in steigendem Maße sowohl in quantitativer als auch in qualitativer Hinsicht Entscheidungen erwartet und verlangt, die teils große wirtschaftliche Tragweite haben, teils technische Einblicke einer Art erfordern, die nicht ohne weiteres vorausgesetzt werden kann. Der Unternehmensleiter muß aber Entscheidungen treffen und dabei immer öfter zwischen Scylla und Charybdis hindurchsegeln. Scylla mag dabei unzureichende Erkenntnisse symbolisieren, Charybdis dagegen das Abhängigsein von Ratgebern. Der Ratgeber ist ein Fachmann, bei dem man vertiefte Kenntnisse auf einem begrenzten Gebiet voraussetzt. Er kann – auch wenn er ein sehr tüchtiger Experte ist – zwei wichtige Voraussetzungen niemals erfüllen: den allgemeinen Überblick und die Verantwortlichkeit des Managers. Von diesem wird nämlich verlangt, daß er einzelne Probleme und Entscheidungen technischer Art mit anderen Fragen in ein rationales Verhältnis bringen kann und zwar nicht nur in der Gegenwart, sondern auch in bezug auf eine fernere oder nähere Zukunft. Je mehr auf dem Spiele steht, desto länger – zeitlich gesehen – ist gewöhnlich die Tragweite der Entscheidung.

Im Gegensatz zum Ratgeber muß der Unternehmensleiter in der Regel auch mit den Folgen getroffener Entscheidungen weiterleben. Er ist also darauf angewiesen, sich ständig auf neuen Fachgebieten weiterzubilden, und zwar auf einer Ebene, die zu den oben angedeuteten Problemen im richtigen Verhältnis steht: Genügend technischer Einblick wird benötigt, um den Ratgebern die richtigen Fragen stellen zu können und deren Antworten zu verstehen. Die Probleme müssen stets zusammen mit den damit verbundenen betriebswirtschaftlichen Folgen gesehen werden. In Anbetracht des Zeitmangels des Managers muß die Kenntnis leicht und schnell zugänglich gemacht werden.

Zunächst folgt eine kurze Übersicht über den Bedarf an Sprachen und die verschiedenen Ebenen, auf welchen Programmiersprachen angeboten werden. Danach werden Entscheidungskriterien für die Auswahl von Sprachen behandelt.

---

[1]) Dem Leser, der sich mit der Frage der Programmiersprachen ausführlich beschäftigen möchte, kann das folgende ausgezeichnete Buch empfohlen werden, das auch dem Verfasser dieses Beitrages gute Dienste geleistet hat: Sammet, J. E., Programming Languages, History and Fundamentals, Englewood Cliffs, 1969. Es enthält auch eine ausführliche Bibliographie.

II. Grundlagen der Programmiersprachen

a) Die Notwendigkeit von Programmiersprachen

Sprachen haben den Zweck, das Zusammenspiel zwischen Mensch und Maschine zu ermöglichen. Der Computer ist an und für sich eine ganz einfache Maschine, die nur zwei elementare Zustände kennt: plus und minus oder ja und nein oder null und eins.

Die Probleme des Benutzers sind jedoch nicht so einfach und müssen in jedem Fall auf diese einfachsten, der Maschine bekannten Elemente reduziert werden. Schon bei einfachen Additionen ist das eine zeitraubende Arbeit. Der Rechenautomat wird also dann erst nützlich, wenn dieses Problem überbrückt werden kann, und zwar mit Hilfe der Programmiersprachen.

Um den Computer dienstbar zu machen, sind weitere Probleme zu lösen: S t e u e r u n g und K o n t r o l l e der Dateneingaben bzw. -ausgaben, V e r a r b e i t u n g s v o r g ä n g e, S p e i c h e r u n g von Daten, sowie der Komplex der S i c h e r u n g s m a ß n a h m e n, um Fehlern vorzubeugen oder sie zu entdecken. Außerdem müssen Speichereinrichtungen und Dateien vor unbefugtem Zugriff oder Zerstörung geschützt werden.

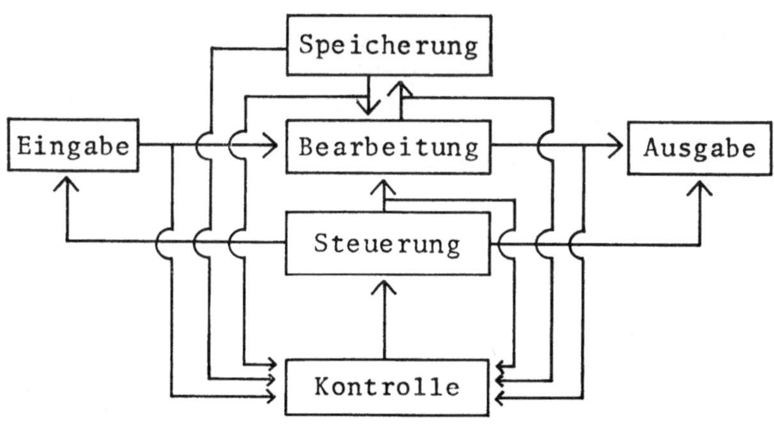

Abb. 1: Grundlegende Vorgänge im Computer

Die Bedürfnisse der Benutzer sind unterschiedlich. Mathematiker geben der Maschine straff strukturierte[2]) Aufgaben. In der Unternehmung sind die Aufgaben in der Regel bedeutend weniger klar strukturiert[3]). Je weniger Struktur in einer Aufgabe zu finden ist, desto größer ist der Abstand zum Rechenautomaten, den es mit Hilfe der Programmiersprachen zu überbrücken gilt.

---

[2]) Struktur ist hier im Sinne von Gesetzmäßigkeit zu verstehen.

[3]) Aufgaben im Bereich des Rechnungswesens, wie z. B. Lagerwirtschaft oder Buchhaltung, können als einigermaßen strukturiert bezeichnet werden, während es Aufgabenstellungen der mittleren und oberen Betriebsführung, in denen man die Automaten einzusetzen wünscht, oft an einer eindeutigen Struktur mangelt.

Es ist leicht einzusehen, daß sich Mediziner, Verkehrs- und Raumplanungsfachleute, Juristen, Bibliothekare und Unternehmer mit den unterschiedlichsten Aufgabenstellungen an den Automaten wenden. Man benötigt also sowohl allgemeine als auch spezielle p r o b l e m b e s c h r e i b u n g s - und p r o b l e m l ö s u n g s o r i e n - t i e r t e S p r a c h e n.

b) Drei Ebenen der Programmiersprachen

Man kann bildlich von drei Programmierebenen sprechen:

- computerinterne Sprachen (M a s c h i n e n s p r a c h e n),
- computernahe Sprachen (m a s c h i n e n o r i e n t i e r t e S p r a c h e n),
- benutzernahe Sprachen (p r o b l e m o r i e n t i e r t e S p r a c h e n).

Die angedeuteten Ebenen sollen nun näher beleuchtet werden. Es sei vorausgeschickt, daß es bislang noch keine Sprache gibt, die sich für alle Verwendungszwecke und Ebenen technisch und wirtschaftlich gleichermaßen eignet. Es sind jedoch Ansätze in dieser Richtung vorhanden. Im übrigen gibt es auf den verschiedenen Anwendungsgebieten und Ebenen zahlreiche Sprachen, von denen eine große Zahl besonders für einzelne Maschinenfabrikate geeignet ist. Bestimmte Sprachen höherer Ebene, im folgenden auch als „große Sprachen" bezeichnet, sind für mehrere oder alle wichtige Fabrikate verwendbar.

Grundsätzlich gilt: Je näher die Sprache der Maschine steht, desto stärker fabrikatgebunden ist sie. Eine Entscheidung zugunsten einer Sprache (oder Sprachfamilie) kann also gleichzeitig die Bindung an ein Maschinenfabrikat bedeuten und damit die Handlungsfreiheit in der Zukunft einschränken. Dies kommt einer Zwangsehe mit einem Fabrikat gleich, von der man sich nur mit großem Aufwand loskaufen kann.

III. Übersicht zu den Programmierungssprachen

a) Definition

Im Unterschied zur Umgangssprache ist eine P r o g r a m m i e r s p r a c h e eine e i n d e u t i g e S p r a c h e, mit deren Hilfe einem Datenverarbeitungsautomaten mitgeteilt wird, wie die ihm eingegebenen Daten nach dem Willen des Benutzers zu verarbeiten sind.

b) Maschinensprachen

Ein in einer Maschinensprache abgefaßtes Programm ist der Maschine ohne Übersetzung verständlich. Das Programmieren in einer solchen Sprache ermöglicht es im Prinzip, die Kapazität des Computers bestmöglich auszunutzen. Man verwendet jedoch heutzutage Maschinensprachen nur noch in seltenen A u s n a h m e f ä l - l e n , und zwar aus folgenden Gründen:

1. Die Befehle an die Maschine und die Adressen der Speicherzellen, aus denen Daten und Befehle zu holen bzw. wohin sie nach der Verarbeitung abzuliefern sind, müssen in Ziffernform (eigentlich sogar in binärer Kodierung) dargestellt werden. Die Programme werden deshalb unübersichtlich und unhandlich.

2. Alle Adressen für Speicherzellen und Arbeitseinheiten des Verarbeitungssystems sind entsprechend seinen Konstruktionsmerkmalen anzugeben.

3. Das Programmieren verteuert sich, da die Verwendung von Unterprogrammen erschwert ist und der Änderungsdienst komplizierte Probleme aufgibt.

Heute erlauben es höhere Sprachen im Zusammenwirken mit modernen Betriebssystemen (vgl. Abb. 2), eine der Maschinensprache ebenbürtige Ausnutzung des Computers zu erreichen. Im Verein mit dem verringerten Programmieraufwand bedeutet das eine Verbilligung des Einsatzes und eine Erweiterung der Einsatzmöglichkeiten für die EDV.

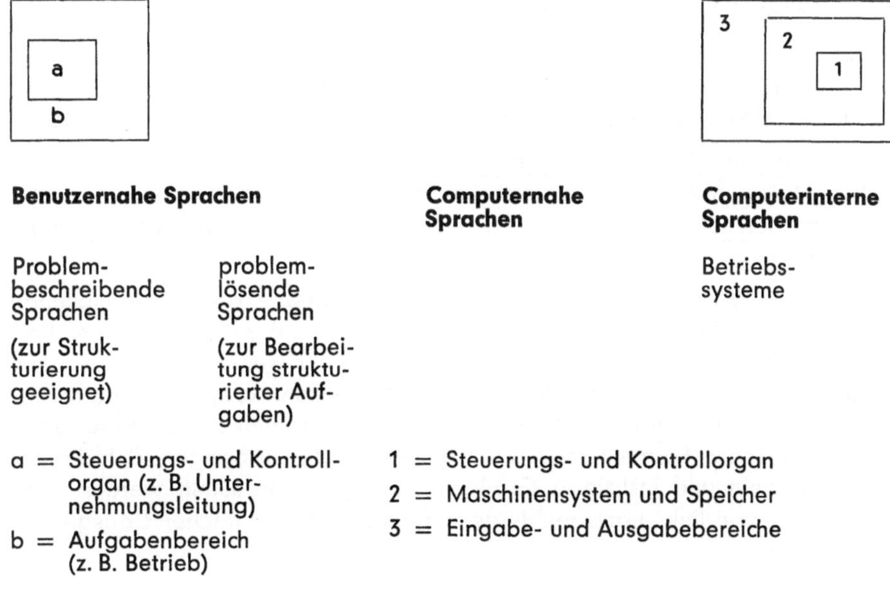

Abb. 2: Sprachenebenen im Verhältnis Benutzer – Computer

c) Symbolische Sprachen

Symbolische Sprachen stellen einen ersten Schritt zur Überbrückung des Abstandes zwischen der Maschine und deren Benutzer dar. Die Gruppe der symbolischen Sprachen wächst noch immer. Bezeichnend für symbolische Sprachen sind folgende Merkmale:

1. Programme werden mit mnemotechnisch geeigneten Ausdrücken oder in einer stark stilisierten Schriftsprache geschrieben, einer sogenannten „Quellensprache".

2. Programmhinweise, Unterprogramme und Speicheradressen werden gleichfalls mit den für den Programmierer verständlichen und leichter zu merkenden Ausdrücken oder Symbolen bezeichnet.

3. Zahlen und Buchstaben brauchen nicht in die Binär-Kodierung übersetzt zu werden.

4. Die symbolischen Sprachen erfordern Übersetzerprogramme, welche die Symbole der Quellensprache in die Maschinensprache (Zielsprache, d. h. das Ziel der Übersetzertätigkeit) eindeutig und fehlerfrei übersetzen[4]). Wichtige Probleme sind dabei die Prüfung möglicher Fehler im Quellenprogramm, der Schutz vor Übersetzungsfehlern, die Anwendbarkeit und Grenzen der Quellensprachen sowie die Effektivität der Übersetzerprogramme hinsichtlich Übersetzungszeit und Verbrauch an Speicherkapazität.

d) Problemlösungsorientierte Sprachen

Man spricht in diesem Zusammenhang oft von „problemorientierten" Sprachen. Aus Gründen der Klarheit sei hier jedoch zwischen p r o b l e m l ö s u n g s - und p r o b l e m b e s c h r e i b u n g s o r i e n t i e r t e n S p r a c h e n unterschieden.

<u>Die lösungsorientierten Sprachen setzen voraus, daß das Problem beschrieben und in einer formalisierten bzw. strukturierten Form vorliegt. Problembeschreibungsorientierte Sprachen sollen die bedeutend schwierigere Aufgabe der Beschreibung und Formalisierung der Problemstruktur lösen.</u>

In der Übersicht (vgl. Abb. 2) wurde eine Sprachengruppe als problemlösende Sprachen bezeichnet. Damit sind Sprachen gemeint, die auf wohlstrukturierte Probleme angewandt werden, wobei sich das Programm nur wenig von der Sprache unterscheidet, in der das Problem dargestellt wird. Meistens kommt die mathematische Symbolsprache in Frage. Der Programmiersprache kommt dabei die Aufgabe zu, die mathematischen Formeln sozusagen auf eine Zeile zu bringen, d. h. Potenzen, Brüche, Wurzeln und indizierte Größen müssen so dargestellt werden, daß sie auf einer Zeile von links nach rechts geschrieben und entsprechend ausgewertet werden können.

> Hierzu ein **Programmierbeispiel,** das in ALGOL[5]) ausgedrückt wird. Der mathematische Ausdruck
>
> $$A = \sqrt{x^2 + y^2}$$
>
> wird als Programm folgendermaßen geschrieben:
>
> A: = SQRT (X · X + Y · Y).

Aus diesem Beispiel dürfte klar werden, was „auf eine Zeile bringen" bedeutet: Die durch den Formalismus der Mathematik als Wurzelzeichen und hochgestellte 2

---

[4]) Siehe hierzu Abschnitt IV.
[5]) ALGOL ist der Name einer Programmiersprache, die hauptsächlich für technisch-wissenschaftliche Problemlösungen verwendet wird.

ausgedrückte numerische Berechnungsvorschrift muß in vergleichbaren Zeichen der Programmiersprache unter Benutzung nur einer Zeilenhöhe dargestellt werden.

In den meisten Programmiersprachen wird Englisch als Verkehrssprache benutzt, um die entsprechenden Programmierbefehle auszudrücken. Es ist aber auch möglich, deutsche Sprachelemente einzubauen oder die Programmiersprache völlig mit deutschen Ausdrücken zu formulieren. Allerdings verliert man dabei die U n i v e r - s a l i t ä t   d e r   P r o g r a m m i e r s p r a c h e, d. h., die Möglichkeit ist einge-schränkt, Bibliotheksprogramme, die von Dritten entwickelt sind, ohne weiteres zu verwenden oder eigene Programme Dritten zur Benutzung zu überlassen.

Weit verbreitete Programmiersprachen dieser Art sind ALGOL (ALGOrithmic Lan-guage), FORTRAN (FORmula TRANslator) und COBOL (COmmon Business Oriented Language).

Sprachen, die noch allgemeiner sind, als die genannten, wurden ebenfalls ent-wickelt und werden nach und nach eine weite Verbreitung finden, wie z. B. APL (A Programming Language) oder PL/I (Programming Language I). Die Program-miersprache PL/I vereint beispielsweise im wesentlichen die Eigenschaften von ALGOL, FORTRAN, COBOL und der Assembler-Sprache. PL/I ist die bislang am weitesten entwickelte Form einer allgemeinen Sprache. Gleichzeitig ist sie verhält-nismäßig leicht zu lernen.

e) Spezialsprachen

Spezialsprachen, die für die Unternehmensleitung interessant sein dürften, gibt es in reicher Auswahl, so daß es unmöglich ist, hier alle die Gebiete und Branchen aufzuführen, für die besondere Sprachen entwickelt worden sind. Für nahezu jede Branche der Industrie, Wirtschaft und Verwaltung gibt es mehrere derartige Spra-chen. In der Regel haben sie ganz bestimmte Aufgaben. Diese Spezialisierung ist häufig eine wesentliche Voraussetzung für die Effektivität der Programmiersprache. In zahlreichen Fällen sollte übrigens besser von Spezialprogrammen als von Spe-zialprogrammiersprachen gesprochen werden. Das Angebot an derartigen Hilfs-mitteln ist zum Teil eine Folge des Wettbewerbs zwischen den verschiedenen Com-puterherstellern und Fachberatern. Aus diesem Grunde wird eine systematische Standardisierung oder Typenbegrenzung kaum betrieben, abgesehen von einigen Ausnahmen, in denen Spezialsprachen aus den Elementen der großen Sprachen geformt werden.

Spezialsprachen (und -programme) erfüllen meistens eine der beiden folgenden H a u p t a u f g a b e n :

1. Dem Benutzer soll die Beschreibung seiner Probleme erleichtert werden, wobei die Spezialsprache gewissermaßen problembeschreibungsorientiert ist.

2. Für komplizierte oder häufig zu wiederholende Rechnungsarbeiten wird ein möglichst effektives Programm angeboten.

Typische Beispiele sind Sprachen und Programme für die Steuerung von Werk-zeugmaschinen, für Netzplanberechnungen, für computergestützte Maschinenkonstruktion, für Steuerung von chemischen und anderen Prozessen, für Matrizenrechnungen und Sprachenübersetzungen.

Eine interessante Familie stellen solche Sprachen dar, die ihrerseits als Hilfsmittel zu Programmierung, Systembeschreibung und Entwicklung von Übersetzungsprogrammen dienen. Hierzu gehören auch Programme zur Fehlerdiagnose als Hilfsmittel für den Programmierer.

Schließlich gibt es eine Gruppe von Sprachen, die die besondere Aufmerksamkeit der Unternehmensleitung verdient. Es sind die S i m u l a t i o n s s p r a c h e n, deren Zweck es ist, eine der Wirklichkeit nahe kommende Modellkonstruktion betriebswirtschaftlicher oder technischer Systeme mit einfachen Mitteln zu erzeugen. Dadurch ist es möglich, Abläufe der verschiedensten Art unter veränderlichen Voraussetzungen „unblutig" am Schreibtisch zu erproben. Simulationsmodelle von existierenden oder geplanten Unternehmungen, Märkten und Investitionsobjekten werden in zunehmendem Maße angewandt[6]). Jeder Unternehmensleiter sollte daher bei der Wahl eines Computersystems über die bekannten Berechnungs- und Steuerungsprobleme hinaus an die Möglichkeiten des Einsatzes der Simulationstechnik denken. Es existieren sowohl eine Reihe von speziellen, z. B. für Ablaufplanungsprobleme geeignete, als auch allgemeine Simulationssprachen. Die meisten davon benutzen das bereits bekannte Fundament der großen Programmiersprachen.

f) Tendenzen der künftigen Entwicklung

Mit dem wachsenden Angebot technischer Einrichtungen für die D a t e n f e r n v e r a r b e i t u n g und für T e i l n e h m e r s y s t e m e entsteht auch ein Bedarf an D i a l o g s p r a c h e n für den direkten Verkehr zwischen dem externen Benutzer und einem Großrechnersystem. In diesem Zusammenhang müssen die bekannten benutzernahen Sprachen zur Dialogfähigkeit ausgebaut werden; ein Versuch auf diesem Gebiet wird gegenwärtig mit der Entwicklung eines INTERACTIVE FORTRAN unternommen.

Die Weiterentwicklung der elektronischen Datenverarbeitung wird sich auf zwei Gebieten vollziehen, der Hardware-Entwicklung und der Software-Entwicklung. Rechenwerke und Speicher lassen sich so rationell herstellen, daß sie pro Rechenbefehl billiger werden. Man kann es sich daher oft leisten, die Anlage etwas verschwenderischer als früher zu nutzen, wenn dadurch der Einsatz teurer Arbeitskräfte verringert werden kann. Da zukünftig die Programme immer rascher an neue Verhältnisse angepaßt werden müssen, kann das freigestellte Personal für diese wichtigeren Aufgaben eingesetzt werden. In einer Zeit, da zunehmend schwierigere Entscheidungen immer häufiger getroffen werden müssen, darf der Computer keine bürokratische Zwangsjacke sein. Er muß vielmehr als schneller, anpassungsfähiger und intelligenter Gehilfe die Unternehmensleitung unterstützen.

Aus der Abbildung 2 ist ersichtlich, daß die problembeschreibenden Sprachen den Problemen des Benutzers am nächsten stehen. Derartige Sprachen gibt es, von einzelnen Ansätzen abgesehen, heute noch nicht. Die Entwicklung drängt je-

---

[6]) Siehe z. B. Müller, W., Die Simulation betriebswirtschaftlicher Informationssysteme, Wiesbaden 1969.

doch in diese Richtung, einmal, weil solche Sprachen immer vordringlicher benötigt werden, zum andern, weil sich inzwischen Möglichkeiten abzeichnen, dieses Problem rationell zu bewältigen. Aus Gründen der Effektivität und der Eindeutigkeit, die für fehlerloses Arbeiten äußerst wichtig ist, werden derartige Sprachen Fachsprachen bleiben. Eine der Umgangssprache nahestehende allgemeine Programmiersprache ist auf absehbare Zeit hingegen kaum zu erwarten. Eines ist dagegen sicher: Der Benutzer wird im Dialogverkehr mit dem Computer seine eigenen Makrobefehle entwickeln können, die es ihm erlauben werden, komplexe Anweisungen mit wenigen individuellen Befehlen zu geben. Der Automat wird dem Benutzer dabei behilflich sein, mehrdeutige oder unvollständige Wörter und Befehle als falsch zu erkennen und zu korrigieren.

Ein weiteres Problem ist noch nicht behandelt worden und soll abschließend nur angedeutet werden, weil es zu den internen Sprachen oder Betriebssystemen gehört, mit denen der Benutzer nicht unnötigerweise belastet werden sollte. Es ist nicht nur notwendig, dem Automaten mit Hilfe eines Programmes Befehle zu geben, die ihn einen bestimmten Auftrag unter Verwendung der dazu benötigten Daten ausführen lassen. Die Anlage muß auch darüber instruiert werden, welche ihrer peripheren Geräte jeweils benutzt werden sollen, wie also Daten eingegeben und von wo sie geholt werden sollen, in welcher Form das Resultat der Berechnungen auszugeben und wie es zu speichern ist usw. Der Benutzer muß also neben der Programmiersprache eine Art Dienstsprache für den Umgang mit dem Computer beherrschen. Auf diesem Gebiet müssen Erleichterungen eingeführt werden. Bei Dialogsystemen hat man diesen Kommunikationsfragen besondere Aufmerksamkeit gewidmet und bereits benutzerfreundliche Verbesserungen eingeführt.

IV. Sprachübersetzung

Wie bereits angedeutet, benötigt der digitale Rechenautomat Befehle, die in der binär dargestellten internen Maschinensprache abgefaßt sind. Da für den Benutzer die interne Maschinensprache sehr unhandlich ist, wurden Programmiersprachen entwickelt, die den Fähigkeiten des Menschen und der Problemstruktur von Datenverarbeitungsaufgaben besser angepaßt sind. Mit dieser Abkehr von der internen Maschinensprache, deren Aufbau sich aus der technischen Konstruktion des betreffenden Rechenautomaten ergibt, entsteht das Problem, eine Befehlsfolge, die nicht in Maschinensprache abgefaßt ist, in eine neue, maschineninterne Befehlsfolge zu übersetzen. Diese Übersetzungstätigkeit ist Routinearbeit, die sich soweit automatisieren läßt, daß es möglich ist, den Computer auch zur Lösung dieser Aufgabe heranzuziehen. Alle Anweisungen, die der Rechenautomat benötigt, um derartige Übersetzungsprobleme zu lösen, werden zu (Übersetzungs-) Programmen zusammengefaßt; sie werden als Assembler, Interpretiersysteme oder Compiler bezeichnet.

a) Assembler

Ein Übersetzungsprogramm, das im Prinzip jedem symbolischen Befehl einen Maschinenbefehl zuordnet, wird als Eins-zu-Eins Übersetzer bezeichnet. Assembler-Sprachen dieser Art wurden früher wegen ihrer Effektivität häufig als

Programmiersprachen benutzt. Heute finden sie überwiegend Verwendung, um häufig eingesetzte Unterprogramme, Makroinstruktionen oder Makrosprachen[7]) so effektiv wie möglich zu gestalten. Makroinstruktionen werden z. B. für immer wiederkehrende Eingabe- und Ausgabeprogramme, Prüfroutinen, Programmsegmentierung[8]) usw. eingesetzt. Im Sprachgebrauch ist es sogar üblich, wenn auch nicht ratsam, Assembler- und Makrosprachen einander gleichzustellen.

b) Interpretiersysteme

Interpretiersysteme sind U m w a n d l u n g s p r o g r a m m e, die Programme von einer Sprache in eine andere Sprache übersetzen. Die Umwandlung erfolgt so wie bei den Assember-Sprachen: Jeder Befehl wird in die neue Sprache übersetzt und vom Computer sofort ausgeführt. Im Unterschied zu den Assemblern liefern Interpretiersysteme nicht nur ein umgewandeltes Programm, sondern geben zugleich auch die Lösung des gestellten Datenverarbeitungsproblems aus. Sie arbeiten daher ziemlich langsam und erfordern verhältnismäßig viel Platz im internen Speicher, denn die gesamte Sprache muß andauernd im Schnellzugriff zur Verfügung sein, solange die Umwandlung vor sich geht. Oft muß auch das Quellenprogramm zugleich im internen Speicher verwahrt werden, falls Hinweise auf frühere oder spätere Teile des zu interpretierenden Programms vorkommen oder zu erwarten sind, was insbesondere bei Programmschleifen der Fall ist[9]). Der Vorteil von Interpretiersystemen liegt darin, daß eine besonders aussagefähige symbolische Form der Befehlsfolgen verwendet werden kann.

c) Compiler

Ein großer Schritt vorwärts in der Software-Entwicklung bedeutete die Einführung von C o m p i l i e r p r o g r a m m e n. Im Unterschied zur Eins-zu-eins-Übertragung bei Assembler-Sprachen und Interpretiersystemen, generiert der Compiler die Zielprogramme vollständig, bevor sie vom Rechner ausgeführt werden. Der Compiler kann dadurch Quellensprachen übersetzen, die sehr stark unabhängig von der Maschinensprache sind. Compiler werden daher vorzugsweise zur Übersetzung problemorientierter und benutzernaher Programmiersprachen eingesetzt.

Den Compilierprogrammen kommt wachsende Bedeutung im Zusammenhang mit der Datenfernverarbeitung und den Teilnehmerrechensystemen zu. Weil man bei einem derartigen Verkehr zwischen Benutzer und Rechnersystem voraussetzen muß, daß der Teilnehmer kein Programmierexperte ist, muß der Dialog in einer Sprache geführt werden können, die der Berufssprache des Teilnehmers nahesteht. Für diesen Teilnehmer-Anrufverkehr konstruiert man heutzutage sog. C o m p i l e r - G e - n e r a t o r e n, deren Aufgabe es ist, ausgehend vom Bedürfnis des Teilnehmers spezifische Compilierprogramme zu erstellen. Ein weiterer Schritt in dieser Richtung

---

[7]) Maschinenorientierte Programmiersprache, die vorwiegend Makroinstruktionen verwendet; Makroinstruktionen bestehen aus einer oder mehreren Befehlsketten, die durch das Makrobefehlswort aktiviert werden.

[8]) Die Segmentierung von Programmen ermöglicht es, Programme auszuführen, die nicht in ihrer vollen Länge im internen Speicher der Maschine Platz finden können.

[9]) In modernen Maschinen hat man für diese Zwecke und um die Belegung des internen Speichers zu verringern, besonders Maschinenzusätze entwickelt (sog. Emulatoren), welche diese Aufgaben ebenfalls ausführen können. Das Übersetzungsproblem wird hier nicht durch ein Übersetzungsprogramm, sondern durch einen technischen Hardware-Zusatz gelöst.

ist der Einsatz von sog. s y n t a k t i s c h e n Ü b e r s e t z e r n , welche die Sprache von dem jeweils benutzten Computerfabrikat völlig unabhängig machen sollen. Ein solcher fortschrittlicher Compiler kann entweder ein Programm herstellen, das anschließend von einem anderen, beispielsweise fabrikatgebundenen Compilierprogramm weiterverarbeitet werden kann, oder es wird ein unmittelbar ausführbares Programm in der maschinengebundenen Zielsprache abgeliefert.

V. Kriterien für die Sprachauswahl[10])

Die Kriterien für die Sprachauswahl werden aus der Sicht der Entscheidungssituationen erörtert, denen sich die Unternehmungsleitung typischerweise gegenübersieht. Zunächst werden allgemeine Fragen der Sprachauswahl beleuchtet, insbesondere anläßlich der neuen Angebots- und Preispolitik der Anlagenhersteller. Danach werden Probleme der Sprachauswahl und die entsprechenden Kriterien auf den verschiedenen Sprachebenen behandelt.

a) Allgemeine Fragen der Sprachauswahl

Der Besitzer (Käufer oder Mieter) einer EDV-Anlage hat bislang regelmäßig durch Vertragsunterzeichnung Zugang zu einer Programmbibliothek erhalten, die durch den Computer-Hersteller (Verkäufer oder Vermieter) unterhalten wird und für die dieser auch eine gewisse, wenn auch oft minimale Verantwortung trug. Das Benutzungsrecht der Bibliothek, wie auch deren Verwaltungskostenanteil, waren also im Verkaufs- oder Mietpreis einbezogen. Dieser Zustand hat sich im Jahre 1970 grundsätzlich geändert, indem, wie einleitend erwähnt, die großen Maschinenhersteller neuerdings Maschinen und Programme gesondert anbieten[11]). Die Frage der Programmwahl wird dadurch auch in wirtschaftlicher Hinsicht direkt aktuell. Der Käufer/Mieter kann freier wählen, muß aber nach genutzter – nicht wie bisher üblich, nach angebotener – Leistung bezahlen. In gewisser Beziehung kann diese Veränderung den Wettbewerb zwischen EDV-Herstellern und Programmierfirmen (sog. Software Houses) fördern. Allerdings dürften die großen Firmen die Betriebssicherheit ihrer Computer nur dann garantieren, wenn ihre eigenen Programme benutzt werden. Es gilt also, die kleingedruckten Klauseln der Verträge genau zu studieren, bevor man unterschreibt.

Im normalen Falle werden zu einem Computer mittlerer Größe ein oder zwei Assemblersprachen, zwei problemlösende Sprachen (meistens eine für numerische und eine für kommerzielle Probleme, z. B. ALGOL und COBOL), ein Berichts-Generator und einige Spezialsprachen angeboten. In gewissen Fällen werden zwar mehrere große Sprachen offeriert. Oft sind aber die Übersetzungsprogramme nur für eine oder zwei dieser Sprachen wirklich effektiv.

Die wichtigsten Fagen, die bei der S p r a c h a u s w a h l beantwortet werden müssen, lauten daher:

---

[10]) Ich danke Herrn fil. stud. L. G. Klasson für seine Hilfe bei den Vorarbeiten zu diesem Abschnitt.

[11]) Betriebssysteme sind weiterhin im Vertrag einbegriffen. Wahrscheinlich werden aber verschiedene Betriebsweisen angeboten werden. Der Grundpreis schließt dann allenfalls nur das der einfachsten Betriebsweise entsprechende Betriebssystem ein.

- **Welche Sprachen der höheren Ebene (z. B. ALGOL, FORTRAN oder COBOL) sollen vorgezogen werden?**

- **Wie ist zwischen Sprachen der höheren und der mittleren Ebene (Assemblersprachen) abzuwägen?**

- **Welche Aufgaben lassen sich mit den allgemeinen Sprachen bewältigen, und für welche Zwecke sollen Spezialsprachen eingesetzt werden?**[12])

b) Wahl zwischen Sprachen der höheren Ebene

Es existieren nur relativ wenige Sprachen der höheren Ebene. Der Verkäufer wird in der Regel eine Sprache für mathematisch-numerisch orientierte Probleme und eine für kommerzielle Aufgabenbereiche anbieten. Damit ist noch nicht gesagt, daß das Angebot dem Bedarf des Kunden entspricht. Erfahrungen zeigen, daß die Compilierprogramme der großen Sprachen mitunter wenig effektiv sind. Es ist darum notwendig, die Probleme, für welche die Sprachen ausgewählt werden, möglichst genau zu beschreiben und den Verkäufer auf Grund dieser Beschreibung einen Vorschlag ausarbeiten zu lassen.

Die w i c h t i g s t e n K r i t e r i e n dabei sind:

1. In welchem Grade eignet sich eine angebotene Sprache zur Beschreibung des Problems; wie einfach oder schwer ist es, ein dem Problem entsprechendes Programm zu erstellen?

2. Ist die Sprache „eindeutig" aufgebaut und „leicht" zu handhaben oder ist sie mit Eigenschaften behaftet, die häufige Fehler nach sich ziehen, wie z. B. zahlreiche Regeln mit ebenso zahlreichen Ausnahmen?

3. Wie lassen sich Programme in der vorgeschlagenen Sprache auf Fehler überprüfen? Hierbei ist das ganze System zu beachten: Computer, Betriebssystem, Compilierprogramm und Quellenprogramm. Diagnostische Programme können die Arbeit beträchtlich erleichtern. Sind Prüfungsmöglichkeiten nicht vorhanden, gilt es, äußerste Vorsicht zu zeigen.

4. Sind die vorgesehenen Übersetzungsprogramme im Verein mit dem Betriebssystem imstande, aus dem Programm in der Quellensprache ein effektives Zielprogramm herzustellen? Grundsätzlich gilt, je öfter ein Programm verwendet werden soll, desto wichtiger hinsichtlich Zeit und Kosten ist die Effektivität des Zielprogrammes, die sich vor allem auf die Rechenzeit und die Ausnutzung des häufig relativ kleinen Kernspeichers auswirkt. Falls möglich, lohnt es sich immer, Vergleiche anzustellen.

5. Wie lange dauert das Compilieren? Diese Frage ist im Grunde genommen eine Unterfrage zu 4. In der Regel dauert die Compilation eines sehr effektiven Zielprogramms länger als die eines mittelmäßigen. Die Wahl muß jedoch unter

---

[12]) Im Grunde genommen können nahezu alle lösbaren Probleme in Assemblersprachen oder in Sprachen höherer Ebenen programmiert werden. Entscheidend sind die Unterschiede hinsichtlich des Programmieraufwandes und der Effektivität des Maschineneinsatzes. Mehr dazu in den folgenden Abschnitten.

Berücksichtigung der vorhandenen und zu erwartenden Probleme getroffen werden, denn entscheidend ist zumeist nicht die Compilierzeit, sondern die Bearbeitungszeit der Probleme[13]). Diese kann durch ein effektiv compiliertes Programm erheblich reduziert werden. Von einigen Herstellern werden zweierlei Compilierprogramme angeboten, von denen das eine besonders zur Programmentwicklung und -prüfung geeignet ist, das andere zum Compilieren hoch effektiver Zielprogramme für die Problembearbeitung. Derartige Programmkombinationen können sehr zweckmäßig und lohnend sein.

6. <u>Wie lange dauert das Programmieren in der einen oder anderen Sprache?</u> Diese Frage hängt mit den Fragen 1. und 2. zusammen, oft auch mit 4. und 5. Darüber hinaus muß aber auch in Betracht gezogen werden, ob das Unternehmen über geschickte Programmierkräfte verfügt. Ferner ist kritisch zu überprüfen, ob die Angaben über die durchschnittliche Programmierleistung wirklich realistisch sind.

c) Wahl zwischen Sprachen verschiedener Ebenen

Assemblersprachen boten bei der zweiten Computergeneration – und zahlreiche derartige Maschinen werden noch intensiv benutzt – oft die einzige Programmiermöglichkeit. Sie haben jedoch auch bei der dritten Maschinengeneration noch ihre Daseinsberechtigung, so z. B. zum Erstellen von Makroinstruktionen. Beide Sprachfamilien haben ihre Vor- und Nachteile, die zu beachten und abzuwägen es sich lohnt.

Wichtige Vorteile der Sprachen höherer Ebene sind:

1. <u>Die Ausdrucksweise dieser Sprache kommt der natürlichen Ausdrucksweise nahe, die für die Lösung von Problemen notwendig ist.</u> Daher ist es in der Regel leichter, eine derartige Sprache zu erlernen, zu beherrschen, zu benutzen und die in ihr abgefaßten Programme zu lesen und zu verstehen, auch wenn sie von Dritten geschrieben wurden. Der letzte Punkt berührt ein Teilproblem der Programmdokumentation.

2. <u>Diese Sprachen sind vom jeweilig zu benutzenden Computer ganz oder in wesentlichen Teilen unabhängig.</u> Daraus ergeben sich ähnliche Vorteile wie die eben genannten, wodurch sowohl der Programmaustausch als auch der Wechsel auf Maschinen anderer Typen oder Fabrikate erleichtert wird.

3. <u>Es ist schwerer, Fehler zu machen und leichter, Fehler zu entdecken.</u> Dies teils aus Gründen, die unter 1. erwähnt wurden, teils weil die Programme kürzer sind und weniger Befehle benötigen als Programme in Assemblersprachen. Eine Faustregel sagt, daß die Anzahl der in einem Programm wahrscheinlich vorkommenden Fehler zur Zahl der in ihm enthaltenen Befehle proportional ist. Für Sprachen dieser Ebene existieren oft gute diagnostische Programme, die sowohl Schreibfehler als auch logische Fehler ans Tageslicht bringen, bevor diese einen Schaden verursachen können.

---

[13]) Es ist mitunter möglich, mit alten, sog. „EDV-Dampfmaschinen" der ersten oder zweiten EDV-Generation schneller zu einem Zielprogramm zu gelangen als mit den modernsten Geräten. Eine Aussage über die Gesamteffektivität ist damit freilich noch nicht getroffen.

4. <u>Änderungen und Erweiterungen fertiger Programme können leichter vorgenommen werden.</u> In Anbetracht der ständigen Knappheit an geschickten Programmierern sind diese Vorteile der Sprachen höherer Ebene besonders bedeutungsvoll. Es ist heute billiger, einen Computer etwas weniger effektiv auszunutzen, als hoch effektive oder perfekte Programme schreiben zu lassen. Nur Programme, die sehr oft benutzt werden, lohnt es, bis ins Detail auszuarbeiten.

5. Einige Hersteller von EDV-Anlagen haben ihre Übersetzungsprogramme für Sprachen dieser Ebene mit Unterprogrammen versehen, die auch bei der eigentlichen Problembearbeitung Fehlerdiagnosen automatisch vornehmen und die bereits auf die Verwendung des Teilnehmerbetriebes in verschiedenen Ausbaustufen eingestellt sind. Dabei zeigt sich, daß die Effektivität der Sprachen höherer Ebene außer von den Übersetzungsprogrammen auch von den Eigenschaften der Betriebssysteme abhängig ist.

Auch A s s e m b l e r s p r a c h e n haben ihre Vorteile:

1. <u>Bei Assemblersprachen gestaltet sich der Übersetzungsprozeß einfacher als bei einer Sprache der höheren Ebene.</u> Durch den Wegfall einer oder mehrerer Zwischenstufen auf dem Wege vom Quellen- zum Zielprogramm wird Zeit gespart und werden Fehlerquellen vermieden.

2. <u>Der größte Nutzen der Assemblersprachen liegt in ihrer Verwendung zum Programmieren von sehr häufig benutzten, umfangreichen Programmen, bei denen die effektive Ausnutzung der Anlagen in die Waagschale fällt.</u>

Zwei Einschränkungen sind freilich am Platze:

(a) Für große Sprachen gibt es oft Compilatoren, die auch die Fertigkeit sehr geschickter und erfahrener Programmierer in der Assemblerprogrammierung übertreffen.

(b) Mitunter lohnt es sich schon, ein in einer höheren Sprache geschriebenes Programm punktweise durch Makrobefehle zu unterstützen, die in Assemblersprachen abgefaßte Unterprogramme aufrufen.

3. In den Fällen, da der interne Speicher des Computers begrenzt oder stark belegt ist (z. B. durch Betriebsprogramme für den Teilnehmerbetrieb), kann es sich lohnen oder gar notwendig sein, ein in Assemblersprache geschriebenes Programm zu verwenden.

4. <u>Gewisse Probleme lassen sich ohne große Schwierigkeiten nur in Assemblersprachen programmieren, weil die höheren Sprachen immer auf bestimmte Problemarten abgestimmt sind.</u>

Zusammenfassend läßt sich also sagen, daß Sprachen der höheren und der mittleren Ebene häufig nicht sich gegenseitig ausschließende Alternativen, sondern einander ergänzende Sprachen sind.

d) Wann lohnen sich Spezialsprachen?

Als eine Folge der neuen Angebots- und Preispolitik dürfte ein steigendes Angebot von Spezialsprachen und -programmen zu erwarten sein. Grundsätzlich können die meisten Probleme in Assemblersprachen oder Sprachen höherer Ebene gemeistert werden. Wann lohnt es sich dann, eine Spezialsprache, ein Bibliotheksprogramm oder ein anderes fertiges Programm für Spezialprobleme anzuschaffen?

Folgende Faktoren müßten vor allem gegeneinander abgewogen werden, bevor ein Entschluß gefaßt wird:

1. die **festen Grundkosten** für die Anschaffung und Einrichtung (einschließlich Erprobung) der Sprachen sowie für die notwendige Ausbildung der Sprachbenutzer; und

2. die zu **erwartenden Gewinne oder Einsparungen** infolge einfacheren Programmierens, der schnelleren, effektiveren Bearbeitung und verbesserten Beschreibung und Lösung von häufig wiederkehrenden Sonderproblemen.

Auch die Möglichkeiten der Weiterentwicklung und des Erfahrungsaustausches mit anderen Benutzern der Spezialsprachen sollten berücksichtigt werden. Die Schwierigkeiten liegen in der richtigen Abschätzung der zu gewinnenden Vorteile und der Wahrscheinlichkeit ihrer Verwirklichung.

e) Absolute und relative Sprachbewertung

Die Gegenüberstellung der spezifischen Eigenschaften von Sprachen kann notwendig sein

— bei der Bewertung und Wahl von alternativen Maschinensystemen und Fabrikaten und

— bei der Anschaffung von Sprachen zu bestehenden Anlagen, ungeachtet, ob die Sprachen im Preise der Anlage einbegriffen sind oder ob sie gesondert angeboten werden.

Im ausgezeichneten „Information and Systems Handbook"[14] findet sich die auf der folgenden Seite dargestellte Tabelle[15].

Im folgenden werden zuerst die in der Tabelle aufgeführten Beurteilungskriterien kurz erläutert. Danach folgt jeweils eine Diskussion der gewählten Eigenschaften. Bei der Interpretation der Tabelle sollte beachtet werden, daß die Eigenschaften der Sprachen laufend weiterentwickelt werden und daß ihr Leistungsumfang und ihre Effektivität auch vom Betriebssystem der jeweilig benutzten Anlage abhängen. Die Werte in der Tabelle sind also weder zeitlich noch räumlich allgemein gültig.

---

[14] W. Hartman, H. Matthes, A. Proeme, Information Systems Handbook, Philips Data Systems, Apeldoorn 1968, Abschnitt 6-6.2, S. 2 f.
[15] Die Bewertung für FORTRAN bezieht sich auf wissenschaftliche Berechnungen. Die für FORTRAN angegebenen Werte dürften grundsätzlich auch für ALGOL gelten.

Sprachen Eigen- schaften	FORTRAN	COBOL	ASSEMBLER
Leistungsumfang			
Berechnungen	ausgezeichnet	gut	gut
Datenorganisation	genügend	ausgezeichnet	gut
Datenfeldformate	befriedigend	gut	ausgezeichnet
Effektivität			
(Kosten-Leistungs- verhältnis)			
Zielprogramme	gut	befriedigend	gut
Zusammenstellbarkeit	gut	gut	genügend
Ausführung	gut	ausgezeichnet	genügend
Systemeffektivität	gut	gut	befriedigend

Abb. 3: Eigenschaften von Programmiersprachen

Berechnungsleistung beschreibt die Möglichkeit der leichten und raschen Definition von zusammengesetzten, komplizierten Berechnungsfolgen. Diese Eigenschaft ist besonders für wissenschaftliche Verwendungszwecke ausschlaggebend.

Datenorganisation bezieht sich auf die Eignung der Sprache zur Handhabung der für die Berechnungsarbeit notwendigen Daten, d. h. Speicherung und Pflege von Dateien, Zugriff zu einzelnen Daten sowie deren Verwaltung im Arbeitsspeicher des Computers. Diese Fähigkeit ist vor allem bei der kommerziellen Datenverarbeitung von großer Bedeutung.

Datenfeldformate beschreiben die Eignung der Sprache bei der Verwaltung von Daten unterschiedlicher Länge. Die Möglichkeit zur Verarbeitung variabler Feldformate fällt besonders dann ins Gewicht, wenn es gilt, große Mengen von uneinheitlichen Daten auf Speichern wirtschaftlich unterzubringen, denn Speicher sind teuer und müssen daher mit hohem Wirkungsgrad ausgenutzt werden.

Die **Effektivität,** mit der ein **Zielprogramm** hergestellt werden kann, ist schon mehrfach erwähnt worden. Hier kommt es also vor allem auf die Schnelligkeit der Erstellung des Zielprogrammes sowie dessen Schnelligkeit bei der Lösung von Aufgaben an.

Zusammenstellbarkeit beschreibt ein die Effektivität stark beeinflussendes Sprachmerkmal: die Möglichkeit zur Fehlerberichtigung, Änderung und Vervollständigung der Programme. Diese Änderungen, die die Regel und nicht die Ausnahme sind, müssen leicht durchgeführt werden können. Man kann diese Eigenschaft auch F l e x i b i l i t ä t nennen, die wichtig ist, um die schleichende Bürokratie in der internen Computerorganisation in Schach zu halten.

Ausführung (Implementierung) bezeichnet hier die Leichtigkeit und Effektivität, mit der das Programmieren und das Prüfen der Programme geschehen kann. Dazu gehört auch die Dokumentation der Programme, die von großer Bedeutung ist, sowohl als Gedächtnisstütze für den Mitarbeiter, der das Programm schreibt, als auch für seine Nachfolger, die möglichst schnell in der Lage sein sollen, das Programm zu verstehen, zu verwenden und zu verändern. Ein objektives Maß der Ausführung ist die Zahl der Instruktionen, die für ein Problem benötigt werden.

Unter **Systemeffektivität** wird hier die Genauigkeit verstanden, mit der die Sprache die zu programmierenden Probleme erfassen kann. Sprachen, die für gewisse Problemkategorien weniger geeignet sind, erfordern oft Veränderungen in der Formulierung sprachfremder Probleme, wodurch zumeist auch die Problemlösungen leiden.

Z u s ä t z l i c h zu den in der Tabelle erfaßten Eigenschaften sollten noch die folgenden Sprachmerkmale beachtet werden:

● Gibt es effektive Übersetzungsprogramme?

● Ist die Sprache und deren Übersetzungsprogramm mit umfassenden und guten Techniken zur Fehlerdiagnose ausgerüstet? Fehler sollen ebenso wie ihre Ursachen leicht entdeckt werden können. Verschiedene Übersetzungsprogramme enthalten automatische Fehlerkontrollen, welche die Lage und die Art des Fehlers direkt anzeigen. In gewissen Fällen können Fehler sogar direkt vom Programm berichtigt werden, und ihr Vorkommen wird erst zusammen mit dem Resultat der bereits korrigierten Lösung gemeldet.

● Bittere Erfahrungen hat der Programmierer gemacht, der an die Unfehlbarkeit der Übersetzungsprogramme glaubte. Es gibt sogar internationale Benutzerorganisationen, die u. a. einen Benachrichtigungsdienst für Übersetzungsfehler unterhalten. Die Fehlerfreiheit der Übersetzungsprogramme sollte also überprüft und bewertet werden.

● Die Übertragbarkeit (Kompatibilität) einer Sprache auf andere Computerfabrikate sollte nie völlig außer acht gelassen werden. Selbst wenn eine langfristige Bindung an ein Fabrikat erwogen wird, muß man sich doch der Tatsache bewußt werden, daß ungefähr alle fünf Jahre eine neue Computer-Generation angeboten wird. Die neue Generation übertrifft immer die Effektivität und Wirtschaftlichkeit der älteren. Alte Programme sollten dann auf neue Maschinen übertragen werden können, was zwar nie schmerzlos vor sich geht. Aber im großen und ganzen sollten die Sprachen mit anderen und neuen Maschinen kompatibel sein, damit vorhandene Programme bei einem Maschinenwechsel nicht völlig wertlos werden.

„Exotische" Sprachen sind in solchen Situationen empfindlicher als die „großen" Sprachen, für welche die Erzeuger schon aus absatzpolitischen Gründen Übertragungsprogramme oder Maschinenzusätze (Emulatoren) bereithalten müssen, mit deren Hilfe alte Sprachen und Programme an die neuen Eigenschaften und Erfordernisse mit einer befriedigenden Effektivität angepaßt werden können.

Ein weiterer Grund zur Beachtung der Kompatibilität liegt in der Möglichkeit, bei Bedarf eine fremde Anlage benutzen zu können. Dieser Bedarf kann beim Ausfall der eigenen Anlage und bei Spitzenbelastungen, die über die zeitliche Kapazität der eigenen Anlage hinausgehen, auftreten. Zuweilen wird es auch notwendig, ein Programm zu benutzen, dessen Umfang die interne Speicherkapazität der eigenen Anlage übersteigt. Eine größere Bedeutung dürfte der Übertragbarkeit schon in naher Zukunft bei der vermehrten Benutzung des Teilnehmerbetriebes zukommen.

Betriebsweisen elektronischer Datenverarbeitungssysteme

Von K. Gewald und K. Kasper, München

Inhaltsübersicht

1. Mögliche Betriebsweisen in Abhängigkeit von Gerätetechnik und Betriebssystemen

1.1 Stapelverarbeitung

1.2 Simultane Verarbeitung

1.2.1 Multiprogramming

1.2.2 Multiprocessing

1.3 Datenfernverarbeitung

1.3.1 Stapelbetrieb

1.3.2 Dialogbetrieb

1.4 Gemischte Betriebsweisen

2. Zweckmäßige Betriebsweisen in Abhängigkeit von den Datenverarbeitungsaufgaben eines Unternehmens

2.1 Kommerzielle Aufgaben

2.2 Technisch-wissenschaftliche Aufgaben

2.3 Sonstige Aufgaben

Einleitung

Der Anwender elektronischer Datenverarbeitung hat es meist mit einem komplexen System von aufeinander abgestimmten gerätetechnischen und programmtechnischen Komponenten zu tun. Die g e r ä t e t e c h n i s c h e A u s s t a t t u n g , die Hardware, umfaßt eine oder mehrere Datenverarbeitungsanlagen, die aus einer oder mehreren Zentraleinheiten, aus Geräten zur Ein- und Ausgabe, aus Geräten zur Speicherung von Daten und gegebenenfalls aus Einrichtungen zur Datenübertragung bestehen. Die p r o g r a m m t e c h n i s c h e A u s s t a t t u n g , die sogenannte System-Software besteht aus einem bzw. aus mehreren Betriebssystemen; ein Betriebssystem ist ein Programm, das die Zusammenarbeit der gerätetechnischen Komponenten organisiert, steuert und überwacht und Übersetzer, Programmgeneratoren und Dienstprogramme enthält. Dieses System, das elektronische Datenverarbeitungssystem, steht dem Anwender zur Lösung seiner Aufgaben zur Verfügung, wobei er sich vorhandener Anwender-Software bedient oder selbst solche Programme entwickelt. Die Art und Weise, in der die Aufgaben der Anwender mit Hilfe des Systems bearbeitet werden, bezeichnet man als Betriebsweise eines elektronischen Datenverarbeitungssystems.

Abhängig von Gerätetechnik und Betriebssystemen gibt es verschiedene mögliche Betriebsweisen elektronischer Datenverarbeitungssysteme. Die Entwicklung sowohl der Gerätetechnik wie auch der Betriebssysteme ist sehr rasch vor sich gegangen und schreitet auch weiterhin schnell fort. Bedingt durch den großen technischen Fortschritt auf diesem Gebiet ist es schwierig, die heute möglichen Betriebsweisen zu übersehen, nicht zuletzt auch wegen einer uneinheitlichen und unsystematischen Terminologie. Im ersten Teil dieses Beitrags wird versucht, eine systematische Darstellung der möglichen Betriebsweisen elektronischer Datenverarbeitungssysteme zu geben. Dabei erscheint es zweckmäßig, den Stoff wegen des umfangreichen Gebietes zu begrenzen. So werden nur digitale Datenverarbeitungsanlagen betrachtet und hierbei Prozeßrechner sowie Klein- oder Bürorechner ausgeschlossen.

Welche Betriebsweise für einen Anwender in Abhängigkeit von seinen Aufgaben zweckmäßig ist, wird im zweiten Teil untersucht. Dabei beschränken sich die Ausführungen auf die für ein Wirtschaftsunternehmen wichtigen Probleme.

1. Mögliche Betriebsweisen in Abhängigkeit von Gerätetechnik und Betriebssystemen.

1.1 Stapelverarbeitung

Die einfache Stapelverarbeitung ist durch folgende Merkmale charakterisiert:

- Von der Datenverarbeitungsanlage wird eine Aufgabe stets vollständig bearbeitet, bevor die nächste Aufgabe in Angriff genommen wird.

- Die Datenverarbeitungsanlage besitzt nur eine Zentraleinheit.

- Eingabe, Verarbeitung und Ausgabe erfolgen im Rechenzentrum, d. h. sie sind ortsgebunden.

Die primitivste Form der einfachen Stapelverarbeitung läuft so ab, daß das Programm und die zu verarbeitenden Daten durch manuelle Bedienung am Bedienungsfeld der Datenverarbeitungsanlage eingelesen werden und das Programm gestartet wird. Die anschließende Verarbeitung und die Ausgabe der Ergebnisse erfordert in der Regel noch weitere manuelle Eingriffe am Bedienungsfeld der Datenverarbeitungsanlage. Erst nach Abschluß einer solchen Arbeitsfolge kann der Benutzer eine weitere Aufgabe von der Datenverarbeitungsanlage bearbeiten lassen. Während der Verarbeitungsfolge auftretende Fehler, die von der Datenverarbeitungsanlage erkannt werden, werden am Bedienungsfeld der Anlage angezeigt. Sie können durch manuelle Eingriffe behoben werden oder führen nach ihrer Beseitigung zu einer Wiederholung des Durchlaufs. Diese Form der einfachen Stapelverarbeitung war vor allem bei den ersten Rechenanlagen üblich und ist heute weitgehend überholt. Die Nachteile dieser Betriebsweise sind leicht erkennbar. Die Steuerung des Programms durch manuelle Bedienung sowie die primitive Form der Fehlererkennung und -behandlung führen dazu, daß während der Arbeitsfolge viel Zeit in Kauf genommen werden muß, während der die gesamte Datenverarbeitungsanlage nicht genutzt wird. Die Durchsatzrate ist niedrig. Die umfangreiche manuelle Bedienung erschwert einen geregelten Rechenzentrumsbetrieb; ein Closed-Shop-Betrieb[1]) ist dabei kaum möglich, bzw. nur durch sehr komplizierte Hantierungsanweisungen zu erreichen.

Ein wesentlicher Fortschritt für die Betriebsweise der einfachen Stapelverarbeitung wurde durch die Einführung der Betriebssysteme erzielt. Zwar bleiben die Grundbedingungen erhalten, daß auf einer Anlage mit einer Zentraleinheit eine Aufgabe nach der anderen im Rechenzentrum bearbeitet wird, jedoch wird die manuelle Bedienung stark reduziert und standardisiert. Die Steuerung des Arbeitsablaufes wird weitgehend mit Hilfe von Steuerkarten vorgenommen, die vom Betriebssystem ausgewertet werden. Damit ist es möglich, die Aufgabe so vorzubereiten, daß sie im Rechenzentrum nahezu automatisch ablaufen kann. Darüber hinaus ist es möglich, nicht nur einzelne Aufgaben ohne manuelle Eingriffe des Operateurs zu verarbeiten, sondern ganze Programmketten (job stream). An Hand der Steuerinformationen, die dem Betriebssystem gegeben werden, lädt das System nach Beendigung eines Programms ein neues Programm in den Arbeitsspeicher der Anlage und läßt es ablaufen. Was die Fehlerbehandlung anbelangt, sind zwar bei einer Reihe von Fehlern nach wie vor Eingriffe des Bedienungspersonals nötig, andere Fehler hingegen können über das Betriebssystem dem Programm zugänglich gemacht werden, das nun selbst die Fehlerbehandlung, in manchen Fällen auch die Fehlerkorrektur, vornimmt. Eine weitere Beschleunigung des Arbeitsablaufs im Rechenzentrum wird dadurch erzielt, daß Programme nicht gemeinsam mit den Daten über das gleiche Eingabegerät (meistens Lochkartenleser oder Lochstreifenleser) eingelesen werden müssen, sondern auf anderen schnelleren Speichern (Magnetband oder Magnetplattenspeicher) von einer sogenannten Programmbibliothek mit Hilfe von Steuerkarten abgerufen werden können. Bei dieser Form der Programmspeicherung ist es auch möglich, Programmteile, die

---

[1]) „Closed-Shop-Betrieb" liegt im Rechenzentrum dann vor, wenn der Benutzer keinen unmittelbaren Zutritt zu der Rechenanlage hat. Er gibt sein Programm ab und überläßt die Durchführung dem Personal des Rechenzentrums.

nicht während der ganzen Bearbeitung erforderlich sind, programmgesteuert nach-
zuladen. Sie hat ferner den Vorteil, daß dem Benutzer optimal gestaltete Dienstprogramme über die Programmbibliothek zur Verfügung stehen, die leicht in einen
Programmablauf eingefügt werden können.

Die hier kurz skizzierten Vorteile eines Betriebssystems, das natürlich unterschiedlich komfortabel sein kann, gegenüber der primitiven Form der Stapelverarbeitung
ermöglichen eine Betriebsweise, die die gesamte Datenverarbeitungsanlage zeitlich
besser nutzt und die Bedienung vereinfacht. Die Durchsatzrate wird höher; ein ge-
regelter Rechenzentrumsbetrieb, also auch ein Closed-Shop-Betrieb, ist möglich.
Diese Betriebsweise erfordert allerdings einen größeren Aufwand an Arbeitsspeicher, da die wichtigsten Teile des Betriebssystems ständig dort bereitstehen
müssen.

1.2 Simultane Verarbeitung

1.2.1 Multiprogramming

Der Schritt von der primitiven Form der einfachen Stapelverarbeitung zur Stapelverarbeitung mit einem Betriebssystem hat zu einer verbesserten Nutzung der gesamten Datenverarbeitungsanlage geführt. Allerdings bleibt auch bei dieser verbesserten Betriebsweise der Nachteil bestehen, daß die sehr schnellen Zentraleinheiten der modernen Rechenanlagen bei vielen Anwendungsfällen auf Grund
der wesentlich langsameren peripheren Geräte nur zu einem Teil ausgenutzt werden. Die schnelle Zentraleinheit befindet sich sehr oft während des Verkehrs mit den
peripheren Geräten im Wartezustand. Mit dem Multiprogramming ist eine Möglichkeit gegeben, die Zentraleinheit besser auszunutzen.

Multiprogramming benutzt die Eigenschaft der Gerätetechnik, daß die an die
Datenverarbeitungsanlage angeschlossenen Geräte die ihnen übertragenen Aufgaben simultan zueinander ausführen, wenn sie mit der Zentraleinheit über Kanäle
verbunden sind, die selbst von der Zentraleinheit unabhängig arbeiten.

Wenn diese Voraussetzung von der Anlagentechnik her gegeben ist, ist Multiprogramming nur noch eine Frage der geeigneten Organisation des Programmablaufs durch das Betriebssystem.

Die Betriebsweise des Multiprogramming gibt es in verschiedenen Ausbaustufen.
In der einfachsten werden vom Bedienungspersonal mehrere Programme vollständig in den Arbeitsspeicher geladen. Das Betriebssystem sorgt dafür, daß
diese geladenen Programme unter Ausnutzung der Simultanarbeit der externen
Geräte und der Zentraleinheit zeitlich verzahnt ablaufen. In der Praxis bedeutet
dies:

Die Zentraleinheit beginnt mit der Bearbeitung eines der geladenen Programme.
Sobald dieses Programm zur Ausführung einer Ein- oder Ausgabeoperation gelangt, wird diese Operation angestoßen, die Verarbeitung des Programms unterbrochen und mit der Bearbeitung eines anderen geladenen Programmes begonnen.
Die Verarbeitung des zweiten Programms erfolgt nun parallel zur Ein- oder Ausgabeoperation des ersten Programms. Wird der Zentraleinheit die Beendigung die-

ser Ein-/Ausgabeoperation angezeigt, wird die Verarbeitung des zweiten Programms zum nächstmöglichen Zeitpunkt unterbrochen und die Verarbeitung des ersten Programms fortgesetzt. Die Reihenfolge, in der zwei oder mehrere Programme im Multiprogramming ablaufen sollen, wird durch die V e r g a b e v o n P r i o r i t ä t e n geregelt. Im obigen Beispiel hat das erste Programm die höhere Priorität. Es läuft also nahezu lückenlos ab; das zweite Programm mit der niedrigeren Priorität nutzt lediglich die Wartezeiten der Zentraleinheit, die durch Ein-/ Ausgabeoperationen des ersten Programms auftreten. Weitere Programme mit noch niedrigerer Priorität können nur noch die Wartezeiten der Zentraleinheit benutzen, die durch gleichzeitige Ein-/Ausgabeoperationen aller Programme mit höherer Priorität entstehen.

Die Wirksamkeit des Multiprogramming in dieser einfachen Form hängt weitgehend von der richtigen Zusammenstellung der Aufgaben und der geeigneten Vergabe der Prioritäten ab. <u>Sollen z. B. ein rechenintensives und ein ein-/ausgabeintensives Programm im Multiprogramming ablaufen, ist es falsch, dem rechenintensiven Programm die höhere Priorität zuzuteilen, da dieses Programm kaum Wartezeiten der Zentraleinheit durch Ein-/Ausgabeoperationen verursacht, und somit das zweite Programm kaum zum Zuge kommen würde.</u> Die beiden Programme laufen beinahe nacheinander ab, und der eigentliche Zweck des Multiprogramming ist nicht erreicht. Dieses einfache Beispiel deutet darauf hin, welche Anforderungen an das Bedienungspersonal bei dieser Betriebsweise auftreten. Es muß in der Lage sein, die im Rechenzentrum zu bearbeitenden Aufgaben laufend so zusammenzustellen und den Programmen eine solche Priorität zuzuteilen, daß die Möglichkeiten des Multiprogramming auch richtig genutzt werden.

Mit zunehmender Größe und Geschwindigkeit der Rechenanlagen steigt die Zahl der Programme, die im Multiprogramming quasi gleichzeitig bearbeitet werden können. Damit kann das Planungsproblem für das Bedienungspersonal so komplex werden, daß es nicht mehr mit ausreichender Effektivität gelöst werden kann und wegen der großen Zahl parallel zu bearbeitender Programme die Bedienungsfehler zunehmen, und damit schwerwiegende Verzögerungen auftreten können.

Aus diesen Gründen hat man Multiprogramming-Betriebssysteme so fortentwickelt, daß auch die Einplanung der Aufgaben nach bestimmten Algorithmen automatisch vorgenommen wird. Dazu ist es notwendig, daß die zu bearbeitenden Programme von den Anwendern, nicht vom Bedienungspersonal, bereits mit Kriterien versorgt werden, die das Betriebssystem bei der Auswahl benutzen kann. Solche Kriterien sind z. B. benötigter Arbeitsspeicher, Zahl der benötigten peripheren Geräte, voraussichtliche Belegungszeit der Zentraleinheit, Zahl der Ein- und Ausgabesätze.

Die auf diese Weise charakterisierten Programme müssen vom Bedienungspersonal lediglich auf einen Zwischenspeicher (Magnetplatte oder Magnettrommel) gegeben werden, so daß sie dem Planungsprogramm des Betriebssystems zur Auswahl zur Verfügung stehen.

Diese Betriebsweise führt zu einer guten Ausnutzung eines großen elektronischen Datenverarbeitungssystems und zur Entlastung des Bedienungspersonals von Planungsaufgaben. Allerdings belegt das kompliziertere Betriebssystem mehr Arbeitsspeicher und benötigt für die Zwischenspeicherung der Programme zusätzlichen Geräteaufwand. Ferner hat der Benutzer der Anlage umfangreichere Vorbereitungsarbeiten zu leisten.

Eine noch höhere Stufe der Betriebssysteme, die Multiprogramming zulassen, ist gegeben, wenn ein flexibleres System der zeitlichen Zuteilung der Zentraleinheit zu den einzelnen Aufgaben als das geschilderte einfache Prioritätsverfahren verwendet wird, wodurch eine noch höhere Auslastung der Zentraleinheit erzielt werden kann. Auch ist bei solchen Betriebssystemen meist nicht mehr nötig, daß die Programme zur Ausführungszeit vollständig im Arbeitsspeicher stehen. Auf diese Weise wird der Arbeitsspeicher besser genutzt und die Zahl der gleichzeitig im Multiprogramming laufenden Aufgaben wird größer. Diese Verbesserungen im Betriebssystem bringen für die Betriebsweise des Datenverarbeitungssystems außer einer erhöhten Durchsatzrate keine weiteren Konsequenzen mit sich.

Die Betriebsweise des Multiprogramming erfordert in jeder Form im Vergleich zur einfachen Stapelverarbeitung eine wesentlich größere Peripherie. Damit Ein-/Ausgabeoperationen verschiedener Programme simultan ablaufen können, müssen nämlich Ein-/Ausgabegeräte in entsprechender Zahl vorhanden sein.

1.2.2 Multiprocessing

Bei den bisher beschriebenen Betriebsweisen der einfachen Stapelverarbeitung und des Multiprogramming ist das Datenverarbeitungssystem mit nur einer Zentraleinheit ausgestattet. Bei der Betriebsweise des Multiprocessing enthält ein Datenverarbeitungssystem mehrere miteinander verbundene Zentraleinheiten. Die verschiedenen Formen des Multiprocessing lassen sich am besten am Beispiel der Verbindung zweier Zentraleinheiten erläutern.

Ein Grund für die Verbindung zweier Zentraleinheiten ist der Wunsch, eine große und schnelle Zentraleinheit bestmöglich auszulasten. Dazu werden alle Aufgaben der Ein- und Ausgabesteuerung, der Zwischenspeicherung und der Automatisierung des Rechenzentrumsbetriebs einem kleineren Rechner, dem sogenannten D i e n s t - r e c h n e r übertragen. Auf diese Weise kann der hochwertige H a u p t r e c h n e r oder Arbeitsrechner ausschließlich für die Rechenoperationen des Benutzerprogramms freigestellt werden. Durch die Simultanarbeit von Dienstrechner und Hauptrechner wird die Durchsatzrate erhöht. Diese Form des Multiprocessing hat den gleichen Effekt wie das Multiprogramming.

In einer anderen Form des Multiprocessing werden zwei vollständige, in der Regel gleich ausgestattete Datenverarbeitungsanlagen zu einem sogenannten M e h r - r e c h n e r s y s t e m verbunden. Der Benutzer hat es mit unabhängigen Betriebssystemen zu tun. Die Verbindung der zwei Datenverarbeitungsanlagen ist durch den Zugriff jeder Zentraleinheit zu gemeinsamen externen Speichern und Ein-/Ausgabegeräten gegeben. Durch die gemeinsamen Speicher sind zwei Anlagen in der Lage, während der Verarbeitung auf die gleichen Daten zuzugreifen. Dies hat zwei Vorteile:

Bei einem Datenbanksystem, dessen Informationen bei Durchführung der meisten Aufgaben benötigt werden, müssen die Dateien nur einmal gespeichert sein, obwohl zwei sonst völlig unabhängige Systeme für den Benutzer verfügbar sind. Daneben ist bei dieser Betriebsweise die Zuverlässigkeit des gesamten Datenverarbeitungssystems hoch, da beim Ausfall einer Anlage die andere Anlage ohne Verzögerungen, allerdings durch Eingriffe des Bedienungspersonals, alle dringenden Arbeiten, die den gemeinsamen Datenbestand betreffen, übernehmen kann.

Die dritte Betriebsweise des Multiprocessing, das M e h r p r o z e s s o r s y s t e m, wird dadurch charakterisiert, daß zwei oder mehrere Datenverarbeitungsanlagen auf denselben Arbeitsspeicher Zugriff haben und für dieses Datenverarbeitungssystem ein einziges Betriebssystem existiert. Gegenüber dem Mehrrechnersystem bringt das Multiprozessorsystem einen Zuwachs an Sicherheit, da hier jede Zentraleinheit alle im gesamten System möglichen Funktionen übernehmen kann. Gleichzeitig steigt die Leistung dieses Systems durch die Möglichkeit der Parallelarbeit der beiden Zentraleinheiten in beliebiger Kombination mit den Modulen des Arbeitsspeichers und den externen Geräten.

1.3 Datenfernverarbeitung

1.3.1 Stapelbetrieb

Die Verbindung der Datenverarbeitung mit der Datenübertragung, die sogenannte Datenfernverarbeitung, bringt weitere Betriebsweisen elektronischer Datenverarbeitungssysteme mit sich. Die einfachste Betriebsweise ist hierbei die Datenfernverarbeitung im Stapelbetrieb.

Datenfernverarbeitung ist dadurch charakterisiert, daß Datenerzeuger bzw. -verbraucher räumlich weit von einer zentralen Datenverarbeitungsanlage entfernt sind. Der Datentransport zwischen Außenstellen und Verarbeitungsort erfolgt durch Übertragung der Daten über Fernmeldewege. In der Bundesrepublik Deutschland können für die Datenübertragung entweder Wählnetze, nämlich das Telex-, Datexoder Fernsprechnetz, oder Standleitungen benutzt werden. Das Telexnetz ist ein öffentliches Fernschreibnetz, das mit einer Übertragungsgeschwindigkeit von 50 Baud[2]) arbeitet. Das Datexnetz ist speziell für Zwecke der Datenübertragung vorgesehen und arbeitet mit einer Übertragungsgeschwindigkeit von 200 Baud. Im öffentlichen Fernsprechnetz sind z. Z. für die Zwecke der Datenübertragung Übertragungsgeschwindigkeiten bis zu 1200 Bit/sec zugelassen. Als Standleitungen, auch Mietleitungen genannt, kommen Fernschreibleitungen für Übertragungsgeschwindigkeiten von 50, 75, 100, 200 Baud sowie Fernsprechleitungen für Übertragungsgeschwindigkeiten bis zu 4800 Bit/sec in Frage.

Für die Datenfernverarbeitung bieten sich zwei organisatorisch-technische Lösungswege an.

Bei der indirekten Datenfernverarbeitung, auch O f f - l i n e - B e t r i e b genannt, sind die Datenverarbeitungsanlagen nicht direkt an den Übertragungsweg angeschlossen; am Verarbeitungsort sind Datenzwischenträger erforderlich. Bei der

---

[2]) „Baud" ist die Dimension der Datenübertragungsgeschwindigkeit, sie wird auch gemessen in Bit/sec.

direkten Datenfernverarbeitung, auch O n - l i n e - B e t r i e b genannt, ist die Verarbeitungsanlage direkt an den Übertragungsweg angeschlossen.

Die Betriebsweise der indirekten Datenfernverarbeitung läßt nur Stapelbetrieb zu. Die anfallenden Daten werden von der entfernt stehenden Datenendstation, z. B. Lochkarten- oder Lochstreifenleser, zum Rechenzentrum übertragen, dort zwischengespeichert und nach dem Zeitplan des Rechenzentrums verarbeitet. Die Ergebnisse werden gegebenenfalls wieder auf Zwischenspeicher ausgegeben und zur Außenstelle übertragen. Diese Betriebsweise ist dann vorteilhaft, wenn der Transport der Daten mit herkömmlichen Verkehrsmitteln zu zeitaufwendig ist, und wenn andererseits die Verarbeitung nicht innerhalb eines sehr engen Zeitraums, d. h innerhalb von einigen Sekunden bis zu wenigen Stunden, erfolgen muß. Werden bei der Datenfernverarbeitung mit Stapelverarbeitung hohe Forderungen an den Zeitpunkt der Verarbeitung gestellt, dann ist die direkte Datenfernverarbeitung die geeignete Betriebsweise. Bei dieser Betriebsweise ist es erforderlich, daß die Datenverarbeitungsanlage mit einer Datenübertragungssteuerung ausgestattet ist. Der Komfort dieser Betriebsweise ist stark vom Komfort der jeweiligen Betriebssysteme abhängig. Im einfachsten Fall verständigt sich die Außenstelle telefonisch mit dem Rechenzentrum über die Verarbeitungsbereitschaft der Anlage und beginnt, wenn diese vom Bedienungspersonal hergestellt ist, mit der Übertragung der Daten. Bei einer komfortableren Betriebsweise regelt das Betriebssystem die Verständigung zwischen Datenendstation und Datenverarbeitungsanlage, wobei die Steuerungsfunktion entweder bei der Datenverarbeitungsanlage oder den Datenendstationen liegen kann.

1.3.2 Dialogbetrieb

Die direkte Datenfernverarbeitung kennt neben der schon beschriebenen Form der Stapelfernverarbeitung zwei wichtige Betriebsweisen, die unter dem Überbegriff Dialogbetrieb zusammengefaßt werden. Von Dialogbetrieb spricht man deshalb, weil eine Anforderung, die ein Benutzer an das Datenverarbeitungssystem stellt, in so kurzer Zeit beantwortet werden kann, daß eine Art Dialog zwischen Benutzer und Datenverarbeitungsanlage möglich ist. Dialogbetrieb setzt voraus, daß die Reaktion des Datenverarbeitungssystems in einer den Aufgaben angemessenen Zeit erfolgt. Sind die Zeitanforderungen sehr eng, spricht man auch von Realzeitsystem.

Die erste Form des Dialogbetriebs ist dadurch charakterisiert, daß die Benutzer der Datenendstationen an derselben Aufgabe unter Verwendung des gleichen zentral gespeicherten Programms arbeiten. Das Programm ist dabei ganz oder teilweise im Arbeitsspeicher der zentralen Datenverarbeitungsanlage geladen oder kann in ausreichend kurzer Zeit verfügbar gemacht werden. Im Amerikanischen spricht man hierbei von C o m m u n i c a t i o n s S y s t e m , im Deutschen auch von T e i l - h a b e r r e c h e n s y s t e m e n. Häufig werden diese Systeme von ihrer speziellen Aufgabenstellung her, wie z. B. der Platzbuchung oder der Datenerfassung, benannt.

Die Betriebsweise des Teilhaberrechensystems ist nur für solche Aufgabenstellungen wirtschaftlich vertretbar, die wichtig genug sind, um die ständige Belegung einer Datenverarbeitungsanlage bzw. eines wesentlichen Teils der Datenverarbeitungsanlage mit nur einer Aufgabe zu rechtfertigen. Die ständige Belegung ist aus Gründen der Verfügbarkeit erforderlich, die ständige und vollständige Belegung ist dann notwendig, wenn das Programmsystem so umfangreich ist, daß es den ganzen Arbeitsspeicher der Datenverarbeitungsanlage benötigt, oder wenn so hohe Anforderungen an die Betriebssicherheit gestellt werden, daß jede Fehlerquelle durch gleichzeitig im Multiprogramming laufenden Programme ausgeschlossen werden muß. Während des Dialogbetriebs stellt ein Teilhaberrechensystem geringe Anforderungen an das Bedienungspersonal des Rechenzentrums, da der Verkehr mit den Datenendstationen automatisch vom Betriebs- und Anwenderprogrammsystem geregelt werden muß.

Die zweite Form des Dialogbetriebs ist dadurch charakterisiert, daß die Benutzer von Datenendstationen mit einem Datenverarbeitungssystem verschiedene Aufgaben mit voneinander unabhängigen Programmen bearbeiten. Im Amerikanischen bezeichnet man diese Betriebsweise als Time Sharing System, im Deutschen als Teilnehmerrechensystem.

Um eine dem Dialogbetrieb angemessene Reaktionszeit zu ermöglichen, werden den Programmen der verschiedenen Anwender, die das System zur gleichen Zeit benutzen, feste gleich große oder auch veränderliche Zeitintervalle, Z e i t s c h e i b e n genannt, in denen sie die Zentraleinheit belegen, abwechselnd zugeteilt. Abwechselnd bedeutet, daß ein Programm für die Dauer dieses Zeitintervalls bearbeitet wird, dann ein anderes, bis schließlich nach einer Reihe von Programmen das erste wieder aufgerufen wird. Jedes Programm erhält so viele Zeitscheiben zugeteilt, bis es vollständig abgearbeitet ist. Ein Programm wird also nicht vollständig abgearbeitet, bevor ein anderes bearbeitet werden kann, die einzelnen Programme sind vielmehr hinsichtlich der Benutzung der Zentraleinheit gleichberechtigt. Dadurch ist sichergestellt, daß zu keinem Zeitpunkt ein spezielles Programm der dominierende Benutzer der Betriebsmittel des Systems sein kann. Die einzelnen Betriebssysteme verwenden für die Zuteilung der Zeitscheiben zu den Programmen unterschiedliche, meist sehr komplizierte Algorithmen.

Ein zweites Problem, für das in den einzelnen Betriebssystemen verschiedene Lösungen vorliegen, ist das der Zuteilung des Arbeitsspeichers zu den einzelnen Programmen, da praktisch nie alle zu bearbeitenden Programme gleichzeitig und vollständig in den Arbeitsspeicher geladen werden können. Um jedes Programm, dessen Benutzung von der Datenendstation angefordert worden ist, rasch in den Arbeitsspeicher bringen zu können, befinden sich die Programme auf einem externen Speicher mit besonders kurzer Zugriffszeit, dem sog. H i n t e r g r u n d - s p e i c h e r . Im einfachsten Fall werden von den wartenden Programmen stets so viele ganz und zusammenhängend in den Arbeitsspeicher geladen, wie darin Platz finden. Nach Beendigung der Zeitscheibe für eines dieser Programme wird, wenn genügend Platz frei ist, ein weiteres Programm nachgeladen. Der Arbeitsspeicher wird jedoch besser ausgenutzt, wenn ein Programm zwar vollständig, aber nicht unbedingt zusammenhängend geladen wird. Hierbei werden Arbeitsspeicher, Hintergrundspeicher und Programme in einheitliche stets gleich große Teile, sog. pages oder Seiten, unterteilt. Diese Unterteilung erfordert eine komplizierte Adreßrechnung, die wegen der Verarbeitungsgeschwindigkeit in der Regel zu einem zusätzlichen Aufwand in der Gerätetechnik führt. Schließlich kann man darauf verzichten, ein Programm stets vollständig zu laden; es können vielmehr Teile eines Programms, im Minimum eine Seite, in den Arbeitsspeicher gebracht und dort verarbeitet werden. Hierdurch wird erreicht, daß der Arbeitsspeicher voll ausgenutzt werden kann und daß Beschränkungen in der Größe der Programme weitgehend überflüssig werden.

Die obigen Ausführungen zeigen, daß die Betriebsweise des Teilnehmerrechensystems sehr komplizierte und aufwendige Betriebssysteme voraussetzt. Soll sie nicht auf relativ einfache Anwendungsfälle, wie z. B. Ingenieurrechnen, beschränkt sein, erfordert sie auch einen relativ hohen Aufwand in der Gerätetechnik.

Die Anforderungen an das Bedienungspersonal hinsichtlich des Arbeitsumfangs sind geringer, hinsichtlich der Qualität der Arbeit höher.

1.4 Gemischte Betriebsweisen

Bisher wurden die möglichen Betriebsweisen von elektronischen Datenverarbeitungssystemen einzeln und von einander unabhängig dargestellt. In der Praxis gibt es jedoch eine Reihe von Kombinationen in Abhängigkeit von Gerätetechnik und Betriebssystemen, und zwar sowohl im zeitlichen Nebeneinander als auch im zeitlichen Nacheinander.

Häufig treten die Betriebsweisen der simultanen Verarbeitung und der Datenfernverarbeitung kombiniert auf. So wird man in vielen Fällen eines Teilhaberrechensystems bestrebt sein, die Datenverarbeitungsanlage nicht nur mit Dialogbetrieb zu belasten, der häufig keine gute Ausnutzung der Zentraleinheit bringt, sondern im Rahmen des Multiprogramming noch andere Aufgaben auf dieser Datenverarbeitungsanlage zu bearbeiten. In machen Fällen kann es angebracht sein, mehrere Teilhabersysteme mit Hilfe des Multiprogramming im gleichen Datenverarbeitungssystem zu betreiben. Ein anderes Beispiel ist die Verbindung von Teilnehmerrechensystemen mit der Betriebsweise des Multiprocessing in der Form der Hauptrechner-Dienstrechnerkombination. Der Dienstrechner übernimmt dabei den Verkehr mit den Datenendstationen.

Selbstverständlich werden auch häufig Betriebsweisen der simultanen Verarbeitung, das Multiprogramming und das Multiprocessing, zu einer Betriebsweise zusammengefaßt. Haben die Datenverarbeitungsanlagen eines Mehrrechnersystems bereits jede für sich allein ein Betriebssystem, das Multiprogramming zuläßt, so wird diese Betriebsweise auch im Rechnerverbund benutzt werden. Bei einem Multiprocessorsystem sind sogar, wie schon erwähnt, besonders günstige Bedingungen für das Multiprogramming gegeben.

Eine wichtige Form der gemischten Betriebsweise besteht darin, daß ein Teilnehmerrechensystem und ein oder mehrere Teilhaberrechensysteme im gleichen Datenverarbeitungssystem betrieben werden können. Dies bringt nicht nur eine besonders gute Auslastung der Zentraleinheit, sondern auch eine gute Nutzung der Datenübertragungseinrichtungen sowie der Datenendgeräte mit sich.

Eine sehr fortgeschrittene Betriebsweise, die einen sehr hohen Aufwand in der Gerätetechnik und im Betriebssystem erfordert, kombiniert ein Multiprocessing-System, d. h. eine besonders umfangreiche Hardware-Ausstattung, mit einem Teilnehmerrechensystem, das auch Teilhaber-Betrieb und außerdem die Bearbeitung normaler Aufgaben im Rechenzentrum zuläßt, und damit einen hohen Betriebssystem-Aufwand erfordert.

2. Zweckmäßige Betriebsweisen in Abhängigkeit von den Datenverarbeitungsaufgaben eines Unternehmens

2.1 Kommerzielle Aufgaben

Die Wahl der zweckmäßigen Betriebsweise eines elektronischen Datenverarbeitungssystems wird von der Art der Datenverarbeitungsaufgaben, die in einem Unternehmen vorliegen, stark beeinflußt.

Unterteilt man die Datenverarbeitungsaufgaben in der üblichen Weise in kommerzielle und technisch-wissenschaftliche, ergibt sich daraus eine Reihe von Gesichtspunkten für die Wahl einer bestimmten Betriebsweise.

Kommerzielle Datenverarbeitung ist durch einen sehr hohen Anteil an produktiven Programmläufen und einen sehr niedrigen Anteil an Testläufen charakterisiert; kommerzielle Programme sind meist sehr ein-/ausgabeintensiv und verlangen die Verarbeitung umfangreicher Dateien. Beispiele für typisch kommerzielle Datenverarbeitung sind: Lohn- und Gehaltsabrechnung, Auftragsabwicklung, Buchhaltung, Materialdispositon, Lagerhaltung. Die übliche und in den meisten Fällen auch wirtschaftliche Betriebsweise für diese Art von Aufgaben ist bei kleineren Anlagen die einfache Stapelverarbeitung, bei mittleren Anlagen der Multiprogrammingbetrieb. Letzteres ist wegen der ein-/ausgabeintensiven Programme besonders günstig. Die normalerweise stark termingebundenen und turnusmäßig vorliegenden kommerziellen Aufgaben machen eine genaue Einplanung der Arbeiten notwendig und möglich, so daß die Betriebsweisen der Stapelverarbeitung und des Multiprogramming zu einer guten Auslastung des Datenverarbeitungssystems führen. Bei entsprechender geographischer Struktur eines Unternehmens kann eine Kombination der beschriebenen Betriebsweise mit der Datenfernverarbeitung im Stapelbetrieb angebracht sein. Dies kann der Fall sein, wenn die Datenverarbeitungsaufgaben in den Zweigstellen oder Zweigwerken eines Unternehmens nicht umfangreich genug sind, um die dezentrale Aufstellung von Rechnern zu rechtfertigen oder wenn die in den Außenstellen anfallenden Daten gemeinsam in einem zentralen Rechenzentrum verarbeitet werden müssen. In neuester Zeit wird durch die fortschreitende Entwicklung von Anlagentechnik und Betriebssystemen auch die Betriebsweise des Dialogbetriebs, vor allem des Teilnehmerrechensystems, für gewisse, normale kommerzielle Aufgaben zweckmäßig. Ein typisches Beispiel dafür ist die Auftragsabwicklung. Im übrigen gibt es spezielle kommerzielle Aufgaben, die nur mit der Betriebsweise eines Teilhaberrechensystems bewältigt werden können. Dazu zählen vor allem die Platzbuchungssysteme von Verkehrsgesellschaften.

Das Datenverarbeitungssystem muß hier ein Teilhaberrechensystem sein, da auch ohne Einsatz der elektronischen Datenverarbeitung das konventionelle Buchungsverfahren durch den Gebrauch des Telefons oder Fernschreibers sozusagen ein personelles Realzeitsystem ist. Wegen der hohen Anforderungen an die Verfügbarkeit eines solchen Systems wird zumeist die kombinierte Betriebsweise des Teilhaberrechensystems und des Mehrrechnersystems angewendet. Schließlich ist zu erwähnen, daß überall da, wo umfangreiche kommerzielle Programmentwicklung betrieben wird, für die Arbeiten der Programmierungs- und Testphase ein Teilnehmerrechensystem eingesetzt werden kann. Da Programmieren und Testen als iterativer Lösungsprozeß betrachtet werden können, ist der Dialogbetrieb, der ein unabhängiges Arbeiten der einzelnen Programmentwickler erlaubt, eine geeignete Betriebsweise.

2.2 Technisch-wissenschaftliche Aufgaben

Im Gegensatz zur kommerziellen Datenverarbeitung ist die technisch-wissenschaftliche Datenverarbeitung durch rechenintensive Aufgaben, einen hohen Anteil an Programmentwicklungsarbeiten im Sinne von Experimenten und geringen Datenmengen charakterisiert. Technisch-wissenschaftliche Datenverarbeitungsaufgaben fallen gewöhnlich nicht turnusmäßig an, sollen aber meist, sobald sie anfallen, rasch erledigt werden. Sie können in ihrem Bedarf an Arbeitsspeicher, peripheren Geräten und Rechenzeit stark differieren, wobei der Rechenzeitbedarf oft sehr schwer vorweg abzuschätzen ist. Diese Eigenschaften der technisch-wissenschaftlichen Datenverarbeitung machen die Wahl einer zweckmäßigen und zugleich wirtschaftlichen Betriebsweise schwierig.

Handelt es sich um Berechnungsprogramme mit hohem Zeit- und Arbeitsspeicherbedarf, so ist eine große und schnelle Rechenanlage erforderlich und die Betriebsweise der Stapelverarbeitung am geeignetsten. Liegen vorwiegend solche Aufgaben vor, kann das Multiprogramming natürlich nur eine untergeordnete Rolle spielen, es sei denn, es wird mit einem Multiprozessorsystem kombiniert. Liegt jedoch eine Mischung von großen und kleinen Programmen vor, und spielen Programmentwicklung und Test eine wichtige Rolle, gewinnt das Multiprogramming mehr an Bedeutung.

Die gleiche Bedeutung wie der Stapelbetrieb von Großrechnern haben im technisch-wissenschaftlichen Bereich Teilnehmerrechensysteme. Sie sind besonders gut geeignet für die meist kleinen aber häufig auftretenden Aufgaben des Ingenieurrechnens, da hier durch die Datenendgeräte am Arbeitsplatz ein beträchtlicher Zeitgewinn für den Benutzer zu erzielen ist. Entwicklung technisch-wissenschaftlicher Programme kann vielleicht noch mehr als die Entwicklung kommerzieller Programme durch einen Dialogbetrieb verbessert werden. Besonders wichtig ist das Teilnehmerrechensystem für alle die technisch-wissenschaftlichen Probleme, die nicht in einem Rechengang gelöst werden können, sondern in einem i t e r a t i v e n   A r b e i t s p r o z e ß ein laufendes Eingreifen des Benutzers verlangen; abhängig von Ergebnissen und Zwischenergebnissen werden nämlich Parameter so oft variiert, bis eine zufriedenstellende Lösung gefunden ist. Typische Beispiele hierfür sind die zahlreichen Verfahren des Computer Aided Design, bestimmte Berechnungsverfahren der Statik, die Bildung von Modellen für technisch-physikalische Vorgänge.

Generell ist zu sagen, daß für ein kommerzielles Datenverarbeitungssystem in den meisten Fällen eine solche Betriebsweise gefunden werden kann, die eine bestmögliche Ausnutzung des Systems ermöglicht, während für die technisch-wissenschaftliche Datenverarbeitung, ein Hilfsmittel der Forschung und Entwicklung, die Betriebsweise weniger nach dem Gesichtspunkt der optimalen Ausnutzung, sondern mehr im Hinblick auf die bestmögliche Eignung für die Art der Aufgaben und eine hohe Verfügbarkeit gewählt werden muß.

Bietet sich die Möglichkeit, kommerzielle und technisch-wissenschaftliche Aufgaben im gleichen Rechenzentrum zu bearbeiten, dann kann ein elektronisches Datenverarbeitungssystem, das während des Tages für technisch-wissenschaftliche Aufgaben im Stapelbetrieb eingesetzt wird, in der Nachtschicht im Multiprogramming mit kommerziellen Aufgaben belegt werden. Eine völlige Durchmischung ist wegen der Struktur der Aufgaben bei dieser Betriebsweise nicht zweckmäßig. Ein Teilnehmerrechensystem jedoch, das neben dem Dialogbetrieb auch Stapelverarbeitung bzw. Multiprogramming zuläßt, erlaubt unter Umständen die gleichzeitige Bearbeitung von Aufgaben aus beiden Gebieten. Lasten z. B. kleinere technisch-wissenschaftliche Aufgaben, wie das Ingenieurrechnen, die im Dialogbetrieb ausgeführt werden, in ihrer Summe die Anlage nicht voll aus, können gleichzeitig kommerzielle Aufgaben im Stapelbetrieb ablaufen. Selbstverständlich sind je nach Größe des Datenverarbeitungssystems, Art des Betriebssystems, Art und Umfang der kommerziellen und technisch-wissenschaftlichen Aufgaben auch andere Kombinationen möglich und zweckmäßig.

2.3 Sonstige Aufgaben

Die Kategorien kommerzielle und technisch-wissenschaftliche Datenverarbeitung reichen nicht aus, um alle Datenverarbeitungsaufgaben einzuordnen. Drei Typische Fälle sind:

● Informationsspeicherung und -wiedergewinnung (Information Retrieval)

● Unternehmensforschung (Operations Research)

● Programmierte Unterweisung

Aufgaben der Informationsspeicherung und -wiedergewinnung lassen sich deshalb nicht einordnen, weil sie sowohl kaufmännische wie technische Datenbanken betreffen oder auch Datenbanken mit Informationen aus beiden Bereichen, das prinzipielle Datenverarbeitungsproblem aber davon unabhängig ist. Wegen der Notwendigkeit des Dialogs zwischen Benutzer und System kommen nur die Betriebsweisen des Teilhaber- oder Teilnehmerrechensystems in Frage.

Die Methoden und Modelle der Unternehmensforschung beziehen sich zwar in den meisten Fällen auf betriebswirtschaftliche Probleme, die Datenverarbeitungsprogramme der Unternehmensforschung ähneln jedoch in ihrem Charakter sehr stark denen des technisch-wissenschaftlichen Bereichs. Ein typisches Beispiel sind Programme zur linearen Optimierung, die durch ihren hohen Arbeitsspeicher- und Rechenzeitbedarf – soweit es um die Lösung von Problemen der Praxis geht – großen technisch-wissenschaftlichen Programmen entsprechen. Als Betriebsweisen kommen die gleichen wie im technisch-wissenschaftlichen Bereich in Frage.

Ganz offensichtlich ist die programmierte Unterweisung unter Verwendung von Datenverarbeitungsanlagen ein ganz spezielles Arbeitsgebiet. Durch die Notwendigkeit eines laufenden Dialogs zwischen Schüler und Lehrautomat kommt dafür nur die Betriebsweise des Teilhaber- oder Teilnehmerrechensystems in Frage.

Organisationsformen des Datenverarbeitungsprozesses

Von Dr. D. B. Pressmar, Universität Hamburg

Inhaltsübersicht

I. Kennzeichnung des Datenverarbeitungsprozesses
   a) Merkmale
   b) Organisationsprobleme

II. Periphere Datenspeicherung
   a) Datenorganisation
   b) Datenspeicherung

III. Organisation des Speicherzugriffs
   a) Bestimmung der physischen Speicheradresse
   b) Speicheradressierung bei wahlfreiem Zugriff
      1. Direkte Adressierung
      2. Indirekte Adressierung
      3. Indexmethode
      4. Kettadresse
      5. Vergleichende Übersicht

IV. Organisation der Datenströme
   a) Organisationsformen
      1. Datenströme
      2. Leitkriterien des Prozessablaufes
      3. Grundformen der Organisation eines Datenverarbeitungsprozesses
      4. Verarbeitungstypen
   b) Optimierung der Organisationsformen
      1. Zielsetzung

2. Speicherzugriff und Durchführungszeit

I. Kennzeichnung des Datenverarbeitungsprozesses

a) Merkmale

Daten sind alle Nachrichten, die ein datenverarbeitendes System benötigt, um die ihm gestellten Aufgaben zu bewältigen. Dazu gehören nicht nur die zum Programm zusammengefaßten Befehle für die Durchführung des Verarbeitungsprozesses, sondern auch jene Daten, die verarbeitet werden sollen.

Wenn im folgenden von Daten oder Informationen die Rede ist, sollen die zuletzt genannten Daten gemeint sein, jene Zahlen– bzw. Textinformationen also, die in das EDV-System eingegeben und nach Abschluß des durch die Software definierten Transformationsprozesses wieder ausgegeben werden.

Jeder Datenverarbeitungsprozeß vollzieht sich grundsätzlich in drei Stufen, die in folgender zeitlicher Reihenfolge durchlaufen werden:
Eingabe → Verarbeitung → Ausgabe.

Der Verarbeitungsteil läßt sich mit v i e r Tätigkeitsmerkmalen kennzeichnen:

   1. Daten transportieren,
   2. Daten identifizieren und zugreifen,
   3. Daten mit anderen Daten verknüpfen,
   4. Daten umwandeln, umgruppieren und verdichten.

Der Datentransport (1.) erfüllt die Funktion, jene von den Eingabegeräten des Systems angelieferten Informationen den Arbeitsspeicher und dem Steuerwerk, Rechenwerk oder Kanalrechenwerk zu Verfügung zu stellen bzw. die ausgabefertigen Daten an die Ausgabegeräte weiterzuleiten. Voraussetzung für eine gezielte, auf ein bestimmtes Datum bezogene Transport- oder Verknüpfungsoperation ist die Funktion (2.), aus einer z. B. im Arbeitsspeicher abgelegten Datenmenge, das geforderte Datenelement auszuwählen. Als Hauptzweck der Datenverarbeitung kann die Verknüpfung (3.) von Daten angesehen werden. Datenverknüpfungen sind arithmetische Operationen im Sinne der vier Grundrechenarten. Die Verknüpfungsfunktion schließt aber auch Vergleichsoperationen oder Verknüpfungen nach den Regeln des Aussagenkalküls der zweiwertigen Logik ein. Schließlich zählen zu den Tätigkeiten der automatischen Datenverarbeitung jene Funktionen (4.), die sich auf die informationstechnische Umkodierung oder sonstige Umorganisation der eingegebenen Datenmengen beziehen.

b) Organisationsprobleme

Der digitale Rechenautomat ist eine s e q u e n t i e l l arbeitende Maschine. Die zeitliche Reihenfolge in der die vorprogrammierten Befehle ausgeführt werden, muß mit der logischen Folge der einzelnen Schritte des Datenverarbeitungsprozesses identisch sein. Damit ergibt sich für die Organisation des Datenverarbeitungsprozesses das Problem, zum richtigen Zeitpunkt der Zentraleinheit des Systems jene Daten zur Verfügung zu stellen, die für den aktuellen Stand der Verarbeitung benötigt werden. Diese Aufgabenstellung der zeitlichen Organisation (Ablauforganisation) muß so gelöst werden, daß der Verarbeitungsprozeß möglichst ohne verzögernde Wartezeiten ablaufen kann. Technisch bedeutet diese Forderung, daß alle aktuellen Daten vor ihrer unmittelbaren Verarbeitung im Arbeitsspeicher der Zentraleinheit vorliegen.

Sind zur Lösung einer Datenverarbeitungsaufgabe nur kleine Eingabedatenmengen erforderlich, so ist die Ablauforganisation problemlos, da alle Daten bereits vor dem Start des Bearbeitungsprozesses im Arbeitsspeicher aufbewahrt werden können.

Ein Optimierungsproblem der zeitlichen und sachlichen Organisation des Datenverarbeitungsprozesses liegt dagegen bei allen jenen Aufgaben vor, deren Datenbestände das Fassungsvermögen des Arbeitsspeichers um ein Vielfaches übersteigen, so daß eine Datenspeicherung mit Hilfe peripherer Geräte erforderlich ist.

Die damit verbundene Problematik hat technische Ursachen, da der Zugriff auf peripher gespeicherte Daten komplizierter ist und beträchtliche Wartezeiten für den Verarbeitungsprozeß nach sich ziehen kann. Dadurch verzögert sich nicht nur die Durchführung der Datenverarbeitungsaufgaben, auch die im allgemeinen knappe Kapazität der Datenverarbeitungsanlage wird betriebswirtschaftlich schlecht genutzt.

Wie die vorangehenden Überlegungen zeigen, besteht für jeden Datenverarbeitungsprozeß grundsätzlich das Problem der z e i t l i c h e n A b s t i m m u n g. Ist aber auch die Möglichkeit peripherer Datenspeicherung gegeben, dann muß für den Datenverarbeitungsprozeß neben der Ablauforganisation auch die Aufbauorganisation, d. h. die Verteilung und Anordnung der Datenmengen in den verfügbaren Speichern hinsichtlich ihrer zweckmäßigen Gestaltung analysiert werden. Die beiden aus der betriebswirtschaftlichen Organisationslehren bekannten Fragestellungen der Aufbau- und Ablauforganisation stellen sich auch beim „Produktionsprozeß" der elektronischen Datenverarbeitung; eine mögliche Antwort auf diese Fragen sollen die folgenden Abschnitte aufzeigen.

II Periphere Datenspeicherung

a) Datenorganisation

Die meisten Daten – seien sie technisch-wissenschaftliche oder kaufmännische Informationen – lassen sich nach einem hierarischen Organisationsprinzip gliedern. Dabei werden einzelne Daten zu Datensätzen und Datensätze zu Dateien zusammengefaßt. Aus Einzeldaten kann ein Satz gebildet werden, wenn sie unter einem gemeinsamen Ordnungsbegriff subsummiert werden können.

Jeder Datensatz setzt sich aus Datenfeldern fester oder variabler Länge zusammen, in welche die Einzeldaten eingestellt werden. Mehrere Datensätze bilden gemeinsam eine Datei, wenn sie einem übergeordneten Sachzusammenhang angehören.

Dabei werden die einzelnen Sätze in geordneter Folge in die Datei eingefügt. Für die Definition von Dateien gibt es naturgemäß keine festen Regeln. Naheliegend ist es, aus dem Sachzusammenhang der vorliegenden Datenverarbeitungsaufgabe die benötigten Daten in Sätzen und Dateien zu gliedern. Wegen der Verschwendung von Speicherkapazität wäre es unzweckmäßig, in mehreren Dateien dieselbe

Information zu speichern. Die Datenmengen sollen so unterteilt werden, daß mehrere Dateien entstehen, die den anstehenden Verarbeitungsproblemen hinsichtlich Speicherbedarf und Übersichtlichkeit angemessen sind. Insbesondere ist bei kaufmännischen Problemen eine vielfache Interdependenz zwischen den einzelnen Dateien zu erkennen, so daß es naheliegt, auch Dateien zu einem größeren Komplex, der integrierten Datei[1]), zusammenfassen.

Für den Verarbeitungsprozeß ist es erforderlich, auf eine bestimmte Datei zuzugreifen, um das aktuell benötigte Element dieser Datei, das betreffende Einzeldatum, verarbeiten zu können. Dies ist nur dann möglich, wenn das Einzeldatum identifiziert werden kann. Im Arbeitsspeicher werden Daten dadurch identifiziert, daß die Position des Speicherfeldes, die Speicheradresse, als Identifikationsmerkmal benutzt wird. Bei peripherer Datenspeicherung besteht grundsätzlich dieselbe Möglichkeit; in vielen Fällen ist es aber zweckmäßig neben den für den Verarbeitungsprozeß benötigten Daten (Verarbeitungsinformation) in derselben Datei auch eine Identifizierungsinformation zu speichern. Im Normalfall trägt diese Identifikationsinformation nicht das einzelne Datenelement selbst, sondern jeder Datensatz. Mit Hilfe der Satzidentifikation kann der gesuchte Satz zugegriffen und in den Arbeitsspeicher transportiert werden; dort läßt sich aus dem vorbestimmten Datenfeld des betreffenden Satzes die früher einmal abgelegte Information entnehmen und dem Verarbeitungsprozeß zur Verfügung stellen.

Die meisten Datenverarbeitungsprobleme zeichnen sich dadurch aus, daß sie zwei Typen von Dateien benutzen, die als Stammdateien bzw. Bewegungsdateien bezeichnet werden.

Die S t a m m d a t e i enthält Informationen, die Lexikoncharakter haben: Sie werden immer wieder in verschiedenen Zusammenhängen von einem oder mehreren Datenverarbeitungsprozessen benötigt und verändern ihren Inhalt über längere Zeiträume nur in unbedeutendem Maße.

Im Gegensatz dazu haben B e w e g u n g s d a t e i e n nur einmalige Bedeutung für einen Verarbeitungsvorgang. Sie ergeben sich in der Regel aus der laufenden Erfassung von Daten, die bereits nach kurzer Zeit ihre Aktualität verlieren. Der Informationsumfang von Bewegungsdaten ist deshalb so weit gekürzt, daß jede Art von Stammdaten fehlen; als Verknüpfungskriterium zwischen Stamm- und Bewegungsinformationen dient häufig ein auch in der Stammdatei vorhandenes Satzidentifikationsmerkmal. Dadurch ergibt sich der insbesondere für kommerzielle Datenverarbeitungsprobleme typische Ablauf des Verarbeitungsprozesses: Eine große Menge völlig ungeordnet erfaßter Bewegungsdatensätze muß zur weiteren Verarbeitung mit Stamminformationen angereichert werden. Für diese Verarbeitung muß also sowohl auf die Bewegungsdatei als auch auf die Stammdatei zugegriffen werden.

Da Stammdateien den Charakter von Nachschlagebibliotheken haben, werden sie in besonderem Maße die Grundlagen von Auskunftssystemen bilden. Im betriebs-

---

[1]) Die Organisation und Speicherung integrierter Dateien wirft neue Probleme auf, die gegenwärtig noch nicht alle gelöst sind. Ein in der Praxis bekanntes Software-System zur integrierten Datenspeicherung wird z. B. bei Fischbach, F. und P. Büttgen: IDS, Integrierte Datenspeicherung, Mainz 1967, beschrieben.

wirtschaftlichen Bereich werden die Stammdateien der Unternehmung zu einer integrierten Datei zusammengefaßt und ergeben somit die Datengrundlage des Management-Informationssystems.

Die Fragen der Datenorganisation sollen zusammenfassend

am folgenden Beispiel

noch einmal dargestellt werden: Handelsbetriebe registrieren für ihre Artikel eine Reihe von Daten, die zu verschiedensten betriebswirtschaftlichen Zwecken benötigt werden. Zu diesen Artikelinformationen zählen sowohl numerische Daten, wie Artikelnummer, Preis, Lieferantennummer, Nummer des Lagerortes usw. als auch alphanumerische Daten, wie Artikelbezeichnung oder Mengendimension. Alle diese Daten beziehen sich auf denselben Ordnungsbegriff Artikelnummer; darüber hinaus weisen sie den gemeinsamen Sachbezug Artikelbeschreibung auf. Damit können sie zu einem Datensatz, dem Artikelsatz, zusammengefaßt werden. Die Menge aller Artikelsätze des Handelsbetriebes bilden eine Datei, die Artikeldatei. Sie enthält alle für das Rechnungswesen erforderliche Daten der im Lager vorhandenen Artikel. Daneben können in gleicher Weise Kunden-, Lieferanten- und Vertreterdateien aufgebaut werden. Sämtliche genannten Dateien sind durch enge Verflechtungen miteinander verbunden, da z. B. die betriebswirtschaftliche Dokumentation und Abrechnung im Zusammenhang mit dem Verkauf eines Artikels einen Zugriff auf sämtliche vier Dateien notwendig werden läßt. Hier zeigt sich erneut der Vorteil, diese Einzeldateien als integrierte Datei zu organisieren. Diese integrierte Datei erfüllt die Funktion der Stammdatei, während die aktuellen Ver - kaufsdaten zur laufenden Auftragsabwicklung die Bewegungsdatei bilden. Im vorliegenden Beispiel gehören dazu an Stelle des Stammdatums „Artikelname" lediglich das Identifikationsmerkmal „Artikelnr.", sowie die Nummer des Vertreters, die Nummer des Kunden und die Verkaufsmenge. Alle Texte, Anschriften und die Artikelpreise sind in der Stammdatei gespeichert; sie brauchen daher nicht noch einmal erfaßt zu werden.

b) Datenspeicherung

Die Datenspeicherung in EDV-Systemen wird entscheidend von den gegenwärtig verfügbaren technischen Einrichtungen bestimmt. Daher müssen auch die Prinzipien der Speicherorganisation und der daraus resultierenden Gestaltung des Verarbeitungsprozesses immer im Zusammenhang mit den technischen Möglichkeiten der Speichereinrichtungen gesehen werden.

<u>Jede Speichereinrichtung besteht aus einem Datenträger (Speichermedium) und einer Lese- bzw. Schreibvorrichtung. Datenverarbeitungsanlagen verfügen im allgemeinen über interne und externe Speichereinrichtungen.</u>

Zu den internen Datenspeichern zählen jene Einrichtungen, die der Zentraleinheit als Arbeitsspeicher (Kernspeicher) und als Register (Flip-Flop-Elektronik) dienen. Die im Rahmen der folgenden Untersuchungen relevanten externen Datenspeicher sind Bestandteil der Peripherie-Geräte eines Rechners. Gegenwärtig dienen vor allem Magnetband- und Magnetplattengeräte der peripheren Datenspeicherung. Daneben werden oftmals auch Lochkartenbestände zusammen mit dem Lochkartenleser und -stanzer die Funktion externer Datenspeicherungseinrichtungen haben. Schließlich sind noch Großtrommelgeräte und Magnetkartengeräte zur Speicherung größter Datenvolumina bei ständigem Zugriff zu erwähnen. Da den Platten- und Bandspeichern eine so große Bedeutung zukommt, soll an ihrem Beispiel gezeigt werden, wie sehr sich Datenspeicherung und Organisation des Verarbeitungsprozesses wechselseitig beeinflussen.

Die zu speichernden Datenmengen werden als D a t e i e n   o r g a n i s i e r t in den externen Speichern abgelegt. Beim Transfer von und zum peripheren Speicher wird jede Datei in Blöcke[2]) zerlegt, die einen oder mehrere Datensätze umfassen können. Der Speicherplatz einer Information wird durch die physische Lokation des sie einschließenden Datenblocks auf dem Datenträger der Speichereinrichtung definiert.

Jene Angaben, die das Gerät benötigt, um die Speicherstelle für eine Information zu bestimmen, wird als physische Adresse des betreffenden Einzeldatums bezeichnet.

Sie unterscheidet sich grundsätzlich von der logischen Adresse; diese bezeichnet symbolisch für eine Information jenen Platz, den dieses Einzeldatum im logischen Ablauf des Verarbeitungsprozesses einnimmt. So kann beispielsweise die Artikelnummer des Artikelstammsatzes als logische Adresse für die Artikelberechnung oder den Artikelpreis dienen.

Jede Speichereinrichtung ist durch d r e i   t e c h n i s c h e   K r i t e r i e n zu kennzeichnen:

1. Speicherkapazität des Datenträgers,
2. Möglichkeiten des Speicherzugriffs,
3. durchschnittliche Zugriffszeit zu einer Information in Abhängigkeit von der Art des Speicherzugriffs.

Die Speicherkapazität gibt an, wieviele Daten, in Binärzeichen (Bits) verschlüsselt, auf dem Datenträger einer Speichereinrichtung Platz haben. Der Speicherzugriff dient dem Zweck, ganze Dateien oder Teile davon auf den Datenträger zu schreiben oder von dem Speichermedium zu lesen. Da der organisatorische Ablauf für den Lese- wie für den Schreibvorgang derselbe ist, gelten die folgenden Ausführungen, die im allgemeinen auf den Lesevorgang bezogen sind, in gleicher Weise auch für den Schreibvorgang der Speichereinrichtung. Bei der Art des Speicherzugriffs werden zwei Verfahrensweisen unterschieden:

    1. sequentieller Zugriff,
    2. wahlfreier Zugriff (Random-Zugriff).

Im Falle des sequentiellen Zugriffs werden die Einzeldaten bzw. die Sätze einer Datei in derselben Reihenfolge aus der Speichereinrichtung gelesen, in welcher sie beim Abspeichern physisch auf den Datenträger geschrieben wurden. Soll nun ein

---

[2]) Ein „Datenblock" ist die zum Teil vom Programmierer frei wählbare „Transport- und Speicherlosgröße" des Datenaustausches zwischen Zentraleinheit und peripheren Geräten. Zu einem Block kann ein Datensatz oder auch mehrere Datensätze zusammengefaßt werden; der Blockungsfaktor gibt die Zahl von Sätzen an, din in einem Block untergebracht sind.

bestimmter, in der Mitte der Datei gelegener Satz gelesen werden, so muß das Speichermedium vom physischen Anfangspunkt an sequentiell abgefragt werden, bis jene Stelle des Datenträgers unter der Leseeinrichtung liegt, auf welcher der fragliche Datensatz abgespeichert ist. Da dieser sequentielle Suchvorgang auf dem Speichermedium wegen der erforderlichen mechanischen Zugriffsbewegungen sehr zeitraubend ist, verbietet es sich bereits aus diesem Grunde, Einzeldaten bzw. einzelne Datensätze in sequentiellem Zugriff isoliert zu lesen.

Verfügt eine Speichereinrichtung über die technischen Voraussetzungen für einen wahlfreien Zugriff, dann können einzelne Sätze oder Daten beliebig oft und in frei wählbarer Reihenfolge bei vergleichsweise geringer Wartezeit ohne Schwierigkeiten abgerufen werden.

Ein Maß für diese Zugriffsgeschwindigkeit liefert die Zugriffszeit. Sie soll im Falle des Datenabrufs als jene Zeitspanne definiert werden, die zwischen dem Suchkommando für das periphere Speichergerät und dem Eintreffen des ersten aus dem Speichermedium gelesenen Binärzeichens im Arbeitsspeicher der Zentraleinheit liegt. Im einzelnen setzt sich diese Zeitdauer aus den Zeiten für das Suchen, Lesen und Transportieren zusammen, wobei im Rahmen des Suchvorgangs gegebenenfalls die Lesevorrichtungen mechanisch in geeignete Suchpositionen gebracht werden müssen. Für die Zugriffszeit muß überdies ein Durchschnittswert angegeben werden, da je nach Lokation der Information auf dem Datenträger teils kurze, teils längere Suchzeiten entstehen.

Wie bereits angedeutet, hängt die Benutzung einer Speichereinrichtung im sequentiellen Zugriff oder im wahlfreien Zugriff von seiner technischen Konstruktion ab.

Der Magnetbandspeicher ist zwar denkbar, kommt aber wegen der langen durchschnittlichen Zugriffszeit (bis zu 3 Minuten) und wegen der untragbaren mechanischen Belastung des Gerätes nicht in Frage. Im Unterschied dazu eignet sich der Magnetplattenspeicher in gleicher Weise für beide Zugriffsarten.

Außerdem bietet er zusätzliche durch die Konstruktion bedingte Vorteile gegenüber dem Bandspeicher:

- Auch im sequentiellen Zugriff läßt sich jede Information nach dem Lesen wieder auf den Datenträger zurückschreiben. Wäre diese Aufgabenstellung mit einem Bandspeicher zu lösen, so müßte gleichzeitig mit dem Lesevorgang durch Duplizieren und entsprechende Änderung der Satzinhalte ein zweiter Datenträger hergestellt werden[3]).

- Wurde beim Plattenspeicher eine Datei in sequentiellem Zugriff abgerufen, so kann die Schreib- bzw. Leseeinrichtung ohne nennenswerten Zeitverlust sofort wieder an den physischen Anfang der gespeicherten Datei zurückspringen und auf diese Datei erneut sequentiell zugreifen. Für den Bandspeicher ist das Zurückspringen zum Speicherplatz des Dateianfangs sehr zeitaufwendig, da der Datenträger zuvor zurückgespult werden muß[4]).

---

[3]) Dieses Verfahren wird als „Bandtechnik" oder auch als „Vater-Sohn-Technik" bezeichnet.

[4]) Sind zwei Bandspeichergeräte verfügbar, so läßt sich dieser Nachteil wesentlich einschränken, indem dieselbe Datei auf zwei Geräten gespeichert und abwechselnd das erste, dann das zweite Gerät in sequentiellem Zugriff benutzt wird. Liegt ein Gerät im Zugriff, so kann während dieser Zeit das andere Gerät den Datenträger wieder in die Ausgangsstellung zurückfahren

Mit der Entscheidung über die Zugriffsarten für die einzelnen Dateien ist die Organisation des Datenverarbeitungsprozesses in wesentlichen Punkten festgelegt. Dabei ist aber zu berücksichtigen, daß oftmals mehrere, hinsichtlich der Aufgabenstellung gleichwertige, Organisationsformen mit unterschiedlicher Benutzung der peripheren Datenspeicher möglich sind.

III. Organisation des Speicherzugriffs

a) Bestimmung der physischen Speicheradresse

Um die gespeicherten Daten dem aktuellen Verarbeitungsprozeß zum richtigen Zeitpunkt verfügbar zu machen, muß es möglich sein, auf ganz bestimmte, durch die Logik des Programmablaufs definierte Daten zuzugreifen.

Ein Datenzugriff ist abgeschlossen, wenn die angeforderten Informationen in den Arbeitsspeicher der Zentraleinheit transportiert sind. Grundlage eines gezielten Zugriffs zu den extern gespeicherten Daten ist ein Verfahren, das die Verbindung zwischen den laut Programmvorschrift geforderten Daten und deren physischem Speicherplatz auf dem Datenträger der peripheren Zuordnung zwischen der logischen Adresse und der physischen Adresse der angeforderten Speicherdaten festgelegt werden. Diese Zuordnung wird naturgemäß wesentlich von der Technik des Speicherzugriffs bestimmt.

Wie bereits erläutert wurde, ist es im sequentiellen Zugriff nicht möglich, ein bestimmtes Datenelement einer gespeicherten Datei zu lesen und dabei die vor oder nach ihm gespeicherten Daten im physischen Zugriff zu überspringen. S e q u e n - t i e l l e r Z u g r i f f zwingt also dazu, grundsätzlich j e d e n D a t e n s a t z z u l e s e n , ihn in den Arbeitsspeicher zu transportieren und abzufragen, ob er die programmgemäß geforderte logische Identifikation aufweist. Dieses Verfahren ist um so wirksamer für den Verarbeitungsprozeß je seltener der Fall vorkommt, daß die abgefragten Datensätze tatsächlich nicht benötigt werden. Zuordnungsprobleme zwischen logischer und physischer Datenadresse bestehen bei sequentiellem Zugriff nicht, wenn bekannt ist, an welcher Stelle des Speichermediums der Dateianfang liegt und welche Länge die einzelnen Datensätze aufweisen.

Im Falle des wahlfreien Speicherzugriffs werden die gesuchten Daten ohne zeitraubendes sequentielles Absuchen des Datenträgers direkt angesteuert. Für diese gezielte Ansteuerung bestimmter Datenfelder auf dem Speichermedium ist die physische Adresse der betreffenden Information erforderlich.

Ein Plattenspeicher benötigt als physische Adresse im allgemeinen die Nummer jener Datenspur, auf der die gesuchte Information liegt. Bei einigen Gerätekonstruktionen werden mehrere Datenspuren organisatorisch zu größeren Einheiten, den Datenzylindern zusammengefaßt und daneben die Datenspuren zusätzlich in Segmente oder Sektoren unterteilt. Ist die Speicherplatte derart in einzelne Speicherfelder technisch untergliedert, dann erfordert die physische Adresse drei Angaben: Zylindernummer, Spur innerhalb des Zylinders, Sektornummer innerhalb der bezeichneten Spur. Um die Übersichtlichkeit nicht zu beeinträchtigen, soll unterstellt sein, daß die Spurnummer bereits ausreicht, um die physische Adresse zu definieren.

Es gibt mehrere Möglichkeiten, bei wahlfrei zugreifbaren Speichern eine Zuordnung zwischen logischer Datenadresse und physischer Speicheradresse zu konstruieren. Jedes dieser Speicheradressierverfahren bringt für die Organisation eines Datenverarbeitungsprozesses Vor- und Nachteile. Die bekanntesten vier Adressiermethoden für wahlfrei zugreifbare periphere Datenspeicher werden im folgenden dargestellt. An Hand ihrer Prämissen und ihrer Wirkungsweise ist es möglich, die für einen bestimmten Datenverarbeitungsprozeß jeweils zweckmäßige Zugriffs- und Adressiermethode auszuwählen.

b) Speicheradressierung bei wahlfreiem Zugriff

1) Direkte Adressierung

Beim Verfahren der direkten Speicheradressierung wird die physische Adresse aus der logischen Datenadresse, wie z. B. der als Identifizierungsmerkmal dienenden Artikelnummer eines Artikeldatensatzes, berechnet. Die Umrechnungsvorschrift ist so gestaltet, daß eine umkehrbar eindeutige Zuordnung zwischen logischer und physischer Datenadresse hergestellt ist.

Der Grundgedanke dieses Verfahrens sei

an folgendem Beispiel

aufgezeigt. Die zu bestimmende Speicheradresse eines Datensatzes ist jene Plattenspur, die ihn später aufnehmen soll. Je nach Satzlänge haben mehrere Sätze in derselben Spur Platz. Der einzelne Satz läßt sich innerhalb derselben Spur entweder durch eine Satznummer oder durch sein Identifizierungsmerkmal mit Hilfe eines kurzen sequentiellen Suchvorgangs finden. Das Ziel der Adressierung besteht nun darin, alle Sätze möglichst gleichmäßig auf den zur Verfügung gestellten Speicherbereich zu verteilen.

Insgesamt sind N gleich lange Sätze einer Datei mit je einem numerischen Identifikationsmerkmal I abzuspeichern. Die Speicherkapazität der Spur und die Satzlänge ergeben, daß insgesamt m Sätze je Spur gespeichert werden können. Zunächst muß nun die logische Datenadresse, z. B. durch Subtraktion der kleinsten vorkommenden Identifikationsnummer I_{min} so transformiert werden, daß der Nummernkreis der für die Adreßrechnung geeigneten Identifikationsmerkmale I_0 mit Null beginnt:

$$I_0 = I - I_{min}.$$

Die Speicherspur S berechnet sich nun durch folgende Division:

$$I_0/m = S_0 + \text{Rest } X; \ S = S_0 + S_A.$$

Der ganzzahlige Quotient S_0 der Division gibt die relative Spurnummer S_0 an; sie muß zur Anfangsspur der Datei addiert werden. Aus dem Divisionsrest läßt sich die Nummer des Satzes innerhalb der Spur S, beginnend mit der Satznummer 0, ablesen.

Hierzu ein **Zahlenbeispiel:**

Die Sätze einer Artikelstammdatei befindens ich auf einem Plattenspeicher. Sie sind direkt adressiert und können wahlfrei zugegriffen werden; als Anfangsspur S_A der Datei ist die Spur auf der Nr. 11 festgelegt. Je Plattenspur können m = 20 Artikelsätze untergebracht werden. Die niedrigste Artikelnr. ist 10 000; ... bezeichnet den Anfang I_{min} des Kreises der Artikelnummern. Es wird für die Artikelnr. 13977 (= logische Datenadresse) die physische Adresse des zugehörigen Artikelstammsatzes gesucht.

1. Schritt: Bestimme die relative Satzidentifikationsnummer

$$I_0 = 13\,977 - 10\,000 = 3\,977.$$

2. Schritt: Berechne die relative Spurnummer

$$S_0 = 3\,977 : 20 = 198 \text{ Rest } 17.$$

3. Schritt: Bestimme die absolute Spurnummer

$$S = 198 + 11 = 209.$$

Mit Hilfe dieser Q u o t i e n t e n b e r e c h n u n g wird der verfügbare Speicherplatz l ü c k e n l o s b e s e t z t, falls innerhalb des Nummernkreises der Satzmerkmale I für jede Nummer ein Satz in der Datei physisch vorhanden ist. Wären Lücken vorhanden, so würde auch das Speichermedium nur teilweise benutzt, da für die nicht besetzten Identifikationsnummern Plätze auf dem Datenträger freigehalten werden. Daher sollte die Methode der direkten Adressierung nur dann angewandt werden, wenn die logische Datenadresse einem möglichst lückenlos mit Sätzen belegten Nummernkreis angehört.

2) Indirekte Adressierung

Der Nachteil der direkten Adressierung, die ein im Nummernkreis fortlaufend durch Satensätze besetztes Identifikationsmerkmal fordert, kann durch das Verfahren der indirekten Adressierung umgangen werden. Die Adreßrechnung wird in diesem Falle zweistufig ausgeführt. Zunächst wird die Identifikationsnummer I des zu speichernden Datensatzes so in eine neue Nummer I_0 transformiert, daß der Nummernkreis der I_0 mit Null beginnt und möglichst lückenlos mit tatsächlich vorhandenen Datensätzen belegt ist. Im zweiten Schritt wird aus I_0 nach den Regeln der direkten Adressierung die entsprechende Speicheradresse (Spurnummer) bestimmt.

Ein bekanntes Verfahren zur Transformation der ursprünglichen Satzidentifikationsnummer I in die neue Nummer I_0 ist die Divisionsmethode. Dabei wird die logische Datenadresse I – sie muß eine Zahlengröße sein – mit einem Divisor D dividiert, der mindestens so groß ist wie die Zahl der zu speichernden Datensätze. Der Divisionsrest wird als neue Satzidentifikationsnummer benutzt, um daraus nach dem Verfahren der direkten Adressierung die gesuchte Speicheradresse zu bestimmen[5]; es gilt:

$$I/D = \text{ganzzahliger Quotient} + \text{Divisionsrest } I_0.$$

Da der Divisionsrest Werte zwischen 0 und D–1 annehmen kann, liegen alle neuen Identifikationsnummern I_0 innerhalb dieses eng begrenzten Nummernkreises. Damit wird der angestrebte Zweck erreicht, aus dem ursprünglich großen und nur spo-

---

[5] Dieses Verfahren wird in der Mathematik als Restklassenprojektion bezeichnet; Modulus = Divisor) der Restklasse ist die Größe D. Der Divisionsrest bezeichnet die gesuchte Restklasse $I_{,0}$, auf welche die ursprüngliche Satzidentifikationsnr. I Modulo D projiziert wird.

radisch mit Datensätzen belegten Nummernkreis einen neuen Nummernkreis zu entwickeln, der kleiner ist und eine dementsprechend dichte Besetzung aufweist.

Dieses Verfahren schließt jedoch nicht aus, daß mehrere verschiedene Satzidentifikationsnummern I nach der Division mit D denselben Divisionsrest I_0 ergeben[6]). Aus diesem Grunde liefert die indirekte Adressierung mit Hilfe der Divisionsmethode kene eindeutig umkehrbare Zuordnung zwischen logischer und physischer Datenadresse. Dieses Problem läßt sich aber durch entsprechende Organisation der Speicherung lösen. Führt nämlich die Restklassenbildung auf Speicheradressen, die bereits durch andere Datensätze belegt sind, dann wird der zuletzt ankommende Datensatz in einem Reservebereich des Speichermediums abgelegt. Eine Verweisadresse (Kettadresse) in der zuerst angesteuerten Spur stellt die Verbindung her. Damit ist zwar die Zuordnung zwischen logischer Datenadresse und physischer Speicheradresse eindeutig. In der Umkehrung bestehen jedoch keine eindeutigen Zuordnungsverhältnisse, d. h., aus der physischen Speicheradresse kann die logische Identifikationsnummer nicht bestimmt werden. Dieser Zusammenhang liefert eine Begründung dafür, daß bei indirekter Adressierung jeder Datensatz mit einem Identifikationsmerkmal versehen sein muß, während im Falle der direkten Adressierung diese Forderung nicht besteht, da sich aus der physischen Lage des Datensatzes eindeutig auf das Identifikationsmerkmal schließen läßt. Um die Gefahr der Mehrfachbelegung und dem damit verbundenen Zugriff auf Überlaufspeicherbereiche zu vermeiden, wird für die Praxis empfohlen, den Divisor D um ca. 20 % größer zu wählen als die Zahl der zu speichernden Datensätze; außerdem soll D eine Primzahl sein.

Zur Erläuterung der Divisionsmethode möge das folgende **Zahlenbeispiel** dienen:

> Eine Datei umfaßt 800 Sätze; die Satzidentifikationsnummern liegen in einem Nummernkreis, der von 0 bis 99 999 999 läuft. Es ist die physische Adresse für die Satzidentifikationsnr. I = 14 800 785 zu bestimmen. Als Divisor wird D = 947 mit Hilfe einer Primzahlentabelle ausgewählt. Die Division
>
> $$I : D = 14\,800\,785 : 947 = 1\,563 + \text{Rest } 624$$
>
> ergibt als Divisionsrest die neue Satzidentifikationsnummer I_0; aus ihr wird nun nach dem oben geschilderten Verfahren der direkten Adressierung die gesuchte physische Satzadresse berechnet.

3. Indexmethode

Von den beiden bereits dargestellten Verfahren unterscheidet sich die Indexmethode dadurch, daß die Verbindung zwischen logischer und physischer Datenadresse nicht durch eine Rechenvorschrift, sondern durch eine frei wählbare, eindeutig umkehrbare Zuordnung hergestellt wird.

Der Zusammenhang zwischen Satzidentifikationsmerkmal und Speicheradresse ist in einer der Speicherdatei angegliederten Zuordnungstabelle (Adreßindex) festgehalten. Soll auf einen spezifizierten Datensatz zugegriffen werden, so muß zunächst die Z u o r d n u n g s t a b e l l e nach dem fraglichen S a t z i d e n t i f i -

---

[6]) Das folgende Zahlenbeispiel mag diese Feststellung illustrieren: $I_1 = 13$, $I_2 = 31$, $D = 6$; $^{13}/_6 = 2$ Rest 1, $31 : 6 = 5$ Rest 1. Für beide I gilt also dasselbe $I_0 = 1$.

k a t i o n s m e r k m a l durchsucht und die zugehörige Adresse festgestellt werden. Da dieser Adreßindex viel Freiheitsgrade in der Definition von logischen und physischen Datenadressen offen läßt, kann z. B. die physische Reihenfolge der Sätze auf den Datenträger der Speichereinrichtung so gewählt werden, daß die lückenlos aneinandergereiht und bezüglich einer logischen Datenadresse sortiert sind. Wird nun diese bereits sortierte Datei sequentiell zugegriffen, so können damit die Datensätze in einer vorbestimmten Reihenfolge in den Verarbeitungsprozeß eingefügt werden. Damit eröffnet sich die Möglichkeit, dieselbe Datei einmal wahlfrei und einmal sequentiell zuzugreifen. Die Indexmethode wird daher vorzugsweise für die Speicherung von Dateien benutzt, die sowohl sequentiell als auch wahlfrei zugreifbar sein müssen[7]).

4. Kettadressen

<u>Eine Datenadresse hat die Funktion einer Kettadresse, wenn sie direkt oder indirekt auf den Speicherort eines anderen Datensatzes verweist, weil dieser in einer definierten logischen Beziehung zum Ausgangssatz steht.</u>

K e t t a d r e s s e n sind daher vorzugsweise physische Speicheradressen, sie können aber auch logische Datenadressen sein. Jeder Satz einer Datei kann mehrere Kettadressen (Verweis-Adressen) mit unterschiedlichen Beziehungszusammenhängen aufweisen; dadurch ist es möglich, Daten innerhalb der verschiedensten logischen Ketten aufzurufen.

Das Prinzip der Verweisadresse wurde bereits für den Zugriff auf Überlaufbereiche bei der indirekten Adressierung benutzt. Es eignet sich aber auch dazu, die Sätze einer Speicherdatei in mehreren unterschiedlichen Sortierfolgen wahlfrei zuzugreifen, ohne daß sich die physische Speicherungsfolge der Sätze z. B. durch Umsortieren ändert. Da ähnliche Bedingungen wie im Falle des index-sequentiellen Zugriffs vorliegen, läßt sich auch hier der wahlfreie Zugriff und der sequentielle Zugriff in gleicher Weise anwenden. Während bei der Index-Methode auch die Möglichkeit besteht, in einer vorher nicht bekannten, z. B. zufallsbedingten Folge die Datensätze abzurufen, können mit Hilfe des Verweisadressenprinzips nur jene Zugriffsfolgen ablaufen, die vorher durch die Definition der Kettadressen festgelegt sind. Insofern ist die freie Wahl des Datenzugriffs aus organisatorischen Gründen hier eingeschränkt.

5. Vergleichende Übersicht

Jedes der vier dargestellten Adressierverfahren zeichnet sich durch Eigenschaften aus, die für bestimmte Verarbeitungsprobleme vorteilhaft sind, sich aber in anderen Fällen so ungünstig auswirken, daß eine Anwendung nicht in Frage kommt. In der folgenden Übersicht sind die typischen Merkmale der Adressierverfahren zusammengestellt:

---

[7]) Diese kombinierte Zugriffsart wird als Index Sequential Access Method (ISAM) bezeichnet.

Adressierver- fahren	direkt	indirekt	Index	Kette
Datenzugriff	wahlfrei	wahlfrei	wahlfrei, sequentiell	beschränkt wahlfrei, sequentiell
Speicherungs- form	gestreut	gestreut	vorgegebene Folge, lückenlos	vorgegebene Folge, lückenlos
Zugriffszeit	kurz	mittel	lang	mittel
Einfügung weiterer Da- tensätze	in vorhandene Lücken	in vorhandene Lücken, Überlaufbe- reich	Verschiebungen innerhalb der Datei, Über- laufbereich	Überlaufbe- reich, ausnahmsweise Verschiebungen innerhalb der Datei
Blockung mehrerer Da- tensätze	ungebräuch- lich	ungebräuch- lich	gebräuchlich	ungebräuch- lich

Die Art des Datenzugriffs gibt an, in welcher Folge diese Speicherdatei dem Verarbeitungsprozeß Daten zur Verfügung stellen kann. Wird dieselbe Datei in mehreren Verarbeitungsprozessen benutzt, so ist es oftmals vorteilhaft, die Daten wahlfrei oder sequentiell ohne Umspeichern der Datei abrufen zu können.

<u>Die Speicherungsform wird im wesentlichen durch das Adressierverfahren bestimmt.</u> Von einer gestreuten Datenspeicherung wird demnach gesprochen, wenn die physische Speicheradresse aus der logischen Datenadresse durch eine Umrechnungsvorschrift gewonnen wird, wie dies für den Fall der direkten und indirekten Adressierung zutrifft.

Ist der Kreis der Satzidentifikationsnummern bei diesem Adressierverfahren nicht durchgehend mit entsprechenden Datensätzen belegt, so entstehen auf dem Datenträger der Speichereinrichtung Lücken in der Datenspeicherung. Diese Speicherlücken werden solange freigehalten, bis unter der zugehörigen Satzidentifikationsnummer Daten zu speichern sind. Somit kann die Form der gestreuten Datenspeicherung zur Folge haben, daß die Kapazität des Speichermediums je nach Belegungsdichte des Nummernkreises der logischen Datenadressen nur ungenügend ausgenutzt wird. Ein für die Durchführungszeit eines Datenverarbeitungsprozesses bedeutsames Kriterium ist die durchschnittliche Zugriffszeit; sie ist am kürzesten für die direkte Adressierung und erreicht im Falle der Indexmethode wegen des vorgeschalteten Indexsuchens einen weniger günstigen Wert.

<u>Für die Pflege und Erweiterung bzw. Verkleinerung von Daten ist wichtig, auf welche Weise zusätzliche Datensätze in eine gespeicherte Datei physisch eingefügt bzw. aus ihr entfernt werden kann.</u>

Handelt es sich bei den zusätzlichen Sätzen um solche Daten, die im Rahmen eines bestehenden Nummernkreises eine noch nicht benutzte Satzidentifikationsnummer belegen, so werden sie im Falle der direkten und indirekten Adressierung in die bereits freigehaltenen Speicherlücken eingefügt. Werden Sätze gelöscht, so entstehen bei diesen Adressierverfahren neue Lücken, die später wieder benutzt werden können. Bei einer nach der Indexmethode adressierten Speicherdatei ist für das Hinzufügen weiterer Sätze ein vergleichsweise aufwendiges Verfahren notwendig, da ja die Sortierfolge der Datei trotz der Einfügungen bei sequentiellem Zugriff weiterhin erhalten bleiben soll. Da die indexsequentiell zugreifbare Datei auf dem Speichermedium lückenlos gespeichert ist, lassen sich die neuen Daten nur dadurch in die Sortierfolge des sequentiellen Zugriffs einordnen, daß an den entsprechenden Stellen der Datei Verweisadressen zu den Einfügungen führen. Da diese Lösung im Falle häufiger Einfügungen zu einem sehr zeitraubenden sequentiellen Zugriff führt (die Zugriffssequenz wird immer wieder durch Verweisadressen gestört und im wahlfreien Zugriff verlassen), gibt es auch die Möglichkeit, in größeren Zeitabständen die Datei durch ein Reorganisationsprogramm so anzuordnen, daß die Speicherungsform einen ununterbrochenen sequentiellen Zugriff zuläßt. Ähnliche Überlegungen gelten naturgemäß auch für die Kettadressierung, wenn sich die Sortierung der Suchfolge bei sequentiellem Dateizugriff nicht durch Einfügungen verändern soll.

Schließlich spielt die Blockung mehrerer Datensätze auf zweifache Weise eine Rolle: Bei großer Blockung steigt die Transportgeschwindigkeit des einzelnen Datensatzes beim Austausch zwischen Zentraleinheit und den peripheren Einrichtungen; außerdem wird der verfügbare Speicherplatz auf den Datenträgern der Speichereinrichtungen im allgemeinen besser genutzt.

Wie die Übersicht zeigt, gibt es kein Adressierverfahren, das die anderen Verfahren hinsichtlich aller Merkmale dominiert. Daher muß für jedes Datenverarbeitungsproblem die ihm angemessene Organisation des Speicherzugriffs ausgewählt werden. Gegebenenfalls kommt auch eine Kombination dieser Verfahren in Frage, wobei sich insbesondere für das Gebiet der Dateiintegration und der integrierten Datenspeicherung neue Anwendungsgebiete eröffnen.

IV. Organisation der Datenströme

a) Organisationsformen

1) Datenströme

<u>Eine digitale Datenverarbeitungsanlage löst die ihr vorgegebenen Verarbeitungsaufgaben sequentiell, d. h. zeitlich nacheinander.</u>

Daraus folgt, daß die im Programm definierte logische Folge der Einzeloperationen zugleich den zeitlichen Ablauf des Datenverarbeitungsprozesses vorgibt. Damit der Verarbeitungsprozeß nicht verzögert wird, müssen dem Rechenwerk der Zentraleinheit laufend jene Daten zugeführt werden, die gerade benötigt werden. Der Zentraleinheit des EDV-Systems fließen somit andauernd im Takt der Verarbeitung Daten zu, während andere Daten die Zentraleinheit verlassen und so das Ergebnis des Verarbeitungsprozesses weiterleiten[8]). Es liegt nahe, im Rahmen dieses

---

[8]) Die programmtechnische Organisation der Verarbeitung innerhalb der Zentraleinheit, d. h. der Datentransfer zwischen Arbeitsspeicher, Register und Leitwerk, wird nicht behandelt. In diesem Sinne soll die Zentraleinheit als „b l a c k   b o x" betrachtet werden.

Datenaustausches von Datenströmen zu sprechen, die zwischen der Zentraleinheit und den peripheren Geräten des Systems fließen. Je nachdem, ob es sich um Eingabe- oder um Ausgabeinformationen handelt, kann zwischen Eingabeströmen und Ausgabeströmen unterschieden werden. Eingabeströme fließen von einem Datendepot (D a t e n q u e l l e) zur Verarbeitung, Ausgabenströme fließen zurück zu einem anderen Datendepot (D a t e n s e n k e).

Für die vorliegende Untersuchung sollen Eingabeströme im Mittelpunkt der Betrachtung stehen. Ausgabedatenströme sind im allgemeinen deshalb nicht so interessant, weil sie in der Regel bei einem aus verarbeitungstechnischen Gründen nur sequentiell zugreifbaren Datendepot, wie im Falle des Schnelldruckers, enden und somit die organisatorischen Gestaltungsmöglichkeiten enge Grenzen gesetzt sind. Für Eingabedatenströme kommen dagegen mehrere verschiedenartige Datendepots wie Lochkarten, Magnetplatten, Magnetbänder usw. in Frage. An Hand der verschiedenen Organisationsformen des Datenzugriffs und der Datenspeicherung lassen sich anschaulich die wesentlichen Gestaltungsmöglichkeiten in der Organisation für Datenverarbeitungsprozesse aufzeigen. Diese Organisationsformen gelten naturgemäß auch für Ausgabeströme, wenn die entsprechenden Voraussetzungen gegeben sind.

2) Leitkriterien des Prozeßablaufes

Der Aufbau eines Datenstromes wird durch die Verarbeitungsvorschriften des Programms zwangsläufig bestimmt.

<u>Aus einem Datendepot, wie z. B. eine periphere Speichereinrichtung werden Datensätze in jener zeitlichen Reihenfolge abgerufen, die der Verarbeitungsprozeß für die Verknüpfung der Daten aus einem oder mehreren Datenströmen verlangt.</u>

Die z e i t l i c h e F o l g e der Operationen eines Datenverarbeitungsprozesses kann durch vier Leitkriterien vorgegeben sein:

1. Algorithmus i. e. S.,
2. problembezogenes Leitkriterium,
3. geordnete Leitdatei,
4. ungeordnete Leitdatei.

Die Gestaltung des Programmablaufs und damit die Steuerung des Verarbeitungsprozesses wird z. B. bei technisch-wissenschaftlichen Aufgaben durch den Lösungsalgorithmus (1.) bestimmt. Typisch hierfür sind Optimierungsprobleme, die mit Hilfe der Verfahren der numerischen Mathematik (lineare Gleichungssysteme, lineare Programmierung usw.) gelöst werwden. Die Auswahl und die Reihenfolge der zu verknüpfenden Daten ist durch den Ablauf des Berechnungsverfahrens vorgegeben. Im Unterschied dazu gibt es insbesondere auf dem Gebiet der kommerziellen Datenverarbeitung (Lösung von Verwaltungsaufgaben) Aufgabenstellungen, die sich mit Hilfe eines durch einfache Leitkriterien (2.) gesteuerten Datenverarbeitungsprozesses am besten bewältigen lassen. Es handelt sich hierbei um Routineoperationen, wie z. B. Fakturierung, die in gleicher Weise so oft mit neuen Daten wiederholt werden müssen, bis die zu verarbeitenden Datenmengen erschöpft sind. Die Reihenfolge, in der immer wieder auf neue Daten zugegriffen wird, bestimmt z. B. ein Nummernkreis, der in aufsteigender Nummernfolge durchlaufen wird. Jede einzelne Nummer dient dabei als Identifikationsmerkmal (logische Datenadresse) für die bei einem Verarbeitungsgang zu verknüpfenden Daten bzw. Datensätze. Neben einem derartigen Leitkriterium, das aus einem abstrakten Organisationsprinzip abgeleitet ist, kann auch die Satzfolge einer bestimmten Datei die Steuerungsfunktion für den Ablauf des Datenverarbeitungsprozesses übernehmen. In diesem Fall wird die Datei als L e i t d a t e i bezeichnet. Dabei ist es nicht ausgeschlossen, daß die Leitfunktion der am Datenverarbeitungsprozeß beteiligten Dateien wechselt.

Hierzu noch einmal das

Beispiel F a k t u r i e r u n g :

Die Rechnungen können z. B. in der Folge des Aufbaues der Kundenstammdaten geschrieben werden; dann ist die Kundendatei Leitdatei. Innerhalb derselben Rechnung werden aber die einzelnen Positionen entsprechend der Artikelstammdatei aufgeführt, so daß vorübergehend die Artikelstammdatei eine Leitfunktion ausübt. Ist die Leitdatei, wie z. B. im Falle der Stammdatei, als geordnete Satzfolge (3.) organisiert, so liegt damit auch der Ablauf des Datenverarbeitungsprozesses im wesentlichen a priori fest. Daneben kann die Leitdatei aber auch eine zufällige ungeordnete Satzfolge (4.) sein, wie sie oftmals als unsortierte Bewegungsdatei bei der Datenerfassung entsprechend dem Belegeingang entsteht. Somit bestehen zwei Möglichkeiten, jene Leitkriterien zu finden, die einen vorher bekannten eindeutigen Ablauf des Datenverarbeitungsprozesses definieren: die geordnete Leitdatei oder das problembezogene Leitkriterium. Die algorithmisch definierte Sequenz der Verarbeitungsoperationen weist diese Eigenschaft nicht auf, da meistens mehrere unterschiedliche Verarbeitungszweige in Abhängigkeit von den jeweiligen Stand der numerischen Berechnungen durchlaufen werden. Da die Sätze der ungeordneten Leitdatei in zufälliger Reihenfolge vorliegen, eignen sie sich ebenfalls nicht, den Verarbeitungsprozeß nach einem vorher festgelegten Ablauf zu steuern.

Während der Aufbau eines Datenstromes durch das Leitkriterium des Verarbeitungsprozesses vorgegeben wird, ist es für die zu betrachtende Organisationsform bedeutsam, ob Datenströme durch sequentiellen oder wahlfreien Zugriff auf eine peripher deponierte Datei entstehen. Für die Darstellung der Organisationsschaubilder sollen daher folgende Symbole[9]) verwendet werden:

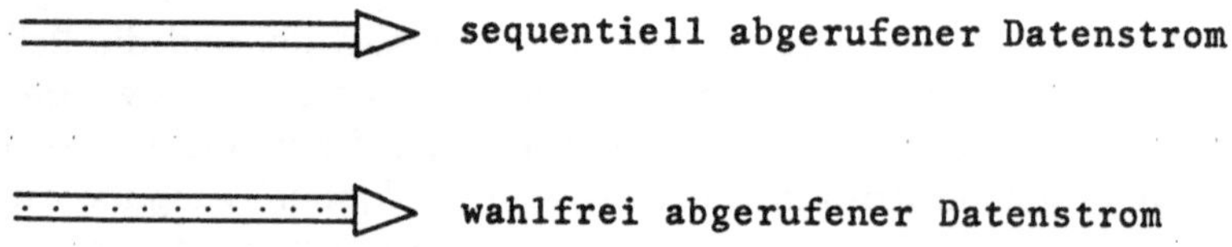

Bevor einzelne typische Organisationsformen analysiert werden, sollen die wesentlichen Merkmale in der Gestaltung des Datenverarbeitungsprozesses zusammengefaßt werden:

1. Definition der aus dem Sachzusammenhang der Aufgabenstellung benötigten Dateien,

2. Auswahl des Leitkriteriums für den Ablauf des Verarbeitungsprozesses,

3. Zuordnung der Dateien für den verfügbaren peripheren Speichereinrichtungen des EDV-Systems,

4. Bestimmung der Zugriffsart für die gespeicherten Dateien (Datendepots).

3. Grundformen der Organisation eines Datenverarbeitungsprozesses

Zur Untersuchung der vielfältigen Variationsmöglichkeiten in der Gestaltung des Datenverarbeitungsprozesses sei eine typische kommerzielle Aufgabenstellung betrachtet, die zwei Dateien, eine Stamm- und eine Bewegungsdatei erfordert.

Eine derarteige Datenverarbeitungsaufgabe liegt z. B. jeder Lohnabrechnung zugrunde: Stammdaten sind die Personaldaten der Lohnempfänger, Bewegungsdaten sind die Akkordmengen- bzw. Arbeitsstundenaufschreibungen aus den Werkstätten des Betriebes. Beide Dateien sollen so verknüpft werden, daß z. B. der Lohnsteifen gedruckt werden kann.

Die Eingabedatenströme werden aus zwei Dateien D_S(Stammdaten) und D_B(Bewegungsdaten) gespeist. Als logische Datenadresse zur Verknüpfung von Stamm- und Bewegungsdaten dient das gemeinsame Identifikationsmerkmal der Datensätze, im vorliegenden Beispiel ist es die Personalnummer. Als Organisationsformen des Datenverarbeitungsprozesses bieten sich nun mehrere Möglichkeiten an:

Fall I: Ungeordnete Leitdatei

Es sei unterstellt, daß jeder Satz der Leitdatei alle Bewegungsinformationen enthält, um die geforderte Lohnberechnung je Arbeitnehmer auszuführen. Der Ablauf des Datenverarbeitungsprozesses wird durch die zufällige Folge der ankommenden Bewegungsdaten bestimmt. Da die Sequenz der Personalnummern für den Zugriff auf die Stammdaten willkürlich ist, muß die gespeicherte Stammdatei wahlfrei zugreifbar sein; damit ergibt sich folgender Datenfluß:

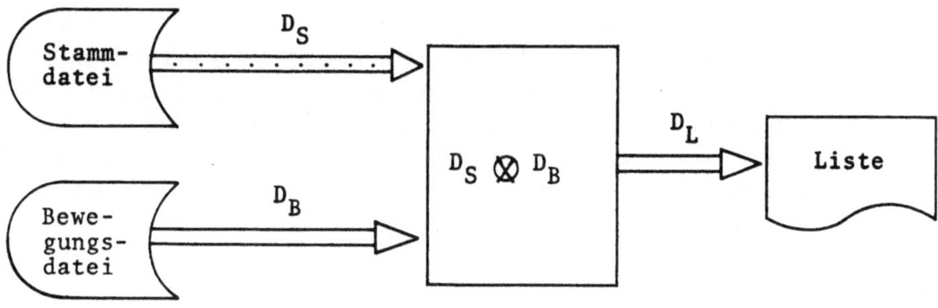

Durch wahlfreien Abruf des Datenstroms D_S und sequentiellem Abruf des Datenstroms D_B werden die Elemente der Eingabeströme durch den Operator miteinander verknüpft, so daß die Datei D_L sequentiell von einem Schnelldrucker übernommen werden kann.

Fall II: Geordnete Leitdatei

Als Leitdatei wird die Stammdatei gewählt, ihre Sätze können z. B. in aufsteigender
Folge der Personalnummern angeordnet sein. Eine Verknüpfung mit den ungeordneten Bewegungsdaten wäre nun ähnlich wie Fall I dadurch möglich, daß die Bewegungsdaten wahlfrei zugreifbar gespeichert sind. Da die Verarbeitungsfolge bekannt ist, besteht nunmehr auch die Möglichkeit, den Datenstrom der Bewegungsdaten ebenfalls an diese Folge durch entsprechendes Sortieren der Datensätze an
Hand der Personalnummern anzupassen. Der Datenfluß besteht somit aus zwei Abschnitten: Sortieren der Datei D_B und Verknüpfung zweier sequentieller Datenströme D_{Bsort} und D_S.

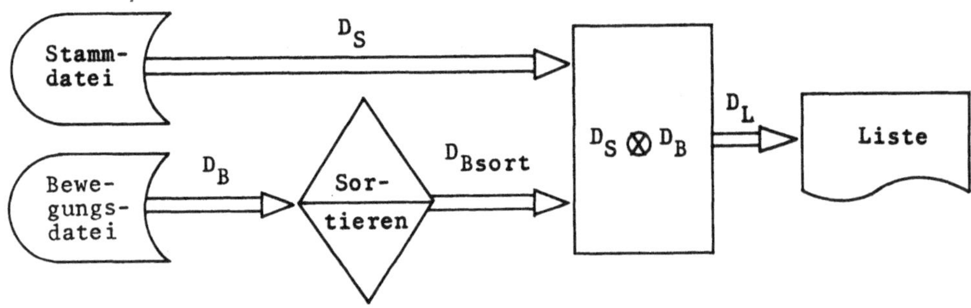

Diese Alternativlösung für die Organisationsform mag auch andeuten, daß sich die
meisten Datenverarbeitungsprozesse mit ausschließlich sequentiellem Datenzugriff
durchführen lassen. Als Nachteil kann sich allerdings der zusätzliche Aufwand für
die Sortierung der Dateien bemerkbar machen.

Fall III: Problembezogenes Leitkriterium

Schließlich ist auch der Fall zu betrachten, daß beide Dateien für einen sequentiellen Zugriff ohne vorherige Umsortierung nicht in Frage kommen, weil das für den
speziellen Verarbeitungszweck erforderliche Leitkriterium nicht mit der physischen
Satzfolge der Dateien auf dem Spreichermedium übereinstimmt. Diese Situation
könnte in dem zugrunde liegenden Beispiel dadurch eintreten, daß die Verarbeitung der Lohndaten in alphabetischer Reihenfolge durchgeführt werden muß, während die gespeicherten Daten nach Personalnummern auf dem Speichermedium
eingeordnet sind. Da eine durch Umsortierung der Dateien erzielbare Lösung
bereits im Fall II enthalten ist, soll nun eine Organisationsform mit ausschließlich
wahlfeiem Abruf der Datenströme dargestellt werden:

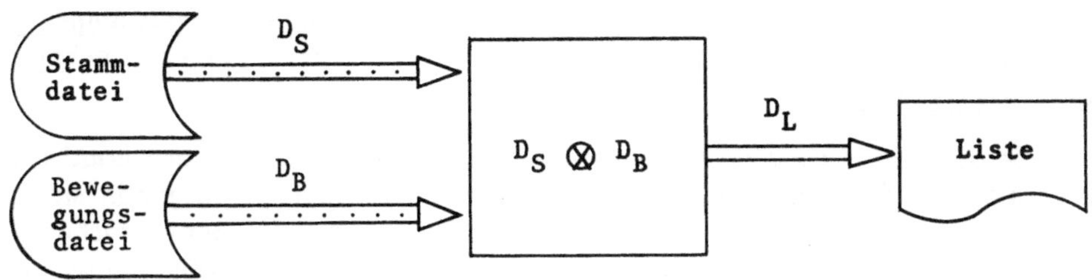

Der wahlfreie Zugriff zu den Speicherdateien D_B und D_S setzt allerdings voraus, daß im Lohnabrechnungsbeispiel eine Zuordung zwischen der logischen Datenadresse, die hier eine alphabetische Zeichenfolge ist, und der physischen Speicheradresse besteht.

4. Verarbeitungstypen

In Anlehnung an die beiden Organisationsformen mit ausschließlich sequentiell bzw. ausschließlich wahlfrei abgerufenen Datenströmen werden zwei Typen der Datenverarbeitung unterschieden, die von Praktikern gelegentlich als „fortlaufende bzw. wahlfreie" Verarbeitung bezeichnet werden. Wie die obigen Organisationsbeispiele zeigen, gibt es eine große Vielfalt der Organisationsformen, die insbesondere bei mehreren Eingabe- und mehreren Ausgabeströmen dadurch entsteht, daß diese Ströme durch wahlfreien oder sequentiellen Zugriff mit den Datenquellen bzw. Datensenken verbunden sind. Daher scheint es zweckmäßig, zwischen drei Grundtypen zu untesscheiden:

- Verarbeitung mit ausschließlich sequentiellem Dateizugriff,

- Verarbeitung mit ausschließlich wahlfreiem Dateizugriff und

- Verarbeitung mit sequentiellem und wahlfreiem Datenzugriff.

b) Optimierung der Organisationsformen

1. Zielsetzung

Wird davon ausgegangen, daß die Hardware-Konfiguration des EDV-Systems vorgegeben ist und es in allen Komponenten störungsfrei funktioniert, so können für die Organisation eines Datenverarbeitungsprozesses d r e i T e i l z i e l e genannt werden:

1. Verkürzung der Ausführungszeit,

2. Sparsame Nutzung der internen Speicherkapazität,

3. einfache Handhabung des Prozesses bei manuellen Eingriffen.

Wie im einzelnen noch aufgezeigt wird, dienen alle diese Teilziele gleichermaßen direkt oder indirekt der kostenminimalen Durchführung einer Datenverarbeitungsaufgabe.

Die Verarbeitungsgeschwindigkeit der einzelnen Geräte eines EDV-Systems wird dadurch gekennzeichnet, daß sie nicht zu variieren und bereits durch die technische Konstruktion auf einen festen Wert eingestellt ist.

Da außerdem ein relevanter Kostenunterschied zwischen dem Wartezustand eines betriebbereiten Systems und dem Arbeitszustand nicht besteht, ergeben sich für den Einsatz von EDV-Anlagen ohne Rücksicht auf die Art der Beanspruchung je Zeiteinheit konstante Betriebskosten; wobei von dem aufgabenabhängigen Verbrauch an Lochkarten, Druckerpapier und sonstigen einmal verwendbaren Datenträgern abgesehen werden soll. Geht es nun darum, eine Datenverarbeitungsaufgabe zu minimalen Kosten auszuführen, so muß sie mit dem kleinsten Maschinenzeitverbrauch gelöst werden. Daß in diesem Zusammenhang auch Fragen der Maschinenmiete, des Maschinenkaufs und der vorliegenden Auslastung der Maschinenkapazität eine Rolle spielen, ist aus betriebswirtschaftlichen Gründen einleuchtend. Tendenziell ist aber die Minimierung der Ausführungszeit gleichbedeutend mit einer kostenminimalen bzw. gewinnmaximalen Zielsetzung, die bei kürzeren Verarbeitungszeiten nicht nur kostenvermindernd wirkt, sondern auch die Möglichkeiten eröffnet, freiwerdende Maschinenzeiten für eigene oder fremde Rechnung zu nutzen.

Das zweite Teilziel, s p a r s a m e S p e i c h e r n u t z u n g , umfaßt im Grunde zwei sich widersprechende Forderungen. Einerseits kann durch die Verwendung eines möglichst großen Teils des Arbeitsspeichers der Zentraleinheit die Ausführungszeit verkürzt werden, da im Vergleich zur peripheren Datenspeicherung die Zugriffszeiten zu den Daten um ein Vielfaches geringer sind. Andererseits entsteht bei einer vollausgelasteten Arbeitsspeicherkapazität der Nachteil, daß z. B. im Falle der zusätzlichen Eingabedaten bestimmte Arbeitsspeicherbereiche wegen der Kapazitätsgrenzen nicht weiter ausgedehnt werden können. Außerdem ist bei einem bereits voll belegten Arbeitsspeicher die Anwendung des Multiprogramming ausgeschlossen. Die Frage nach der Belegung interner und peripherer Speichereinrichtungen muß demnach unter Berücksichtigung der Erweiterungsbedürfnisse und des internen Speicherbedarfs für das Multiprogramming entschieden werden. Schließlich sollte der Datenverarbeitungsprozeß so organisiert werden, daß er möglichst ohne manuelle Eingriffe ablaufen kann. Dadurch läßt sich die Gefahr vermeiden, durch Bedienungsfehler große Verlustzeiten in Kauf nehmen zu müssen. Nun zeigt die Erfahrung aber, daß die sachgerechte Anwendung der elektronischen Datenverarbeitung eine enge Kommunikation zwischen Mensch und System verlangt. Ein Mindestmaß an manuellen Eingriffen läßt sich nicht vermeiden; daher muß der Datenverarbeitungsprozeß für den Außenstehenden einfach gestaltet und leicht zu überschauen sein. Daneben sollten Prüfungen und Sicherungen in dem Prozeßablauf so eingebaut sein, daß manuelle Fehler frühzeitig erkannt werden, um größere Zeitverluste zu vermeiden. Hier kann durchaus eine Organisationsform besser sein, die längere Ausführungszeiten zugunsten einer sicheren Bedienung in Kauf nimmt.

Die weiteren Konsequenzen aus den drei genannten Zielsetzungen lassen sich für die beiden zuletzt untersuchten Teilziele jeweils nur an Hand eines konkreten Datenverarbeitungsproblems ziehen. Zur Minimierung der Verarbeitungszeit können jedoch allgemeine Kriterien, insbesondere für den Zugriff auf periphere Speichereinrichtungen, angegeben werden.

2. Speicherzugriff und Durchführungszeit

Die Dauer eines Datenverarbeitungsprozesses hängt zunächst von der Aufgabenstellung und den Leistungsdaten der technischen Einrichtungen ab. Sie wird außerdem von der Programmiertechnik, d. h. von der Wahl der Programmiersprache und der programmtechnischen Gestaltung des Verarbeitungsprozesses in der Zentraleinheit, bestimmt. Muß jedoch von der externen Datenspeicherung in nenneswertem Umfang Gebrauch gemacht werden, so hängt die Ausführungszeit sehr wesentlich von der Organisationsform des Datenverarbeitungsprozesses ab. Da der Verarbeitungsprozeß während des Zugriffs auf die externen Dateien warten muß, können bei vielen peripheren Datenzugriffen Verlustzeiten entstehen, die den Ablauf des Datenverarbeitungsprozesses stark verzögern[10]). Da nicht nur die Anzahl der Zugriffe, sondern auch die Zugriffstechnik diese Wartezeit bestimmt, soll im folgenden untersucht werden, wie hier die günstigste Lösung auszuwählen ist.

Zunächst wird das Problem am Beispiel des Zugriffs auf eine Datei betrachtet; dabei ist vorausgesetzt, daß die Speichereinrichtung b e i d e Z u g r i f f s a r t e n ermöglicht. Während der wahlfreie Zugriff in jedem Fall eine dem Programmablauf angemessene Lösung bietet, muß bei sequentiellem Zugriff zugleich der Zeitaufwand für die Sortierung der Datensätze entsprechend dem Leitkriterium des Datenverarbeitungsprozesses berücksichtigt werden. Für beide Situationen ist der Zeitbedarf in Abhängigkeit von den wesentlichen Parametern der Dateiorganisation in der folgenden Abbildung 5 dargestellt.

Der Kurvenverlauf FA_0B_0 gibt tendenziell den Zeitverbrauch für die Sortierung einer Datei einschließlich der Zeit für den darauf folgenden sequentiellen Zugriff wieder. Dieser Zeitaufwand ist im wesentlichen von dem Dateivolumen, d. h. der Zahl der Datensätze und Länge der Datensätze, abhängig; auch spielt die Blokkung für den Datentransfer eine Rolle. Der angedeutete Kurvenverlauf des Sortierzeitverbrauches ist typisch für eine mit Plattenspeichern ausgerüstete Anlage mittlerer Geschwindigkeit; als Sortierprogramm wird ein vom Anlagenhersteller geliefertes Dienstprogramm des Betriebssystems benutzt. Jede Sortierung ist mit einem festen Zeitbedarf OF verbunden, der zum Laden des Programms und zur Initialisierung des Sortierablaufs benötigt wird; danach steigt die Sortierzeit unterproportional an. Die Frage, ob der Sortierzeitaufwand bei größten Datenvolumina wieder überproportional (vgl. Kurvenast B_0G) ansteigt oder ob die Tendenz durch den Ast B_0H fortgesetzt wird, läßt sich an Hand der vorliegenden Unterlagen für diese Frage nicht sicher beantworten. Es ist zweckmäßig, beide möglichen Kurvenverläufe zu betrachten, da insbesondere bei der Benutzung von Bandspeichereinrichtungen der Kurvenast B_0G den Sortierzeitbedarf richtig wiedergeben dürfte.

---

[10]) Die durchschnittlichen Zugriffszeiten bei wahlfreiem Zugriff liegen in der Größenordnung von 0,2 bis 0,05 Sekunden; sind in einem Fall 20 000 Zugriffe erforderlich, so können dadurch bereits Verlustzeiten von mehr als einer Maschinenstunde entstehen.

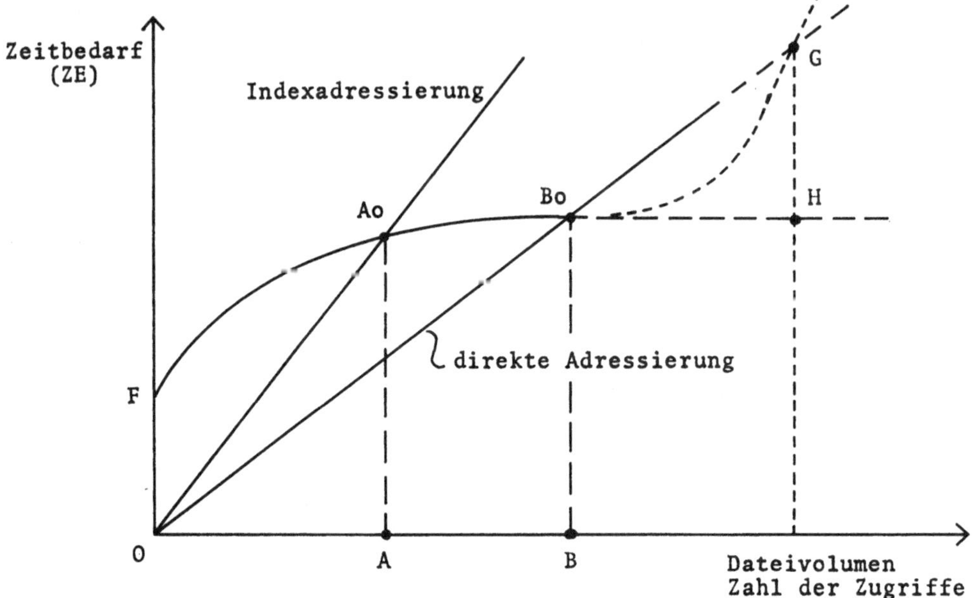

Der Zeitaufwand für den wahlfreien Datenzugriff steigt proportional mit der Zahl der Zugriffe; dabei spielt auch das Adressierverfahren eine Rolle: Bei direkter Adressierung und Kettadressierung ergibt sich tendenziell die kürzeste Zugriffszeit, während durch das Indexverfahren wegen des Adressensuchens im allgemeinen die größeren Zeitverbräuche entstehen. Die indirekte Adressierung dürfte hinsichtlich des Zeitverbrauchs zwischen den beiden Geraden OA_0 und OB_0 liegen.

Ein unmittelbarer Z e i t v e r g l e i c h zwischen sequentiellem Zugriff auf eine sortierte Datei und wahlfreiem Zugriff läßt sich ohne eine weitere Voraussetzung nicht anstellen, da zwischen dem die Sortierzeit bestimmenden Dateivolumen und der Zahl der wahlfreien Datenzugriffe kein Zusammenhang zu bestehen braucht. Die Zahl der notwendigen Datenzugriffe ist durch die Aufgabenstellung des Datenverarbeitungsprozesses und durch die programmtechnische Gestaltung vorgegeben; das Dateivolumen hat darauf keinen Einfluß. Um Vergleichsmöglichkeiten zu haben, wird jedoch unterstellt, daß jeder Satz einer Datei zugegriffen werden muß. Bei gegebener Satzlänge besteht damit zwischen der Zahl der Datenzugriffe und dem Dateivolumen ein proportionaler Zusammenhang. Nunmehr lassen sich an Hand der Abbildung 4 drei Bereiche erkennen, in denen bestimmte Organisationsformen zweckmäßig sind. Im Bereich OA ist der wahlfreie Zugriff immer günstiger als die Sortierung mit anschließendem sequentiellem Zugriff; daran schließt sich die Zone AB an, die in Abhängigkeit von dem angewandten Adressierverfahren den gleichen Zeitaufwand wie die Organisationsform mit sequentiellem Zugriff ergibt. Jenseits des Punktes B ist im Falle des Kurvenverlaufes OFH immer die sequentielle Organisation des Datenzugriffs zeitgünstiger, während für den Kurvenast B_0G bei sehr großen Datenvolumina wieder eine Grenze zu erwarten ist, von der an nur noch einer Organisationsform mit wahlfreiem Datenzugriff der Vorzug zu geben wäre.

Mit dieser Abschätzung der zeitlich günstigen Organisationsform des Datenverarbeitungsprozesses sind einige Probleme nicht berührt, die für eine endgültige Entscheidung wesentlich sind. Zunächst muß die Situation betrachtet werden, daß die Frage des sequentiellen oder wahlfreien Abrufs zugleich für mehrere Dateien zu entscheiden ist. Für den Fall, daß die Wartezeiten der Zentraleinheit sich aus der Summe der Wartezeiten für die Zugriffe zu den am Prozeß beteiligten Dateien zusammensetzt, ergibt sich die geringste Zeitbelastung dann, wenn für jede Datei isoliert das Minimum gesucht wird. Verfügt eine Rechenanlage jedoch über Kanalwerke, die unabhängig vom Rechenwerk mehrere peripher gespeicherte Dateien zugreifen können, so entsteht ein Überlappungseffekt durch Parallelarbeit, der die Summe der Wartezeiten bei geschickter Ablauforganisation des Verarbeitungsprozesses wesentlich reduzieren kann; hier läßt sich eine Zeitoptimierung nicht mehr durch isolierte Betrachtung einzelner Dateien, sondern nur unter Berücksichtigung der gegebenen Interdependenzen durchführen.

Schließlich läßt auch der Betrieb von EDV-Systemen im Multiprogramming das Problem der Wartezeiten durch peripheren Datenzugriff in einem neuen Licht erscheinen. Besteht nämlich die Möglichkeit, die mit dem Datenzugriff verursachten Pausen im Verarbeitungsprozeß durch andere Verarbeitungsprozesse zu nutzen, so läßt sich mindestens der Nachteil des Kapazitätsverlustes in der Zentraleinheit beseitigen.

<u>Eine völlig neue Situation hinsichtlich der Optimierung der Organisationsform ergibt sich aber, wenn EDV-Systeme mit mehreren Prozessoren ausgestattet sind, die unabhängig voneinander den Datentransfer ausführen und zugleich viele Verarbeitungsprozesse parallel bzw. in Zeitmultiplexbetrieb (Multiprogramming) durchführen.</u>

In diesem Fall muß zur Optimierung der Organisationsformen ein komplexes A b l a u f p l a n u n g s p r o b l e m gelöst werden, das die verschiedenen Kapazitätsrestriktionen in den einzelnen Komponenten des Systems für den Datentransfer, die Datenverknüpfung und die Steuerung des Verarbeitungsprozesses in gleicher Weise berücksichtigt. Ein Teil dieser Optimierungsaufgabe wird bei derart komplexen Hardwarekonfigurationen bereits durch die Regieverteilung des Betriebssystems abgenommen. Dadurch werden sich die Unterschiede in den Organisationsformen des Datenverarbeitungsprozesses nicht mehr so stark auf die Kapazitätsnutzung der Anlage auswirken. Trotzdem behält die oben angestellte Betrachtung im Grundsatz ihre Bedeutung: Bei der Verarbeitung großer Datenmengen ist eine Organisationsform mit sequentiellem Datenzugriff der Vorzug zu geben, für mittlere bzw. kleine Datenmengen wird eine Organisationsform mit wahlfreiem Datenzugriff die bessere Lösung sein.

Der Einsatz von EDV-Anlagen
im Planungs- und Entscheidungsprozeß
der Unternehmung

Von Prof. Dr. Herbert Jacob

Inhaltsübersicht

I. Das System der betrieblichen Planung

II. Prognoserechnungen
 1. Die Indikatorrechnung
 2. Trend-Berechnung – Exponentielle Glättung

III. Die lineare Optimierungsrechnung (Linear Programming)
 1. Programm- und Prozeßplanung
  a) Das Grundmodell
  b) Simultane Programm- und Prozeßplanung
  c) Eigenerstellung oder Fremdbezug?

 2. Mischungsprobleme

 3. Mehrperiodische Produktionsplanung

 4. Das Transportproblem

 5. Programm- und Prozeßplanung (Produktionssteuerung) bei Raffinerien

Der Nutzen elektronischer Datenverarbeitungsanlagen für die Unternehmung erschöpft sich nicht darin, Daten zu speichern und zu verarbeiten und dabei gewisse Tätigkeiten zu übernehmen, wie z. B. das Drucken von Tabellen, das Ausschreiben von Rechnungen usw., die ansonsten manuell durchgeführt werden müßten. Von besonderer und wachsender Bedeutung sind vielmehr auch jene Möglichkeiten, die diese Anlagen im Hinblick auf die betriebliche Planung und Entscheidungsvorbereitung bieten.

Der Computer vermag alle im logischen Bereich denkbaren Aufgaben zu lösen, wenn ihm in Form eines Programmes gesagt werden kann, wie er sie lösen soll. Damit allein wäre freilich noch nichts grundsätzlich Neues ins Spiel gebracht: Indem die Anlage den Weisungen des Programms folgt, vollzieht sie lediglich das nach, was der Mensch ihr „vorgedacht" hat. Immerhin ist damit der entscheidende Ansatzpunkt gegeben. Das Besondere nun, das völlig neue Möglichkeiten eröffnet, ist die ungeheure S c h n e l l i g k e i t und die – man kann fast sagen – absolute P r ä z i s i o n , mit der die Aufgaben gelöst werden. Nimmt man an, daß der Mensch für die Addition zweier einstelliger Zahlen mit Lesen der Zahlen etwa 1 Sekunde braucht, so sind die EDV-Anlagen der dritten Generation etwa 100 000 mal, die der neuen vierten Generation zwischen 2 und 16 Millionen mal schneller. Die dadurch erreichte Zeitkontraktion ist mehr als eindrucksvoll. Setzt man lediglich die untere Schnelligkeitsgrenze der EDV-Anlagen der vierten Generation voraus, so kann die Anlage in einer Stunde eine Arbeitsmenge bewältigen, für die ein Mensch bei ununterbrochener Tätigkeit (ohne Schlaf) rund 230 Jahre benötigen würde[1]).

Die Bedeutung des Einsatzes von EDV-Anlagen für die Gestaltung und Steuerung der Unternehmung liegt vor allem in dieser Zeitkontraktion. Sie eröffnet völlig neue Möglichkeiten einer rationellen Entscheidungsvorbereitung – Möglichkeiten, von denen allerdings auch heute noch nur in relativ bescheidenem Maße Gebrauch gemacht wird.

I. Das System der betrieblichen Planung

Um einen Überblick über die Einsatzmöglichkeiten elektronischer Datenverarbeitungsanlagen im Rahmen der Planung und Entscheidungsvorbereitung zu gewinnen, erscheint es ratsam, die zur Gestaltung und Steuerung eines Betriebes erforderlichen Pläne zu einem in sich geschlossenen System zusammenzufassen. Aus diesem System können dann die spezifischen Planungsaufgaben abgeleitet werden. Ausgehend von diesen Aufgaben ist zu fragen, welche Lösungsansätze existieren und welche Rolle der Einsatz elektronischer Datenverarbeitungsanlagen dabei spielt.

In Abbildung 1 ist ein P l a n u n g s s y s t e m dargestellt, wie es als repräsentativ für Produktionsbetriebe angesehen werden kann. Die kurzfristige Planung – rechts von der doppelten Trennlinie – bildet die Grundlage für die „Steuerung" des

---

[1]) Ähnlich eindrucksvolle Relationen ergeben sich beim Multiplizieren und Dividieren.

LANGFRISTIG
KURZFRISTIG
MARKTFORSCHUNG
Marktdaten
Daten der Kapitalbe-schaffung
Derzeitige und zu-künftige technische Produktionsmögl.
Kapazitäts und sonstige Restriktio-nen; Kostenlage
Finanz-situation
FINAN-ZIERUNGS-PLAN
INVESTI-TIONS-PLAN
PERSONAL-AUFBAU-PLAN
FORSCHUNG UND ENTWICKLUNG
LANGFR. WERBUNG
ABSATZPLAN
PRODUKTIONSPLAN
EINSATZPLAN "ABSATZPOLITISCHES INSTRUMENTARIUM"
PRODUKTIONS-APPARAT
PERSONAL-STAMM
NEUE ER-ZEUGNISSE
VERTRIEBS-ANALYSE
BEREITSTELLUNGSPLAN
MATERIAL
WERKZEUG
PERSONAL
EINKAUFSPLAN MATERIAL, WERKZEUG u.ä.
KURZFRISTIGER PERSONALPLAN
BESTÄNDE AUF LAGER
VERFÜGBARE ARBEITSKR.
PROZESS- UND ABLAUFPLAN
DATEN
PLÄNE
EINGEHENDE DATEN
ABFOLGE DER PLÄNE UND PLANERGEBNISSE
ERGEBNISSE DER PLAN-AUSFÜHRUNG
RÜCKKOPPLUNG
VERKAUF
FERTIGFABRIKATE-LAGER
PRODUKTION

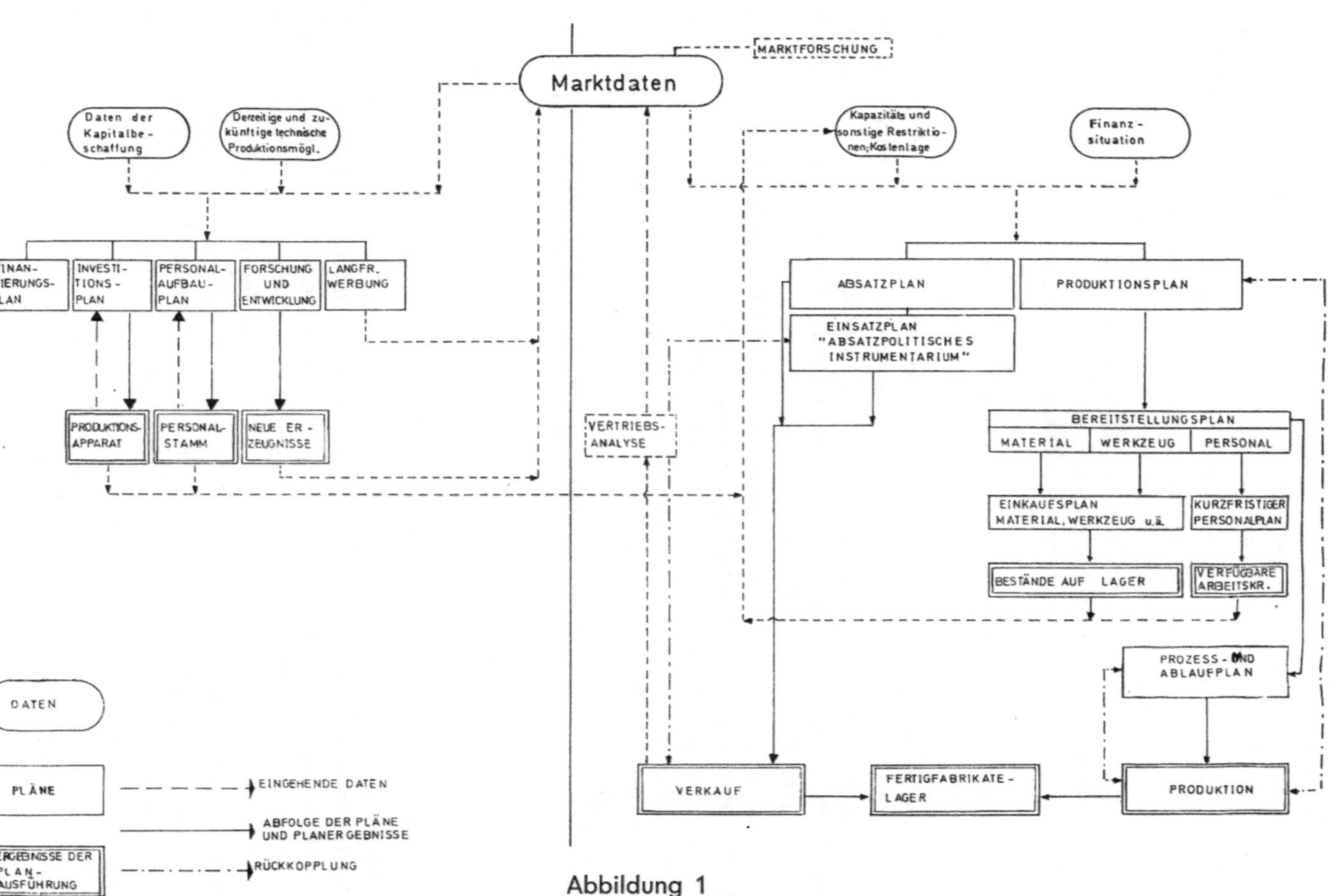

Abbildung 1

Betriebes. Produktionsapparat und Personalstamm werden dabei als Daten angesehen.

Gegenstand der langfristigen Planung ist die Gestaltung des Unternehmens, insbesondere die Gestaltung des Produktionsapparates (Planung der Sachinvestitionen) und des Personalstammes.

Ausgangspunkt sowohl der kurzfristigen als auch der langfristigen Planung sind
die Marktgegebenheiten oder Marktchancen, denen sich das Unternehmen gegenübersieht. Das Bemühen, diese Marktchancen optimal zu nutzen, und sich im Zeitablauf optimal an die Veränderungen der Marktgegebenheiten anzupassen, sind
in einer Marktwirtschaft die primären Aufgaben der Unternehmung. Diese Aufgaben müssen unabhängig von der Zielkombination, die im konkreten Falle verfolgt wird, erfüllt werden. Die Zielkombination ihrerseits bestimmt darüber, wie der
Begriff „optimal" zu interpretieren ist und wie die optimale Lösung im einzelnen
aussieht.

Die M a r k t g e g e b e n h e i t e n , die ihren Niederschlag z. B. in bestimmten
Absatzvoraussagen (Welche Erzeugnisse können unter bestimmten Bedingungen
voraussichtlich in welchen Mengen abgesetzt werden?), ferner in Aussagen über
die Reaktion der Käufer, gegebenenfalls auch der Konkurrenten, auf den Einsatz
des eigenen absatzpolitischen Instrumentariums, z. B. auf Änderungen des eigenen
Preises, finden, bilden die erste und wichtigste Gruppe von Daten, die der Planung
zugrunde zu legen sind. Sie geben die Richtung an, in die das Bemühen des Unternehmens zu gehen hat. An zweiter Stelle stehen die K o s t e n d a t e n . Bei kurzfristiger Planung, d. h. gegebenem Produktionsapparat und Personalstamm handelt es sich dabei ausschließlich um die von der Beschäftigung, d. h. den zu produzierenden Mengen abhängigen (beschäftigungsvariablen) Kosten. Für ihre Höhe
bestimmend sind

1. der vorhandene Produktionsapparat;
2. die Art und Weise, wie die Produktion durchgeführt wird (Planung und
    Organisation der Produktionsdurchführung);
3. die Preise, die z. B. für Material und Arbeit zu zahlen sind.

Weitere Datengruppen werden dann relevant, wenn sie B e s c h r ä n k u n g e n
darstellen oder darstellen könnten; d. h. wenn ein an sich auf Grund der Markt-
und Kostengegebenheiten wünschenswerter Plan wegen dieser Daten nicht verwirklicht werden kann. Im Falle der kurzfristigen Betrachtung können solche einschränkenden Einflüsse ausgehen vom Produktionsapparat (Kapazitätsgrenzen),
dem Personalstamm, der finanziellen Situation, gegebenenfalls auch von bestimmten Beschaffungsengpässen bei den Produktionsfaktoren Material und/oder Arbeit.
In der Abbildung 1 sind die bei der Planung jeweils zu berücksichtigenden Daten in
Felder mit abgerundeten Ecken eingetragen.

Aus den angegebenen Daten muß das Unternehmen nun gemäß seiner Zielsetzung
einen A b s a t z - u n d e i n e n P r o d u k t i o n s p l a n ableiten. Absatz- und
Produktionsplan sind oft nicht nur zeitlich gegeneinander verschoben, sondern
unterscheiden sich auch in der zeitlichen Aufteilung der zu produzierenden bzw.

abzusetzenden Mengen. Bei sehr starken saisonalen Absatzschwankungen wird beispielsweise die Tendenz bestehen, die zeitliche Produktionskurve durch das Zwischenschalten von Lagern zu glätten. Beim Aufstellen des Absatz- und des Produktionsplanes ist simultan über den Einsatz des absatzpolitischen Instrumentariums zu entscheiden. Damit ist die erste große Planungsaufgabe umrissen, die von Periode zu Periode neu gelöst werden muß.

> Wird ein Unternehmen in erheblichem Maße auf Grund von Bestellungen tätig, so bilden die Aufträge, die akzeptiert wurden, den Absatzplan. Der Einsatz des absatzpolitischen Instrumentariums dient hier dazu, Bestellungen anzuregen. Es sind die Aufträge auszuwählen, die im Hinblick auf die Zielsetzung des Unternehmens das optimale Absatzprogramm ergeben.

Ausgehend von dem geplanten Produktionsprogramm sind zwei Aufgaben zu lösen[2]):

1. Es sind die Materialien und Werkzeuge, auch die Menge an Faktor Arbeit (z. B. durch das Einplanen von Überstunden, die kurzfristige Einstellung von Aushilfskräften usw.) bereitzustellen, die zur Durchführung der geplanten Produktion benötigt werden.

2. Es ist die Durchführung und der Ablauf der Produktion selbst zu planen, d. h., es ist zu bestimmen, welche Produktionsfaktoren (z. B. Maschinen, Rohstoffe und Materialien usw.) in welchem Umfange verwendet werden sollen (Prozeßplanung) und wann wo auf welcher Maschine, an welchem Arbeitsplatz welches Erzeugnis zu bearbeiten ist.

Die fertiggestellten Produkte gelangen, gegebenenfalls nach entsprechenden Kontrollen, in die Fertigfabrikatelager und von dort zum Verkauf bzw. Versand. Aus dem Vergleich der effektiven Verkaufsergebnisse mit den Zahlen des Absatzplanes (V e r t r i e b s a n a l y s e) lassen sich wertvolle Schlußfolgerungen für den künftigen Einsatz des absatzpolitischen Instrumentariums ziehen. Zusammen mit der Marktforschung dient die Vertriebsanalyse der Voraussage der in den kommenden Perioden zu berücksichtigenden Marktgegebenheiten.

Eine weitere Rückkoppelung kann zwischen Produktion und Durchführungsplan, gegebenenfalls auch Produktionsplan, erforderlich werden. Abweichungen von den Planzahlen sind durch Plankorrekturen kurzfristig aufzufangen und auszugleichen.

Das Anliegen der l a n g f r i s t i g e n P l a n u n g ist die Gestaltung des Unternehmens, seine Ausstattung mit den zur Wahrnehmung der Marktchancen jeweils erforderlichen Mitteln. Sie besteht aus der I n v e s t i t i o n s p l a n u n g und der P l a n u n g d e r K a p i t a l b e s c h a f f u n g.

Der Begriff „Investition" ist in diesem Zusammenhang weit zu fassen. Es gehört dazu nicht nur die Beschaffung des Produktionsapparates und seine laufende Anpassung und Ausgestaltung, sondern ebenso die Entwicklung neuer Produkte,

---

[2]) Vgl. Gutenberg, E., Grundlagen der Betriebswirtschaftslehre. Erster Band: Die Produktion, Berlin - Heidelberg, New York 1966, S. 146 ff.
Streng genommen müßten Produktionsprogramm, Beschaffung und Produktionsablauf simultan geplant werden, da die zu berücksichtigenden Kosten oft auch von der Beschaffungs- und Lagerpolitik und der Produktionsdurchführung abhängen.

der Aufbau eines geeigneten Personalstammes und die Entwicklung eines für das Unternehmen und seine Erzeugnisse günstigen Images (langfristige Werbung, Public Relations u. a.).

Während der Investitionsplan die Verwendung der Geldmittel festlegt, wird im Finanzierungsplan bestimmt, in welchem Umfang aus welchen Quellen die erforderlichen Beträge fließen sollen. Durch die Investitionstätigkeit werden für die kurzfristige Planung neue Daten gesetzt; durch die Anschaffung neuer Anlagen werden die Kapazitätsgrenzen verschoben und die Kostenlage des Unternehmens verändert: Produktverbesserungen erhöhen die Marktchancen; die Entwicklung neuer Erzeugnisse erschließt zusätzliche Märkte usw.

<u>Die Aufgabe des Planenden besteht darin, aus den Daten des Marktes, den technischen Produktionsmöglichkeiten (einschließlich des erwarteten technischen Fortschrittes) und den Daten der Kapitalbeschaffung jeweils den Investitionsplan abzuleiten, der nach Umfang und Struktur der Zielsetzung des Unternehmens am dienlichsten ist.</u>

Die Ausführungen bezogen sich bisher auf ein Unternehmen, das über nur eine Produktionsstätte verfügt. Zusätzliche Planungsprobleme ergeben sich, wenn eine Unternehmung über mehrere Produktionsstätten mit artmäßig gleicher oder auch unterschiedlicher Ausstattung verfügt.

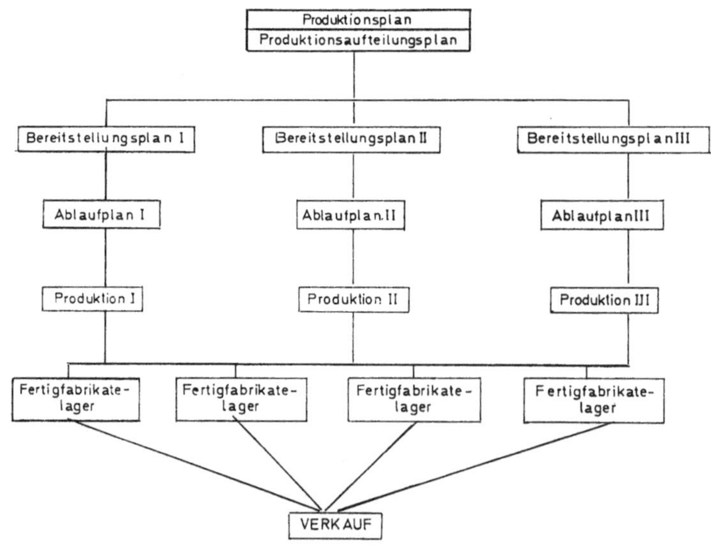

Abbildung 2

Eine solche Erweiterung ist in Abbildung 2 veranschaulicht. Es ergibt sich hier zusätzlich die Aufgabe, die Produktion auf die verfügbaren Werke optimal aufzuteilen und ferner zu bestimmen, welches Werk welche Auslieferungsläger zu beliefern hat. In der Regel sind diese beiden Fragen simultan zu lösen.

Insbesondere sind es **folgende Planungsaufgaben**, die die Anwendung geeigneter Methoden zur Auffindung der optimalen oder doch einer „guten" Lösung wünschenswert erscheinen lassen:

1. **Aufstellung des Absatz- und Produktionsplanes,** dabei Entscheidung über den Einsatz des absatzpolitischen Instrumentariums,

2. **Kostenminimale Bereitstellung der benötigten Materialien,** Werkzeuge, Ersatzteile, Arbeitskräfte u. ä.

3. **Kostenminimale Durchführung der Produktion,**

4. **Ermittlung optimaler Investitionspläne,**

5. **Optimale Aufteilung der Produktion** beim Vorhandensein mehrerer Produktionsstätten und optimale Distribution der erzeugten Mengen auf die vorhandenen Auslieferungs- und Verkaufsläger.

Zwischen den Planungsaufgaben in den genannten Bereichen können – und zwar nicht nur innerhalb eines Bereiches, sondern auch über die Bereichsgrenzen hinweg – Interdependenzen bestehen, die in bestimmten Fällen eine **Simultanplanung** und simultane Lösung **mehrerer Planungsaufgaben** notwendig machen.

Zwischen Datenerfassung und Datenverarbeitung auf der einen und der Ermittlung von optimalen oder zumindest guten Lösungen von Planungsproblemen auf der anderen Seite, bestehen enge Verflechtungen: Zur Lösung eines Planungsproblems bedarf es der Erfassung und Bereitstellung entsprechender Daten. Es liegt darum nahe, die Methoden, die optimale oder gute Lösungen ermöglichen, in ein umfassendes **Management-Informationssystem (MIS)** einzubetten[3]).

Das MIS liefert automatisch die erforderlichen Eingangsdaten und verarbeitet ebenso automatisch die Ausgangswerte zu entsprechenden Steueranweisungen.

Durch eine solche Integration könnte die Anwendung der im folgenden näher zu beschreibenden Methode zu einem festen Bestandteil der Entscheidungsvorbereitung und Planung in der Unternehmung gemacht werden. Die Vorteile gegenüber einer sporadischen, fallweisen Anwendung liegen auf der Hand.

Es ist nun zu untersuchen, welche Methoden zur Bewältigung der aufgezeigten Planungsaufgaben verfügbar sind und, den Einsatz elektronischer Datenverarbeitungsanlagen unterstellt, in erträglicher Zeit eine Lösung des Problems erbringen.

II. Prognoserechnungen

Auf der Schwelle zwischen Datenverarbeitung und Entscheidungsrechnung liegen die Prognoseverfahren. Sie dienen dazu, den zukünftigen Wert einer Größe, z. B. die Höhe des Absatzes eines bestimmten Erzeugnisses in der (den) kommenden Periode(n) zu berechnen. Im folgenden seien die beiden wichtigsten Verfahren dieser Art, die **Indikatorrechnung** (multivariable Prognose) und die **Trendberechnung** (univariable Prognose) vorgestellt.

---

[3]) Vgl. hierzu M. P. Wahl, Grundlagen eines Management-Informationssystems, Neuwied und Berlin 1969, insbes. S. 13 ff.: G. Bindels, Die Methoden des Operations-Research (OR) und ihre Bedeutung innerhalb eines industriellen Informationssystems, in „information 44", 1969, S. 2 ff.

1. Die Indikatorrechnung

Bei der multivariablen Prognoserechnung wird angenommen, daß zwischen dem Absatzvolumen einer Branche oder auch eines Unternehmens und bestimmten quantifizierbaren Einflußgrößen, den Indikatoren, eindeutige, relativ enge Beziehungen bestehen. Die Indikatoren gehören anderen wirtschaftlichen Bereichen an; ihre Veränderung geht entweder der Veränderung des Absatzvolumens des betrachteten Unternehmens oder auch der betrachteten Branche zeitlich voraus, ist also bei Durchführung der Prognoserechnung bereits bekannt, oder läßt sich leichter und sicherer schätzen als die zu prognostizierende Größe selbst[4]).

Lassen sich Indikatoren finden, so besteht mithin die Beziehung

$$(1) \qquad\qquad X = f(I_1, I_2, \ldots, I_n)$$

Dabei ist X die zu prognostizierende Größe, I_1 bis I_n die relevanten Werte der Einflußgrößen (Indikatoren). Die Aufgabe besteht nun darin, die zwischen X und I_1, I_2 ..., I_n bestehenden funktionalen Beziehungen herauszufinden. Ist die Funktion f bekannt, so brauchen lediglich die Werte der Indikatoren in die Funktion eingesetzt zu werden, um den Wert von X zu erhalten.

Die Funktion f ist aus Meßwerten der Vergangenheit abzuleiten. Dies kann z. B. mit Hilfe der Regressionsanalyse geschehen[5]). Üblicherweise wird unterstellt, daß die zu prognostizierende Größe X eine lineare Funktion der Indikatoren I_1 bis I_n ist, also

$$(2) \qquad\qquad X = a_0 + a_1 I_1 + a_2 I_2 + \ldots + a_n I_n \,[6]).$$

Die Koeffizienten a_0, a_1, ..., a_n sind nun so zu bestimmen, daß die Summe aus den Quadraten der Differenzen zwischen den in der Vergangenheit festgestellten, d. h. den tatsächlich eingetretenen Werten von X und den jeweils zugehörigen aus der Gleichung (2) sich ergebenden Werten, zu einem Minimum wird[7]).

Die R e g r e s s i o n s a n a l y s e erfordert einen verhältnismäßig hohen Rechenaufwand. Im Falle eines Indikators und n Meßwerten, aus denen die Koeffizienten der Geraden abzuleiten sind, fallen allein 3 n Multiplikationen und 5 n Additionen an, bevor die Formeln für die Koeffizienten angesetzt werden können. Um herauszufinden, welche Indikatoren für eine konkrete Prognoseaufgabe überhaupt in Frage kommen, ferner welche Zeitverschiebung jeweils die günstigste ist, bedarf es einer ganzen Reihe von Proberechnungen und Tests im Hinblick auf die Güte der Korrelation, bevor die gesuchte, für die gestellte Prognoseaufgabe geeignetste

---

[4]) Indikatoren können z. B. das Volkseinkommen oder das verfügbare Einkommen der privaten Haushalte sein. Die Anzahl der Baugenehmigungen für Private ist ein Indikator für den Absatz von Kücheneinrichtungen, Herden, Badeöfen, Polstermöbel usw. Zwischen der Erteilung der Baugenemigung und dem Auftreten ihrer Absatzwirksamkeit liegen im allgemeinen 6 bis 12 Monate. Der im konkreten Falle relevante Zeitraum ist durch Versuchsrechnungen herauszufinden.

[5]) Ein zweiter Weg führt über die lineare Optimierungsrechnung.

[6]) Durch diesen Ansatz werden auch nichtlineare Abhängigkeiten erfaßt. Angenommen, zwischen der Größe X und dem Indikator I_1 bestünde die Abhängigkeit $X = a_0 + a_{11} I_1 + a_{12} I_1^2$; hier kann für I_1^2 die neue Variable I_{12} eingeführt werden.

[7]) Statt der Bedingung, daß die Summe der quadradrierten Differenzen zu einem Minimum werden sollen, können auch andere Kriterien zur Bestimmung der Koeffizienten der Regressionsfunktion herangezogen werden, z. B. die Bedingung, daß die Summe der Abstände (ohne Berücksichtigung des Vorzeichens) zwischen den eingetretenen und den sich aus der Gleichung ergebenden X-Werten am kleinsten wird. Zur Lösung ist hier die lineare Optimierungsrechnung heranzuziehen. Mit ihrer Hilfe lassen sich die dieser Bedingung genügenden Koeffizienten errechnen.

Regressionsfunktion gefunden ist[8]). Diese Rechnungen sind außerhalb des Gesamtplanungssystems von Fall zu Fall durchzuführen.

Ist die Funktion bekannt, so kann die Prognose laufend relativ einfach vorgenommen werden. Die Funktion ist an Hand der Prognosewerte und der später tatsächlich eingetretenen Größen laufend zu überprüfen, gegebenenfalls zu korrigieren.

2. Trend-Berechnung-Exponentielle Glättung

Der gewünschte Prognosewert wird hier aus den Vergangenheitswerten der gleichen Größe abgeleitet: Aus den in der Vergangenheit realisierten Absatzzahlen beispielsweise wird versucht, den in der kommenden Periode zu erwartenden Absatz herzuleiten.

Die Aufgabe besteht also darin, die in den Vergangenheitswerten sichtbar werdenden Entwicklungstendenzen zu erkennen und in geeigneter Weise zu extrapolieren. Dies kann in einfachster Form mit Hilfe der Trendberechnung erreicht werden. Im Grunde genommen handelt es sich dabei um eine sehr einfache Regressionsanalyse: Es wird lediglich e i n e unabhängige Variable als für die Entwicklung ausschlaggebend angesehen; diese Variable ist die Zeit. Wird ein linearer Trend unterstellt, so lautet der Ansatz

$$X_t = a_0 + a_1 t$$

Aus den Meßwerten der Vergangenheit sind die Koeffizienten a_0 und a_1 zu bestimmen[9]). Der Nachteil der Trendrechnung liegt darin, daß Veränderungen in der Zusammensetzung und Stärke der die Entwicklung bislang beeinflussenden Kräfte nicht rechtzeitig erkannt werden können.

Hierzu ein **Beispiel:**

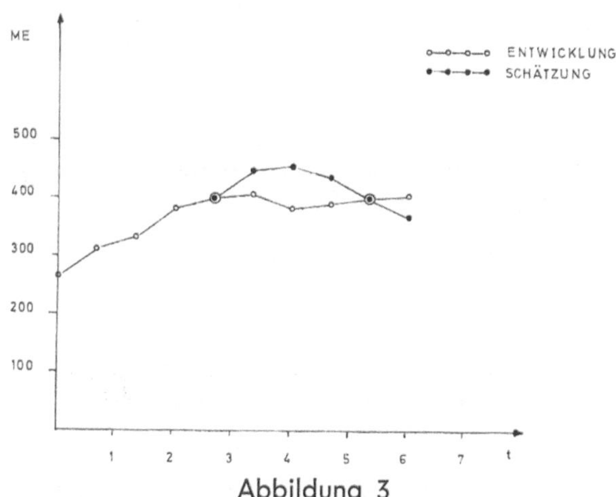

Abbildung 3

---

[8]) Zur Anwendung der Regressons- und Korrelationsanalyse siehe H. Jacob, Der Absatz, S. 300 ff. in Allgemeine Betriebswirtschaftslehre in programmierter Form", Wiesbaden 1969.

[9]) Muß z. B. damit gerechnet werden, daß die den Anstieg bestimmenden Kräfte allmählich schwächer werden (z. B. allmähliche Marktsättigung), so kann statt der linearen eine quadratische oder auch andere funktionale Beziehung zwischen X und t gewählt werden.

In der Abbildung 3 wird auf der Abszissenachse die Zeit, auf der Ordinatenachse der Absatz gemessen.

Die eingezeichneten kleinen Kreise geben die Absatzentwicklung (tatsächliche Absatzwerte) im Zeitraum $t = 0$ bis $t = 11$ wieder. Das Unternehmen möge versucht haben, vom Zeitpunkt $t = 5$ an den Absatz der jeweils folgenden Periode mit Hilfe eines linearen Trendes, abgeleitet aus den Absatzzahlen der jeweils letzten fünf Perioden, vorauszusagen. Im Zeitpunkt $t = 5$ ist nach dieser Methode ein Absatz in Höhe von 400 Einheiten (umrandeter Punkt) prognostiziert worden; Prognose und tatsächlicher Absatz stimmten überein. Vom Zeitpunkt 5 an traten relevante Änderungen der die Absatzentwicklung bestimmenden Kräfte auf. Der Absatz stagnierte auf dem im Zeitpunkt 5 erreichten Niveau. Die Trendprognose führte demgegenüber aber noch bis einschließlich des Zeitpunktes 8 zu überhöhten Werten, die die neue Entwicklungsrichtung nur mit erheblicher Verzögerung erkennen ließen. Erst vom Zeitpunkt 9 an ergaben sich wieder befriedigende Prognosewerte.

Das Beispiel zeigt, daß jede Tendenzänderung bei Anwendung des Verfahrens der T r e n d e x t r a p o l a t i o n zunächst notwendigerweise falsche, weil zu stark noch in die alte Richtung gehende, Voraussagewerte zur Folge hat.

Das Bemühen, hier Abhilfe zu schaffen, führte zu den Verfahren der e x p o n e n t i e l l e n G l ä t t u n g (exponential smoothing). Der zugrundeliegende Gedanke ist folgender: Auf der einen Seite müssen jeder Trendberechnung, um einen befriedigenden Ausgleich der Zufallsschwankungen zu erreichen, die Werte einer Reihe zurückliegender Perioden zugrunde gelegt werden. Auf der anderen Seite sollen eingetretene Tendenzänderungen möglichst rasch auch in den prognostizierten Werten zum Ausdruck kommen.

Die Schlußfolgerung, die daraus zu ziehen ist, liegt auf der Hand: Den zuletzt gemessenen Werten ist ein größeres Gewicht beizulegen als den in der ferneren Vergangenheit registrierten. Die Gewichtung ist so zu wählen, daß ein „automatisches Weiterrücken" gewährleistet ist, d. h. das Gewicht eines Vergangenheitswertes muß von Periode zu Periode abnehmen, bis sein Einfluß schließlich Null wird.

Wesentliche Bausteine der Verfahren der exponentiellen Glättung sind M i t t e l - w e r t e ($\bar{X}_t$), die so konstruiert sind, daß sie den soeben geschilderten Überlegungen Rechnung tragen. Es gilt die Formel

$$(3) \quad \bar{X}_t = \alpha \cdot x_t + \alpha(1-\alpha)x_{t-1} + \alpha(1-\alpha)^2 x_{t-2} + \ldots = \alpha \sum_{i=0}^{\infty} (1-\alpha)^i x_{t-i}{}^{10)}$$

$$\text{mit } 0 < \alpha < 1$$

---

[10] Bis zu einer bestimmten Periode – sie sei hier mit „eins" bezeichnet – müssen die (weiter zurückliegenden) Werte geschätzt werden, da, wie angenommen sei, für diese weit in der Vergangenheit liegenden Werte keine Messungen vorliegen. Die Summe der Gleichung (3) kann entsprechend aufgespalten werden:

$$\alpha \sum_{i=0}^{\infty} (1-\alpha)^i x_{t-i} = \alpha \sum_{i=0}^{t-i} (1-\alpha)^i x_{t-i} + \alpha \sum_{i=t}^{\infty} (1-\alpha)^i x_{t-i}$$

Es liegt nahe, für die zu schätzenden Werte $x_0, x_{-1}, \ldots, x_{-\infty}$ jeweils die gleiche Größe – sie sei $\bar{X}_0$ genannt – zu wählen. Für die zweite Teilsumme läßt sich dann gemäß der Summenformel für eine unendliche geometrische Reihe schreiben:

$$\alpha \sum_{i=t}^{\infty} (1-\alpha)^i x_{t-i} = (1-\alpha)\, \bar{X}_0$$

und es gilt:

$$\bar{X}_t \quad \alpha \sum^{t-i} (1-\alpha)^i x_{t-i} + (1-\alpha)\, \bar{X}_0$$

Für $t = 1$ entspricht dieser Ausdruck der Gleichung (4).

t ist der Index der letzten Periode; x_t, x_{t-1}, ... die in den entsprechenden Perioden effektiv eingetretenen Werte (z. B. Absatzzahlen).

$\overline{X}_t$ läßt sich sehr leicht aus dem Meßwert der Periode, nämlich x_t und dem vorhergehenden Mittelwert $\overline{X}_{t-1}$ berechnen.

Aus $\overline{X}_t = \alpha \cdot x_t + \alpha(1-\alpha)x_{t-1} + \alpha(1-\alpha)^2 x_{t-2} + \ldots =$

$$= \alpha \cdot x_t + (1-\alpha) \underbrace{\sum_{i-1}^{\infty} (1-\alpha)^{i-1} x_{t-i}}_{= \overline{X}_{t-1}}$$

folgt

(4) $$\overline{X}_t = \alpha x_t + (1-\alpha)\, \overline{X}_{t-1} \qquad \text{für } t \geq 1$$

Formel (4) läßt die Wirkung von α gut erkennen. Je größer α gewählt wird, um so stärker reagiert der Prognosewert $\overline{X}_t$ auf Zufallseinflüsse, denen der Meßwert x_t unterliegt, um so schneller und besser paßt er sich gleichzeitig aber auch Tendenzänderungen an. Der wichtigen Wahl von α kommt mithin in einer konkreten Situation erhebliche Bedeutung zu. Am gebräuchlichsten sind Werte zwischen 0,1 und 0,4.

Statt des Mittelwerts erster Ordnung, wie er sich aus Gleichung (3) oder aus Gleichung (4) ergibt, kann in gleicher Weise ein Mittelwert zweiter Ordnung ($\overline{\overline{X}}_t$) abgeleitet werden. An die Stelle der einfachen Meßwerte treten in diesem Falle die jeweils für die Perioden t, t-1 usw. nach Gleichung (3) errechneten Mittlwerte $\overline{X}_t$, $\overline{X}_{t-1}$ usw.

Das Verfahren der exponentiellen Glättung e r s t e r   O r d n u n g verwendet den Mittelwert $\overline{X}_t$ d i r e k t als Prognosewert. Dabei ist jedoch zu beachten, daß in einem solchen Mittelwert, trotz seiner besonderen Konstruktion, positive oder auch negative Entwicklungstrends nur unvollständig zum Ausdruck kommen: $\overline{X}_t$ wird stets hinter einem Prognosewert, ermittelt unter Beachtung der jeweiligen Entwicklungsrichtung, herhinken.

Geeigneter für Prognosezwecke erscheint darum das Verfahren der exponentiellen Glättung z w e i t e r   O r d n u n g (Double Smoothing). Der Prognosewert P_{t+1} für die Periode $(t+1)$ wird hier aus den Mittelwerten erster und zweiter Ordnung nach der Formel

(5) $$P_{t+1} = 2\,\overline{X}_t - \overline{\overline{X}}_{t-1}$$

errechnet[11]).

Dabei ergibt sich $\overline{X}_t$ fortschreitend aus der Gleichung (4) und $\overline{X}_{t-1}$ aus der entsprechenden Gleichung auf der nächst höheren Ebene

(6) $$\overline{\overline{X}}_{t-1} = \alpha \overline{X}_{t-1} + (1-\alpha)\, \overline{\overline{X}}_{t-2}$$

[11]) Auf die Ableitung dieser Formel aus den oben geschilderten Überlegungen (fortlaufend schwächere Gewichtung der Vergangenheitswerte) und der Annahme eines linearen Trendes sei hier verzichtet. Vgl. dazu insbesondere R. G. Brown, Statistical Forecasting for Inventory Control, New York 1959, S. 65 ff.; R. G. Brown, Smoothing, Forecasting and Prediction, New York 1963; E. S. Buffa, Production-Inventory Systems, Homewood Ill. 1968, S. 39 ff.; K. H. Wiese, Exponential Smoothing, eine Methode der statistischen Bedarfsvorhersage, in: IBM Fachbibliothek 1968; G. Matt, Bestimmung statistisch gewichteter Koeffizienten bei exponentieller Ausgleichung, in: Unternehmensforschung, Bd. 10 (1966), Heft 1, S. 17 ff.

In dem Prognosewert P_{t+1} ist neben den eingangs dargestellten Überlegungen auch der jeweilige Entwicklungstrend (linear) berücksichtigt.

Ein nicht zu unterschätzender V o r t e i l, den die Methoden der exponentiellen Glättung bieten, ist in ihrer sehr einfachen Handhabung zu sehen. Wie aus Formel (5) in Verbindung mit (3) und (6) hervorgeht, bedarf es nur weniger Werte, die jeweils gespeichert werden müssen, um P_{t+1} ausrechnen zu können; auch der Rechenaufwand ist gering.

Die in diesem Abschnitt beschriebenen Verfahren sind so einfach, daß sie ohne besondere Hilfsmittel angewendet werden können. Der Einsatz von EDV-Anlagen empfiehlt sich jedoch dort, wo die Absatzentwicklung zahlreicher Produkte laufend prognostiziert und überwacht werden soll. Der gesamte Prozeß läßt sich dann automatisieren und in die Gesamtplanung integrieren. Zeigt der laufend automatisch vorgenommene Vergleich zwischen den Prognosewerten der Vorperioden und den effektiven Verkaufszahlen (vgl. Abbildung 1 „Vertriebsanalyse") eine befriedigende Übereinstimmung, so kann die nächstfällige Prognosezahl automatisch in den Planungsprozeß eingesteuert werden. Überschreiten die Abweichungen hingegen bestimmte vorgegebene Grenzen, so lassen sich für die betreffenden Produkte beizeiten Warnsignale ausgeben als Hinweis darauf, daß exzeptionelle Veränderungen auf den betreffenden Märkten eingetreten sind, die ein Eingreifen der Geschäftsleitung erforderlich machen.

III. Die lineare Optimierungsrechnung (Linear Programming)

Als ein außerordentlich vielseitiges und wirkungsvolles Instrument zur Lösung betrieblicher Planungsprobleme hat sich das V e r f a h r e n d e r l i n e a r e n O p t i m i e r u n g erwiesen. Mit Hilfe des mathematischen Modells, das dieser Methode zugrunde liegt, lassen sich eine Vielzahl praktischer Planungsprobleme mit hinreichender Genauigkeit darstellen und lösen.

<u>Formal geht es bei dem Verfahren der Linearoptimierung darum, eine Funktion, die sogenannte Zielfunktion, zu maximieren oder zu minimieren, wobei eine Reihe von Nebenbedingungen einzuhalten ist.</u>

Die Z i e l f u n k t i o n zeigt an, von welchen Faktoren die Z i e l g r ö ß e (z. B. Gewinn, Umsatz, Kosten) abhängt. Sie lassen sich unterteilen in solche, deren Größe von der planenden Stelle nicht beeinflußt werden kann, die also Gegebenheiten (D a t e n) darstellen, die hingenommen werden müssen, und jene, über deren Höhe die Unternehmensleitung – zumindest innerhalb bestimmter Grenzen – selbst entscheiden kann; sie heißen V a r i a b l e. Die Zielfunktion bringt zum Ausdruck, welche Beziehungen zwischen der Zielgröße auf der einen und den relevanten Daten und Variablen des Problems auf der anderen Seite bestehen. Die Werte der Variablen sind nun so zu bestimmen, daß die Zielgröße je nach Aufgabenstellung entweder m a x i m i e r t oder m i n i m i e r t wird. Dabei ist darauf zu achten, daß die Lösung einer Reihe von Nebenbedingungen oder Restriktionen genügt, die aus der gebebenen Planungssituation folgen und durch entsprechende Gleichungen und/oder Ungleichungen dargestellt werden.

Charakteristisch für die Linearoptimierung ist, daß sowohl die Zielfunktion als auch die Restriktionen die Variablen lediglich in der ersten Potenz enthalten dürfen. Damit sind der Anwendbarkeit dieser Methode bestimmte G r e n z e n gesetzt; jedoch sollte die Forderung nach Linearität auch nicht überbewertet werden: in vielen Fällen lassen sich nichtlineare Funktionen (z. B. Umsatz- oder Kostenfunktionen) linearisieren, indem man die ursprüngliche Funktion durch einen Polygonzug ersetzt.

Es ist hier nicht der Ort, den mathematischen Lösungsweg der linearen Optimierungsrechnung darzustellen. Dazu kann auf die sehr reichhaltige Literatur verwiesen werden[12]).

Hier sei lediglich vermerkt, daß die zur Lösung eines solchen Problems erforderlichen Rechenschritte zwar über den Bereich der Grundrechnungsarten Addition, Subtraktion, Multiplikation und Division nicht hinausgehen, ihr Umfang aber schon für relativ kleine Probleme so groß wird, daß eine manuelle Behandlung ausgeschlossen ist. Um eine Aufgabe zu lösen, die 100 Variable und fünfzig Nebenbedingungen umfaßt, müssen bei rd. 75 Iterationen und einer Datendichte von 10 % etwa 120 000 Additionen, bzw. Subtraktionen, 120 000 Multiplikationen und 2000 Divisionen vorgenommen werden[13]).

Während die Bewältigung einer solchen Aufgabe in angemessener Zeit manuell unmöglich ist, braucht ein Computer der dritten Generation dafür weniger als 2 Minuten.

Im folgenden seien nun einige typische Planungsprobleme dargestellt, die sich mit Hilfe der linearen Optimierung lösen lassen.

1. Programm- und Prozeßplanung

a) Das Grundmodell

Eine sehr wichtige, charakteristische Planungsaufgabe für ein Unternehmen, das sich in eine Marktwirtschaft einzuordnen hat, ist die, aus den Marktdaten unter Beachtung der übrigen relevanten Gegebenheiten den optimalen Absatz- und Produktionsplan der kommenden Periode abzuleiten. (Im folgenden sei zunächst angenommen, daß Absatz- und Produktionsplan übereinstimmen). Im Rahmen der kurzfristigen Planung (vgl. Abb. 1) ist festzulegen, welche Erzeugnisse in welchen Mengen in der nächsten Periode, z. B. im nächsten Monat oder nächsten Vierteljahr hergestellt werden sollen.

Es sei ein Unternehmen betrachtet, das nicht auf Grund von Bestellungen bestimmter Kunden, sondern allgemein für den Markt produziert. Der Produktionsplan ist

[12]) Beckmann, M. J., Lineare Planungsrechnung, Ludwigshafen 1959; Vazsonyi, A., Die Planungsrechnung in Wirtschaft und Industrie, Wien und München 1962; Krekó, E., Lehrbuch der linearen Optimierung, Berlin 1968; Dantzig, G. B., Lineare Programmierung und Erweiterungen, Berlin und Heidelberg 1966; Joksch, H. C., Lineares Programmieren, 2. Aufl., Tübingen 1965; Karrenberg, R. und A. W. Scheer, Lineare Programmierung als Hilfsmittel bei Planungsentscheidungen, in: Schriften zur Unternehmensführung, Bd. 5 und 6/7, Wiesbaden 1968, Krelle, W., H. P. Künzi, Lineare Programmierung, Zürich 1958; Müller-Merbach, H., Operations Research, Berlin-Ffm., 1969; Dorfman, R., Solow, R. M., Samuelson, A. S., Linear Programming and Economic Analysis, New York - Toronto - London 1958.
[13]) Die Rechnung vollzieht sich in der Weise, daß, mit einer u. U. nicht zulässigen Ausgangslösung beginnend, das Verfahren zu einer besseren Lösung fortschreitet und dies so lange tut, bis die optimale Lösung gefunden ist. Der Übergang von einer Lösung zur nächsten bildet eine Iteration.

so zu bestimmen, daß das Unternehmen die gegebenen Marktchancen mit den ihm verfügbaren produktiven Möglichkeiten möglichst gut nutzt, d. h. einen maximalen Gewinn erzielt.

Der Produktionsapparat setze sich aus m (z. B. m = 8) verschiedenen Anlagen, Aggregaten zusammen. Damit könnten n (z. B. n = 20) verschiedene Erzeugnisse hergestellt werden. Jedes Erzeugnis muß, bevor es fertiggestellt ist, auf mehreren Aggregaten bearbeitet werden. Die variablen Kosten pro Stück, die sich zusammensetzen aus den Materialkosten und den Bearbeitungskosten in den durchlaufenen Abteilungen, seien bekannt, ferner die erforderlichen Bearbeitungszeiten. Wieviel von den einzelnen Erzeugnissen in der Planperiode abgesetzt werden könnte, lasse sich mit hinreichender Sicherheit schätzen. Diese Absatzgrenzen seien mit M_1, M_2, . . ., M_{20} bezeichnet.

Z i e l g r ö ß e ist der Gewinn in der Planungsperiode, der m a x i m i e r t werden soll. An D a t e n müssen beachtet werden:
Für alle herstellbaren Erzeugnisse

1. Die Verkaufspreise (p_j; mit j = 1, 2, . . ., n);

2. die variablen Kosten pro Stück (k_j);

3. die zeitliche Inanspruchnahme der jeweils betroffenen Aggregate pro Stück eines Erzeugnisses (a_{ij}; mit i = 1, 2, . . ., m und j = 1, 2, . . ., n);

ferner

4. die verfügbaren Kapazitäten der Aggregate C_1, C_2, . . . C_n und

5. die vom Markt gegebenen Absatzgrenzen M_j.

Die V a r i a b l e n des Problems sind die herzustellenden Mengen (x_j):

Welche Erzeugnisse sollen in welchen Mengen produziert werden?

Die Beziehungen zwischen dem Bruttogewinn (G) — Gewinn vor Abzug der fixen Kosten, die für die Lösung irrelevant sind — und den Variablen und relevanten Daten gibt die Z i e l f u n k t i o n (7) wieder. Sie lautet:

$$(7) \qquad G = (p_1 - k_1)x_1 + \ldots + (p_n - k_n)x_n \rightarrow \text{max!}$$

Dafür, daß die verfügbaren Kapazitäten nicht überschritten werden, sorgen die folgenden K a p a z i t ä t s b e d i n g u n g e n :

$$(8) \qquad a_{11}x_1 + a_{12}x_2 + \ldots + a_{1n}x_n \leq C_1$$
$$\vdots \qquad\qquad\qquad \vdots$$
$$a_{m1}x_1 + a_{m2}x_2 + \ldots + a_{mn}x_n \leq C_m$$

Schließlich sind noch die M a r k t g r e n z e n zu beachten:

$$(9) \qquad x_1 \leq M_1; \ x_2 \leq M_2; \ \ldots; \ x_n \leq M_n.$$

Die Planungsaufgabe ist damit in eine Form gebracht, die die Anwendung bestimmter Lösungsverfahren der linearen Optimierung, z. B. der S i m p l e x - M e t h o d e, erlaubt. So einfach das hier geschilderte Problem seiner Struktur nach noch ist, so läßt es sich doch nur mit Hilfe der linearen Optimierung lösen. Intuitives Abwägen dürfte kaum zum Optimum führen.

b) Simultane Programm- u n d Prozeßplanung

Das soeben dargestellte Grundmodell läßt sich in mannigfacher Weise erweitern und ausbauen. Sehr oft ist die Produktionsdurchführung technisch nicht eindeutig festgelegt. Es gibt mehrere Wege, um zum gleichen Produktionsergebnis zu gelangen. Jeder dieser Wege verursacht unterschiedliche Kosten. Es stellt sich hier zusätzlich die Aufgabe, die im Hinblick auf die Zielgröße Gewinn günstigsten Produktionsmöglichkeiten zu wählen.

Hierzu ein **Beispiel:**

In der oben geschilderten Situation sei die Möglichkeit gegeben,

a) in gewissem Umfange Überstunden einzulegen. Damit ist zwar ein Steigen der Kosten, gleichzeitig aber auch eine Ausweitung der Kapazität verbunden;

b) bestimmte Aggregate mit unterschiedlicher Intensität zu fahren, d. h. die Ausbringung pro Zeiteinheit kann innerhalb gewisser Grenzen variiert werden. Mit steigender Intensität werden von einem bestimmten Punkt an auch die variablen Stückkosten steigen. Dennoch kann es für das Unternehmen bei entsprechenden Absatzmöglichkeiten günstiger sein, trotz der damit verbundenen höheren Kosten höhere Intensitäten zu wählen, um mehr ausbringen zu können;

c) bestimmte Arbeitsgänge auf artverschiedenen Aggregaten durchzuführen. Unter Umständen können auch unterschiedliche technologische Verfahren für die gleiche produktive Aufgabe eingesetzt werden. Je nach Wahl werden diese oder jene Aggregate stärker belastet; ferner sind die jeweils entstehenden Kosten unterschiedlich hoch.

Da es sich auch hier nach wie vor um ein Problem handelt, das mit Hilfe einer linearen Zielfunktion und linearen Nebenbedingungen ausgedrückt werden kann, lassen sich die optimalen Werte der Variablen mit Hilfe der Linearoptimierung ermitteln. Die Lösung gibt Antwort auf die f o l g e n d e n F r a g e n :

1. Welche Erzeugnisse sollen in welchen Mengen hergestellt werden?

2. In welchem Umfange soll in der Planperiode von der Möglichkeit, Überstunden zu fahren, Gebrauch gemacht werden?

3. Mit welchen Intensitäten und jeweils wie lange sind die verschiedenen Aggregate zu fahren?

4. Welche Arbeiten sind welchen Aggregaten zuzuordnen?

Liegt aus irgendwelchen Gründen das Produktionsprogramm bereits fest, so kann das Modell als Kostenminimierungsmodell formuliert werden und wird dann Antwort auf die Fragen 2 bis 4 geben.

c) Eigenerstellung oder Fremdbezug?

Auch der für zahlreiche Firmen bedeutsame Fragenkomplex, ob und in welchem Umfange Produktionsaufgaben an Fremde vergeben werden sollen, das Problem „Eigen- oder Fremdfertigung" also, läßt sich in gleicher Weise behandeln; denn Fremdfertigung stellt letztlich nichts anderes dar als eine weitere Möglichkeit der Produktionsdurchführung. Angenommen, das in Beispiel 1 betrachtete Unternehmen könne seinen Erzeugnissen, statt sie alle selbst zu fertigen, zum Teil auch von anderen Unternehmen kaufen. Es ist die Frage zu beantworten, bei welchen Erzeugnissen in welchem Umfange von der Möglichkeit des Fremdbezugs Gebrauch gemacht werden soll. Im übrigen seien die gleichen Daten zu berücksichtigen. Die Zielfunktion lautet jetzt:

$$(10) \quad G = (p_1-k_1)x_1 + \ldots + (p_n-k_n)x_n + y_1(p_1-q_1) + y_2(p_2-q_2) + \ldots$$
$$+ y_n(p_n-q_n) \to \text{min!}$$

wobei y_1 bis y_n die zu kaufenden Mengen der Erzeugnisse 1 bis n und q_1 bis q_n die Einstandspreise bedeuten.

Der Unterschied zur Zielfunktion (7) des Beispiels 1 besteht lediglich darin, daß die zusätzlichen Variablen y_1 bis y_n auftreten.

2. Mischungsprobleme

Eine besondere Gruppe von Planungsaufgaben, die mit Hilfe der linearen Programmierung gelöst werden können, bilden die sog. Mischungsprobleme. Sie gehören in den Sektor Prozeßplanung. Auch dazu ein **Beispiel:**

Um ein Kraftfutter mit bestimmten Eigenschaften zu erhalten, können verschiedene Rohstoffe in verschiedener Weise gemischt werden. Die Frage lautet:

<u>Welche Mengen welcher Rohstoffe sind zu mischen, damit das gewünschte Kraftfutter möglichst kostengünstig erzeugt wird?</u>

Es handelt sich um eine Kostenminimierungsaufgabe. Die Höhe der Kosten hängt davon ab, welche Rohstoffe ($R_1, \ldots, R_n$) in welchen Mengen ($r_1, \ldots, r_n$) verwendet werden. Pro Einheit mögen die Rohstoffe beziehentlich $q_1, \ldots, q_n$ Geldeinheiten kosten. Die Zielfunktion lautet dann:

$$(11) \qquad\qquad K = q_1 \cdot r_1 + \ldots + q_n r_n = \text{min!}$$

Das Kraftfutter muß gewissen Anforderungen genügen, z. B. eine Mindestmenge an Eiweiß, an bestimmten Vitaminen usw. enthalten. Jeder Rohstoff trägt dazu bei. Pro Einheit des Rohstoffes R_1 beispielsweise mögen a_{11} Einheiten der Anforderungsart 1 (z. B. Eiweiß) enthalten sein usw. Dann müssen, bezogen auf eine bestimmte Menge (M) des Kraftfutters bei m Anforderungsarten folgende Bedingungen erfüllt sein:

$$(12a) \qquad\qquad a_{11}r_1 + a_{12}r_2 + \ldots + a_{1n}r_n \geq A_1$$
$$\cdot \qquad\qquad \cdot$$
$$\cdot \qquad\qquad \cdot$$
$$\cdot \qquad\qquad \cdot$$
$$a_{m1}r_1 + a_{m2}r_2 + \ldots + a_{mn}r_n \geq A_m \quad \text{und}$$

(12b) $$r_1 + r_2 + \ldots + r_n = m$$

Jeder der Gleichungen (12a) bringt für eine bestimmte Anforderungsart zum Ausdruck, daß die Beiträge der einzelnen Rohstoffe zusammengenommen mindestens der Anforderung an das Kraftfutter entsprechen müssen.

Es ist leicht zu erkennen, daß die formale Struktur auch dieses Problems mit der Struktur der durch die Gleichungen 7 bis 9 und 8 bis 10 dargestellten Planungsprobleme übereinstimmt.

Das Mischungsproblem kann noch in einer zweiten Form auftreten, die Ähnlichkeit mit der Aufgabenstellung in Abschnitt 1 tritt dabei noch deutlicher hervor: Einem Unternehmen stehen bestimmte Rohstoffe in der Planungsperiode nur in begrenztem Umfange zur Verfügung. Die Aufgabe besteht darin festzulegen, welche Mengen welcher Erzeugnisse hergestellt werden sollen, damit eine optimale Nutzung der gegebenen Marktchancen (maximaler Gewinn) erreicht wird. Die Analogie zu dem oben geschilderten Beispiel 1 ist offensichtlich, an die Stelle begrenzter Kapazitäten treten hier die in der Periode nur in begrenzten Mengen verfügbaren Rohstoffe. Im übrigen stimmen beide Probleme formal in allen Punkten überein und lassen sich in genau derselben Weise lösen[14]).

3. Mehrperiodige Produktionsplanung

Betrachtet sei ein Unternehmen, das e i n Erzeugnis in einstufiger Fertigung herstellt. Die Absatzmöglichkeiten unterliegen von Periode zu Periode erheblichen Schwankungen. Das Erzeugnis ist lagerfähig. Es liegt auf der Hand, daß es hier günstiger sein wird, die Produktion zeitlich vom Absatz zu lösen, d. h. Absatz- und Produktionsplan werden sich im Hinblick auf die zeitliche Verteilung der Produktion voneinander unterscheiden. Das Unternehmen wird versuchen, die Absatzschwankungen im Produktionsbereich nicht in vollem Umfange mitzumachen, sondern durch Zwischenschalten eines Fertigfabrikatelagers (vgl. Abb. 1) zu mildern. Liegt die Produktion über dem Absatz, werden die nichtverkauften Mengen auf Lager genommen und umgekehrt. Lagerung bedeutet Lagerkosten. Sicherlich wird darum eine völlig gleichmäßige Produktion ebenfalls nicht am kosten- und damit gewinngünstigsten sein. Es stellt sich hier die Frage, wieviel in den einzelnen Perioden produziert werden soll. Diese Frage läßt sich (nur) mit Hilfe der linearen Optimierung beantworten. Der Lösungsansatz sei kurz dargestellt. Wir verwenden dabei folgende Symbole:

q	Periodenindex; er soll hier von 1 bis 5 laufen, d. h. wir betrachten 5 Perioden;
x_q	in der Periode q zu produzierende Menge;
y_q	in der Periode q abzusetzende Menge;
s_q	am Ende der Periode q lagernde Menge;
p_q	Verkaufspreis in der Periode q;

---

[14]) Es sei dem Leser überlassen, den Lösungsansatz hinzuschreiben.

k	variable Kosten pro Stück, während des gesamten Planungszeitraumes als gleichbleibend angenommen;
l	Lagerkosten pro Einheit pro Periode, während des gesamten Planungszeitraumes als gleichbleibend angenommen;
M_q	in der Periode q maximal absetzbare Menge;
C	Produktionskapazität.

Unter Verwendung dieser Symbole läßt sich die Zielfunktion (Gewinnfuntion) wie folgt anschreiben:

$$G = \underbrace{p_1 \cdot y_1 + \ldots + p_5 \cdot y_5}_{\text{Erlöse}} - \underbrace{(x_1 + \ldots + x_5) \cdot k}_{\text{variable Kosten}} +$$

$$+ \underbrace{l[\frac{s_0 + s_1}{2} + \frac{s_1 + s_2}{2} + \ldots + \frac{s_4 + s_5}{2}]}_{\text{Lagerkosten}}$$

oder etwas anders geschrieben

$$G = \sum_q p_q \cdot y_q - k \sum_q x_q + b \sum_q s_q - b[\frac{s_5 + s_0}{2}]\,^{15})$$

Die Definitionsgleichungen für die Lagerbestände jeweils am Ende einer Periode lauten

$$x_q - y_q + S_{q-1} = S_q \qquad \text{für } q = 1, 2, \ldots, 5.$$

Ferner sind folgende die Kapazitätsrestriktionen

$$x_q \leq C \qquad \text{für } q = 1, 2, \ldots, 5$$

und die Absatzgrenzen

$$y_q \leq M_q \qquad \text{für } q = 1, 2, \ldots, 5$$

zu beachten.

Damit ist das Problem in eine Form gebracht, die seine Lösung mit Hilfe der linearen Optimierung erlaubt. Als Ergebnis liefert die Rechnung die unter den angegebenen Bedingungen g e w i n n g ü n s t i g s t e n P r o d u k t i o n s m e n g e n (gewinngünstigste Werte für x_1, x_2, ..., x_5) und zugleich die Mengen (optimale Werte für y_1, y_2, ..., y_5), die in den einzelnen Perioden abgesetzt werden sollen. Es besteht dabei durchaus die Möglichkeit, daß die in bestimmten Perioden gegebenen maximalen Absatzmöglichkeiten nicht voll genutzt werden, d. h. der Wert für das betreffende y unter der zugehörigen Grenze M liegt.

---

[15]) Zinsen sind dabei angesichts der in der Regel relativ kurzen Teilperioden nicht berücksichtigt.

Auch das hier dargestellte Grundmodell läßt sich in mannigfacher Weise erweitern. Es bedarf, formal gesehen, z. B. nur der Einfügung zweier weiterer Indizes, um den Fall einer mehrstufigen Produktion mehrerer Erzeugnisse zu erfassen. Als Variable treten dann die Größen $x_{q,z}$ und $y_{q,z}$ auf; z kennzeichnet die entsprechende Produktart. Ferner wären wegen der mehrstufigen Produktion die Kapazitätsbedingungen zu erweitern und die Kapazität und Kapazitätsbelastung statt wie oben in Mengeneinheiten nunmehr in Zeiteinheiten auszudrücken.

4. Das Transportproblem

Ein Transportproblem entsteht dann, wenn ein bestimmtes Erzeugnis an verschiedenen Orten in bestimmten Mengen vorhanden ist, (z. B. produziert wird, wobei die Produktionskosten in den verschiedenen Produktionssätten zunächst als gleich angenommen seien), während an einer Reihe anderer Orte (Auslieferungslager) jeweils bestimmte Mengen dieses Erzeugnisses benötigt werden (vgl. hierzu Abb.2). Die Transportkosten von den Produktionsstätten zu den Auslieferungslagern seien bekannt.

<u>Es ist d e r Transportplan aufzustellen, der die Transportkosten minimiert. Oder mit anderen Worten: Es ist zu bestimmen, welche Mengen von welchen Produktionsstandorten an welche Auslieferungslager zu transportieren sind.</u>

Dabei müssen zwei Gruppen von R e s t r i k t i o n e n beachtet werden:

1. die Kapazitäten der Produktionsstätten und

2. der Bedarf der Läger.

Bezeichnen wir die Mengen, die von der Produktionsstätte i (i = 1, 2, ..., m) an das Auslieferungslager j (j = 1, 2, ..., n) geliefert werden soll, mit x_{ij}, die Transportkosten pro Stück zwischen den beiden genannten Orten mit s_{ij}, die Kapazitätsgrenzen mit C_i und den Bedarf der Auslieferungsläger mit M_j, so läßt sich das Transportproblem wie folgt formulieren[16]):

Z i e l f u n k t i o n

$$(13) \qquad K = \sum_{i=1}^{m} \sum_{j=1}^{n} s_{ij} \, x_{ij}$$

K a p a z i t ä t s r e s t r i k t i o n e n :

$$(14) \qquad \sum_{j=1}^{n} x_{ij} \leq C_i \qquad \text{für alle } i = 1, 2, \ldots, m$$

A b s a t z b e d i n g u n g e n :

$$(15) \qquad \sum_{i=1}^{m} x_{ij} = M_j \qquad \text{für alle } j = 1, 2, \ldots, n$$

Das Transportmodell läßt sich leicht in der Weise ausbauen, daß unterschiedliche Produktionskosten der verschiedenen Produktionsstätten berücksichtigt werden.

---

[16]) Die Transportkosten pro Stück seien von der insgesamt zu befördernden Menge unabhängig (Linearitätsbedingung).

Läßt man die Bedingung, daß die Nachfrage eins jeden Auslieferungslagers voll befriedigt werden muß, fallen, so entsteht eine Gewinnmaximierungsaufgabe. In diesem Falle beinhaltet die Lösung des Modelles die Beantwortung f o l g e n d e r F r a g e n :

1. Welche Mengen sind in den einzelnen Produktionsstätten herzustellen? **(Produktionsaufteilungsproblem)**

2. Wie sind die in den einzelnen Produktionsstätten hergestellten Mengen auf die Auslieferungslager zu verteilen? **(Transportproblem).**

5. Programm- und Prozeßplanung (Produktionssteuerung) bei Raffinerien

Das folgende Beispiel soll einen Eindruck davon vermitteln, daß auch sehr komplexe Probleme mit Hilfe der linearen Programmierungsrechnung angegangen und gelöst werden können. Das hier betrachtete Problem läßt sich am einfachsten an Hand der Abbildung 4 erläutern (vgl. nächste Seite).

> Das betrachtete Unternehmen verfüge über zwei Raffinerien an verschiedenen Standorten, die gemeinsam gesteuert werden sollen. Eingesetzt werden können die Rohöle 1, 2 und 3, die in beliebigen Mengen verfügbar sind. Jede Raffinerie besteht aus drei unterschiedlichen Produktionseinheiten: der Destillationseinheit, dem Cracker und dem Mischer. Destillationsanlage und Cracker können mit verschiedenen Intensitäten gefahren werden. Bei der Planung ist einmal darauf zu achten, daß die Maximalkapazität (bzw. die Maximalintensität, da ein zeitweiliges Stillegen der Anlage nicht in Frage kommt), nicht überschritten, zum andern, daß die Minimalkapazität (bzw. Minimalintensität) nicht unterschritten wird, da der Produktionsprozeß sonst zusammenbricht. Aus den Rohölen werden zunächst die Fraktionen 1, 2, 3 und 4 und, abhängig vom Rohöl, die Rückstände 1, 2 und 3 gewonnen. Ein bestimmter Anteil des Rohöls wird für den Betrieb der Produktionsanlage verbraucht; überdies entstehen Verdampfungsverluste.
>
> Die Aufgabe der Cracker besteht darin, die Rückstände 1 und 2 aufzubereiten. Dabei entsteht bei Verarbeitung des Rückstandes 2 das marktfähige Produkt Bitumen. Aus den Fraktionen, den Rückständen und den als Zwischenprodukte nach dem Crack-Prozeß entstehenden Crack-Residuen 1 und 2 und schließlich der sogenannten Mogas-Komponente werden drei marktfähige Produkte gemischt. Die Mogas-Komponente wird in einem Zug-um-Zug-Geschäft von den chemischen Fabriken geliefert, die das Erzeugnis 1 (Chemical Feed) abnehmen. Sie ist in der Raffinerie 1, die über eine entsprechende Anlage verfügt, einer Nachbehandlung zu unterziehen.
>
> Insgesamt werden aus den Rohölen 1 bis 3 vier verkaufsfähige Produkte, nämlich Bitumen, Chemical Feed, Mogas (Benzin) und Gasoil (Heizöl) gewonnen. Alle vier Erzeugnisse könnten auch importiert werden (Fremdbezug), wobei allerdings die Importmengen für Mogas, Gasoil und Bitumen beschränkt sind. Die Erzeugnisse sind zu den Auslieferungslagern 1 bis 5 zu transportieren, von wo aus sie dann an die Kunden weitergeleitet werden.

Soweit die Beschreibung des Verarbeitungs- und Distributionsprozesses.
Soll der von den Auslieferungslägern gemeldete Bedarf in jedem Falle befriedigt werden, so liegt ein P r o b l e m   d e r   K o s t e n m i n i m i e r u n g (reine Durchführungsplanung) vor. Behält es sich die Unternehmensleitung vor, den gemelde-

ROHÖL 1
ROHÖL 2
ROHÖL 3
DESTILLATION I
DESTILLATION II
CRACKER I
CRACKER II
Bitumen
Bitumen
MISCHER I
MISCHER II
1 2 3
1 2 3
Mogaskomponente
AL 1
AL 2
Auslieferungslager 3
AL 4
AL 5
CHEMISCHE FABRIK
Bitumen
Mogas
Gasoil
Chemical Feed
unbeschränkt
beschränkt
IMPORTE
Destillation I + II
Fraktionen 1, 2, 3, 4 (unabhängig vom Rohöl)
Rückstand 1 oder 2 oder 3
Verbrauch durch die Produktionsanlagen
Verdampfungsverluste
Cracker I
Rückstand 1
FRAKTION 3 FRAKTION 4 CRACKED RESIDUE 1 (Cr.R.)
Cracker II
Rückstand 2
FRAKTION 3 FRAKTION 4 Cr.R.2 BITUMEN
Mischer I + II
Mischung der Endprodukte
1. Chemical Feed Fraktionen 1, 2, 3
2. Mogas Fraktionen 1, 2, 3 Mogaskomponente
3. Gasoil Fraktion 4 Rückstand 1, 2, 3 Cracked Residue 1, 2

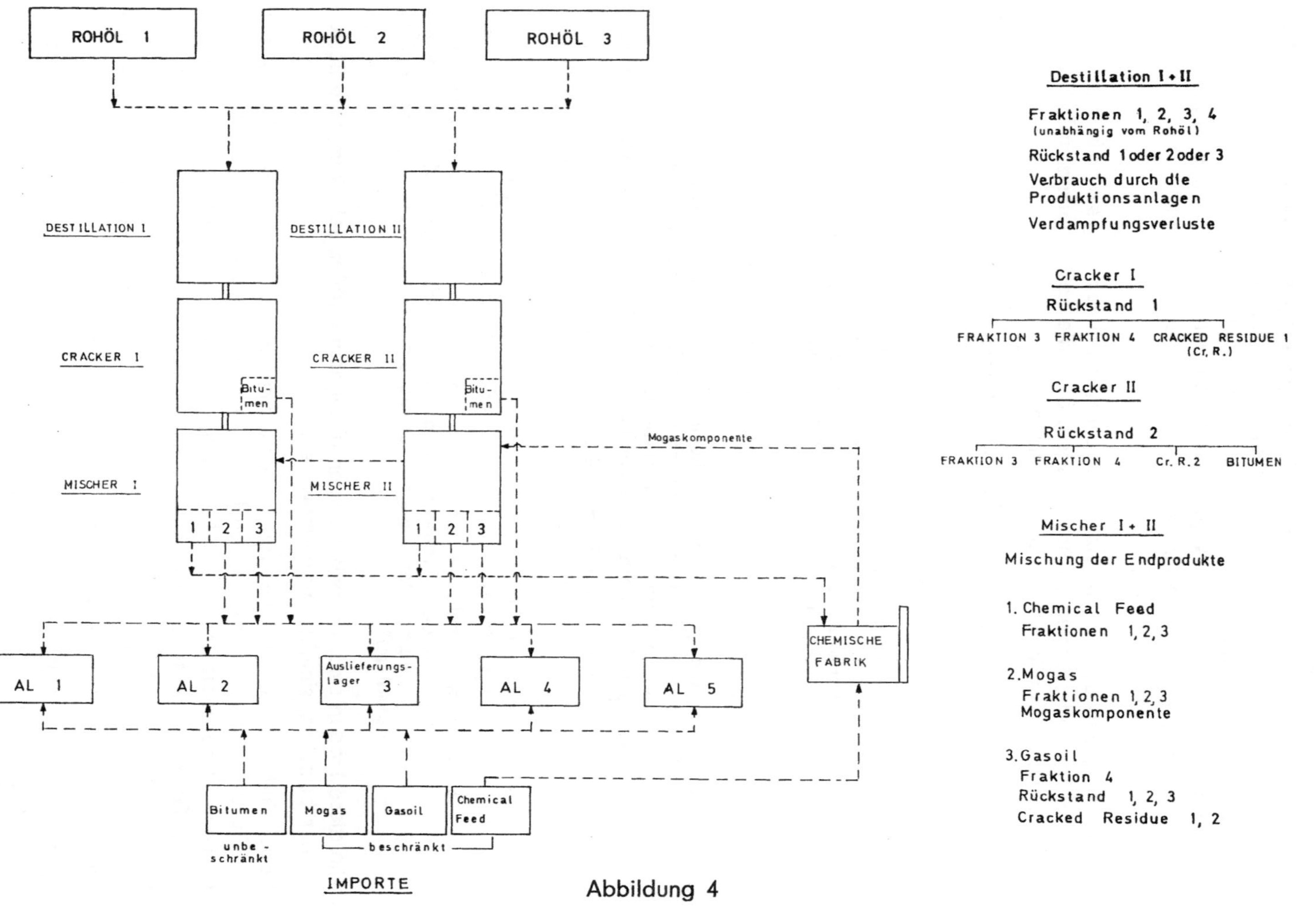

Abbildung 4

ten Bedarf in dem einen oder anderen Falle dann nicht zu befriedigen, wenn dies der Gewinnsituation des Unternehmens abträglich ist, oder ist die Deckung des vollen Bedarfes deshalb nicht möglich, weil Kapazitätsbegrenzungen oder sonstigen Restriktionen dem im Wege stehen, so ist die Planungsaufgabe als G e w i n n m a x i m i e r u n g s m o d e l l (Produktionsprogramm- und Durchführungsplanung) zu formulieren.

Für den Fall, daß es sich um ein K o s t e n m i n i m i e r u n g s p r o b l e m handelt, sind folgende Fragen zu beantworten, d. h. die kostenoptimalen Werte folgender Gruppen von Variablen zu bestimmen:

1. Welche Rohöle sollen in welchen Mengen in der Planperiode eingesetzt werden?

   Anmerkung:

   Da die Anteile der Fraktionen 1 bis 4 bei jedem Rohöl verschieden sind, werden die jeweils einzusetzenden Mengen und die Anteile der Rohöle am Gesamteinsatz letztlich auch von dem Bedarf determiniert. Die dabei wirkenden Beziehungen sind, wie die Skizze erkennen läßt, außerordentlich komplex.

2. Welche Mengen der Rückstände 1 und 2 sollen in den Crack-Anlagen weiter verarbeitet werden?

3. Welche Menge der von der chemischen Industrie zurückgelieferten Mogas-Komponente soll in der Raffinerie 1 nachbehandelt werden, damit sie zur Mischung von Mogas verwendet werden kann?
   Welcher Teil soll nach der Behandlung zur Raffinerie 2 weitergeleitet werden?

4. Welche Mengen der Endprodukte 1 bis 3 sollen in der Raffinerie 1, welche Mengen in der Raffinerie 2 hergestellt werden **Produktionsverteilungsproblem)?**

5. Mit welchen Mengen sind die Auslieferunglager 1 bis 5 von der Raffinerie 1, mit welchen Mengen von der Raffinerie 2 zu beliefern **(Transportproblem)?**

6. In welchem Umfange sollen neben der eigenen Produktion Importe vorgenommen werden **(Problem „Eigen- oder Fremdfertigung")?** Wie verteilen sich die importierten Mengen auf die einzelnen Auslieferungslager **(Transportproblem)?**

Alle diese Fragen sind, da zwischen den relevanten Größen sehr komplexe Beziehungen bestehen, simultan zu beantworten.

Dabei sind eine ganze Reihe von Nebenbedingungen zu beachten, z. B.: Sowohl für die Destillationsanlage wie auch für die Crack-Anlagen sind o b e r e u n d u n t e r e Kapazıtätsgrenzen zu beachten; für die Mischanlagen existieren nur obere Grenzen. Zwischen dem Einsatz einer Tonne Rohöl einer bestimmten Art und der Ausbeute an Fraktionen und Rückstand bestehen eindeutige Beziehungen. Der Bedarf der einzelnen Auslieferungsläger muß voll erfüllt werden. Für drei Produkte sind Importe nur in beschränktem Maße möglich usw.

<u>Auch diese sehr komplexe Planungsaufgabe läßt sich in der Form eines Modells, bestehend aus einer linearen Zielfunktion und linearen Restriktionen darstellen und mit Hilfe der linearen Optimierungsrechnung lösen.</u>

Praktische Fälle zur Unternehmensführung

Lösung unternehmerischer Entscheidungssituationen

Fallstudie 17

Die problemorientierten Programmiersprachen

Ein Vergleich am Beispiel eines Fakturierprogrammes

Dr. D. B. Pressmar, Hamburg[1])

Dieser Beitrag soll dem Leser an Hand eines einfachen kommerziellen Beispiels einen Eindruck vermitteln, wie e i n P r o b l e m in vier verschiedenen problemorientierten Programmiersprachen (ALGOL, COBOL, FORTRAN, PL/1) gelöst werden kann. Dabei ist zu betonen, daß aus einer solchen knappen Gegenüberstellung keine allumfassende Wertbeurteilung der einen oder anderen Programmiersprache abgeleitet werden kann, da diese in Einzelfällen stark problemabhängig gesehen werden muß und einer weitergehenden Studie bedarf.

Der Aufsatz beschreibt im ersten Teil (S y s t e m a n a l y s e) das gestellte Problem einschließlich Datenflußdiagramm, Dateibeschreibungen und Programm-Ablaufdiagramm. Im zweiten Teil (P r o g r a m m i e r u n g) wird auf Programmieraspekte eingegangen, die an Hand der dokumentierten Lösungen in den Sprachen ALGOL, COBOL, FORTRAN, PL/1 dargestellt werden können. Der dritte Teil (V e r g l e i c h) stellt zusammenfassend diejenigen Schwerpunkte der vier Programmiersprachen gegenüber, die bei den Lösungen als bemerkenswert hervorgetreten sind.

I. Systemanalyse

1. Vorarbeiten bis zur Programmiervorgabe

In einer realen Situation ist erhebliche Vorarbeit zu leisten, ehe ein Problem als Programmiervorgabe beschrieben werden kann. Der Weg führt im allgemeinen von der A u f n a h m e und A n a l y s e vorgefundener IST-Zustände über die „Lösung" des Problems bis zur SOLL - F o r m u l i e r u n g. Auf die hiermit verbundenen Probleme soll im Rahmen dieses Aufsatzes nicht eingegangen werden. Insofern mag das im folgenden beschriebene Problem als unumstößlicher Tatbestand für die weiteren Betrachtungen hingenommen werden.

2. Beschreibung des Problems

Eine nicht näher spezifizierte Firma X möchte im kommerziellen Bereich ihre tägliche Rechnungsschreibung mit elektronischer Datenverarbeitung (EDV) abwickeln. Alle notwendigen Voraussetzungen wie Klarstellung des organisatorischen Lösungs-

[1]) Seminar für Industriebetriebslehre und Organisation der Universität Hamburg. Der Verfasser ist Herrn H. Burgarth (Beratungszentrum I der IBM Deutschland in Hamburg) für die Anfertigung der Systemanalyse und der Programme in COBOL, FORTRAN und PL/1 zu großem Dank verpflichtet.

weges, Bereitstellung des benötigten Datenmaterials in geeigneter Form usw. sind
erfüllt, so daß nur das Problem der eigentlichen Programmierung des Fakturierungs-
programms ansteht.

Die Firma X hat sich zu folgendem Lösungsweg entschieden, der in vielen Punkten
der Übersichtlichkeit halber gegenüber einer realen Situation stark vereinfacht ist.
Auf externen Speichermedien (z. B. Magnetplattenspeicher) befinden sich die sogenannte Kundendatei sowie die Artikeldatei im wahlfreien Zugriff der EDV-Anlage.
In der Kundendatei sind alle Kunden der Firma X gespeichert. Ist z. B. die Kundennummer 2011 eines bestimmten Kunden bekannt, so kann ein Programm im relativ
2011ten Satz der Kundendatei alle notwendigen Informationen wie Kundenadresse,
Kundenkonditionen usw. abrufen, um diese Daten weiterzuverarbeiten (direkte
Adressierung auf der Grundlage der 4stelligen Kundennummer). In gleicher Weise
wie bei der Kundendatei kann die 4stellige Artikelnummer zur direkten Adressierung
der Artikelsätze benutzt werden. Sie enthalten für das gesamte Artikelsortiment
jeweils Artikelbezeichnung, Artikelpreise und ähnliche zur Rechnungsschreibung benötigte Informationen. Als Eingabe für das Rechnungsschreibungsprogramm sollen
die in jeweils einer Lochkarte abgelochten Kundenbestellungen dienen, welche die
Kundennummer des bestellenden Kunden und die (hier maximal 7) jeweils bestellten Artikelpositionen in Form von Artikelnummer und Bestellmenge enthalten.

Das Fakturierungsprogramm soll sukzessive jeweils eine Lochkarte lesen (entsprechend einer Kundenbestellung), die benötigten Kunden- bzw. Artikelinformationen
über den betreffenden Ordnungsbegriff (Kundennummer bzw. Artikelnummer) aus
den Plattendateien abrufen, notwendige Berechnungen vornehmen (wie z. B. Menge,
Preis, Rabattberechnung, Rechnungsendsummierung usw.) und eine entsprechende
Rechnung für den Kunden auf dem Drucker auswerfen.

Mit dem Maschinenbediener (Operator) soll das Rechnungsschreibungsprogramm
folgende Kommunikation aufrechterhalten: Der Operator soll einmalig zu Programmbeginn das Fakturierungsdatum eingeben. Das Programm soll im Bedarfs-
fall Fehlerhinweise ausdrucken und einmalig am Programmende die Anzahl ge-
druckter Rechnungen protokollieren.

Ein Datenflußdiagramm des so geschilderten Problems ist in Abbildung 1 dargestellt.

3. Dateibeschreibungen

Für ein Programm ist im Prinzip jede Ein-/Ausgabekategorie eine eigene Datei, so
daß sich nach Abbildung 1 für das Fakturierungsprogramm fünf verschiedene Dateien ergeben, deren Aufbau im folgenden einzeln besprochen wird.

a) Bewegungsdatei

Jede 80spaltige Lochkarte umfaßt eine K u n d e n b e s t e l l u n g ; sie ist folgendermaßen unterteilt:

Bedeutung	Abkürzung bei der Programmierung	Stellenzahl	Spalte
Kartenart (= 12)	BKA	2	1 – 2
Kundennummer	BKDNR	4	3 – 6
Datum	BDAT	4	7 – 10
max. 7 Artikel-bestellungen		7 × 10	11 – 80
Artikelnummer	BARTNR	4	–
Bestellmenge	BMENGE	6	–

Die Lochkarten können unsortiert in das Fakturierungsprogramm eingegeben werden, da sowohl Kundendatei als auch Artikeldatei im wahlfreien Zugriff liegen.

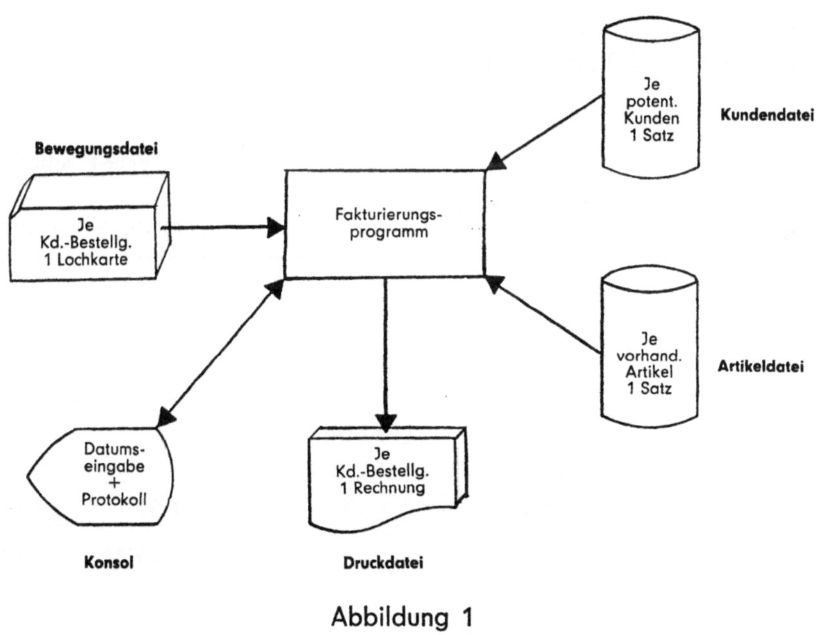

Abbildung 1

b) Kundendatei

Für jeden auftretenden Bestellkunden enthält die Kundendatei einen entsprechenden K u n d e n s t a m m s a t z . Folgende Daten sind in der angegebenen Reihenfolge je Satz gespeichert.

Bedeutung	Abkürzung bei der Programmierung	Stellenzahl	Byte-Position[2] COBOL-PL/1	FORTRAN-ALGOL
Satzart (= 101)	KSA	3	(2) 1– 2	(1) 1– 4
Kundennummer	KNR	4	(3) 3– 5	(1) 5– 8
Kundenname	KNAME	20	– 6–25	(5) 9–28
Kundenort	KORT	20	– 26–45	(5) 29–48
Kundenstraße	KSTR	20	– 46–65	(5) 49–68
Postleitzahl	KPLZ	4	(3) 66–68	(1) 69–72
Rabattsatz (%)	KRAB	3 (1 Dez.stelle)	(2) 69–70	(1) 73–76
Kundenkonditionen	KKOND	3	(2) 71–72	(1) 77–80
			72 Bytes	80 Bytes

c) Artikeldatei

Zu jedem bestellten Artikel gibt es in der Artikeldatei den entsprechenden A r t i -
k e l s t a m m s a t z. Folgende Daten sind in der angegebenen Reihenfolge je Satz
gespeichert

Bedeutung	Abkürzung bei der Programmierung	Stellenzahl	Byte-Position[3] COBOL-PL/1	FORTRAN
Satzart = 102)	ASA	3	(2) 1– 2	(1) 1– 4
Artikelnummer	ANR	4	(3) 3– 5	(1) 5– 8
Artikelbezeichnung	ABEZ	30	– 6–35	(7) 9–36
3 Preise/Rabattsätze:		–	(3×5) 36–50	(3×2) 37–60
Preis (DM)	APREIS	(2 Dez.stellen)	(3) –	(1) –
Rabattsatz (%)	ARAB	(1 Dez.stelle)	(2) –	(1) –
Artikelkonditionen	AKOND	3	(2) 51–52	(1) 61–64
			52 Bytes	64 Bytes

d) Druckdatei

Die Rechnungen sollen folgendes Aussehen haben; ihr Informationsinhalt wird als
D r u c k d a t e i bezeichnet.

---

[2] In Klammern vorgestellte Zahlen sind bei COBOL/PL/1 Längenangaben in dezimal gepackter Form, bei
FORTRAN/ALGOL Längenangaben in beispielsweise 4-Byte-Worten.

Auf die unterschiedlichen Satzlängen bei den einzelnen Programmiersprachen wird im zweiten Teil (Programmierung) eingegangen. Die Kundendatei ist so aufgebaut, daß die 4stellige Kundennummer zur direkten Adressierung (relative Satzadresse innerhalb der Datei) herangezogen wird. Nicht gültige Kundennummern entsprechen einem gespeicherten Pseudosatz.

```
ANTON HUBER        )
VIERWALDSTADT      } Kunden-          RECHNUNG          15. 02. 1970
..................  ) Anschrift                           ‿‿‿‿‿‿
NUERBURGRING 3     )                                      Datum
```

WIR LIEFERTEN IHNEN ZU UMSEITIGEN BEDINGUNGEN

Bestell- menge	Artikel- nummer	Artikel- bezeichnung	Einzel- preis	Rabatt- satz	Brutto- betrag
1000	200	KLEBSTOFF 300	20.00	12.0	20000.00
5	40	SCHRAUBEN- ZIEHER	25.00	12.0	125.00
2	333	BOHRER WIDIA 8	25.00	8.0	50.00
			RABATT		2419.00 (Rabatt- betrag)
			RECHNUNGSBETRAG		17756.00 (Netto- betrag)

Es ist zu beachten, daß die vom EDV-System gedruckten Informationen aus vier verschiedenen Quellen kommen:

1. **Bewegungsdatei** (Bestellmenge, Artikelnummer),
2. **Kundendatei** (Anschrift, Rabattsatz),
3. **Artikeldatei** (Art.-Bezeichnung, Einzelpreis, Rabattsatz),
4. **Programm** (Datum, Texte, Bruttobetrag, Rabattbetrag, Rechnungs- Nettobetrag).

e) Konsoldaten

Die K o n s o l e i n g a b e über die Bedienungsschreibmaschine der Anlage soll zu Programmbeginn benutzt werden, um seitens des Bedieners das F a k t u r i e - r u n g s d a t u m in der Form TTMM (TT = Tag, MM = Monat) einzutippen.

Die K o n s o l a u s g a b e soll für kurze F e h l e r n a c h r i c h t e n mit Hinweis auf die Fehlerursache verwendet werden. Als solche Meldungen sind vorgesehen:

FALSCHE KARTENART xx	Nicht Kartenart 12
FALSCHES DATUM xxxx	Nicht das richtige Tagesdatum
FALSCHE KD-NR. xxxx	Kundennummer ungültig
FALSCHE ART-NR. xxxx	Artikelnummer ungültig.

---

[*] In Klammern vorgestellte Zahlen wie bei der Kundendatei. – Bezüglich der unterschiedlichen Satzlängen wird wieder auf den zweiten Teil (Programmierung) verwiesen. Die Artikeldatei ist so aufgebaut, daß die 4stellige Artikelnummer zur direkten Adressierung (relative Satzadresse innerhalb der Datei) herangezogen wird. Nicht gültige Artikelnummern entsprechen einem gespeicherten Pseudosatz.

Ferner soll über die Konsolausgabe folgende Schlußmeldung gegeben werden:

    xxxxx RECHNUNGEN GEDRUCKT   Reine Kontrollnachricht

4. Programm-Ablaufdiagramm

Um dem Leser ein möglichst schnelles Hineindenken in die programmiertechnische Lösung zu gestatten, wurden zwei Programm-Ablaufdiagramme erstellt. In Abbildung 2 ist der grobe Rahmen des Programms abgesteckt. Die drei großen Programmabschnitte A, B und C sind in Abbildung 3 als detailliertes Programm-Ablaufdiagramm ausgearbeitet. Die Bezeichnung der Konnektoren (Programm-Marken) wurde in Abbildung 3 so gewählt, daß der Anfangsbuchstabe eine Bezugnahme zur Abbildung 2 gestattet. Ferner sei erwähnt, daß die Konnektoren zur besseren Orientierung in allen Programmierbeispielen des zweiten Teils (Programmierung) beibehalten wurden.

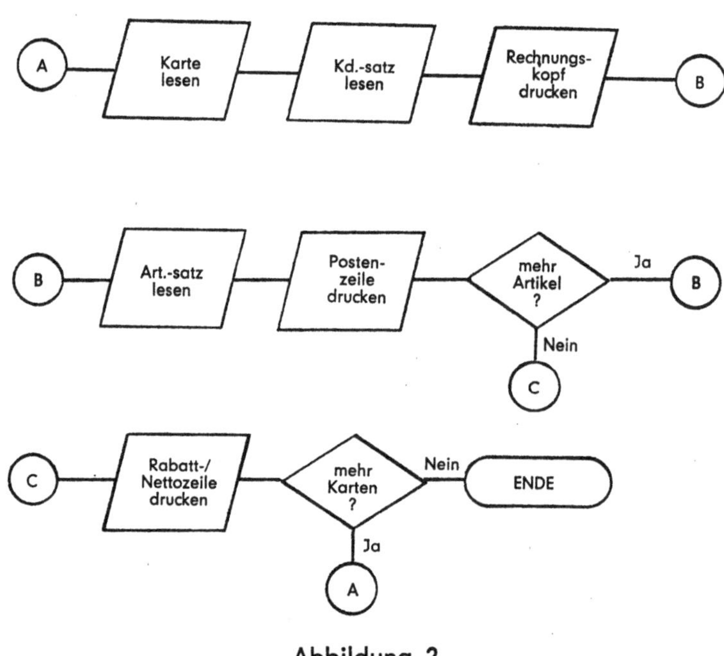

Abbildung 2

a) Grobes Programm-Ablaufdiagramm

Der Leser sollte das Ablaufdiagramm in folgender Form lesen:

A-Zweig

Karte lesen	Das Programm liest eine Lochkarte und kennt damit genau 1 Kundenbestellung.
Kundensatz lesen	Das Programm kennt die aktuelle Kundennummer aus der Bewegungskarte und kann somit den betreffenden Kundensatz vom externen Plattenspeicher in den Hauptspeicher einlesen.

START
Datum
von Konsol
einlesen
A 1
Kartenende
Bewegungs-
karte
einlesen
bei
Karten-
ende
Konsol-
nachricht
ENDE
Kartenart
= 12?
Datum
richtig?
Nein
Fehler-
nachricht
auf Konsol
A 1
Ja
Kundensatz
einlesen
bei Fehler
A 2
Satzart
= 101?
Kunden-Nr.
richtig?
Nein
Fehler-
nachricht
auf Konsol
A 1
A 3
Ja
Rechnungs-
kopf
drucken
C 2
Summenfelder
löschen
Rechnungs-
endbetrag
rechnen
ARTIKEL-
VERARBEITUNG
Netto-
Zeile
drucken
C 1
Rabatt-
zeile
drucken
Anzahl
Rechnungen
um 1 erhöhen
C 2
A 1

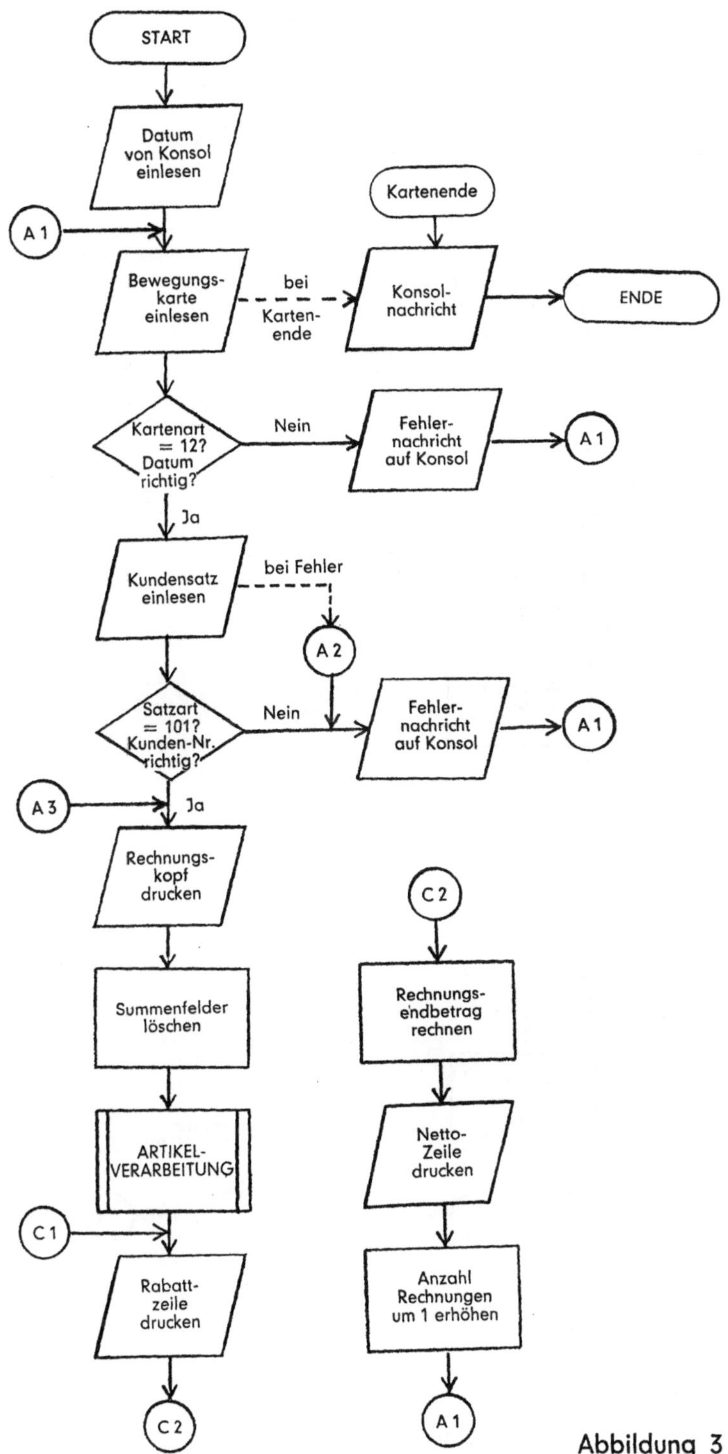

Abbildung 3

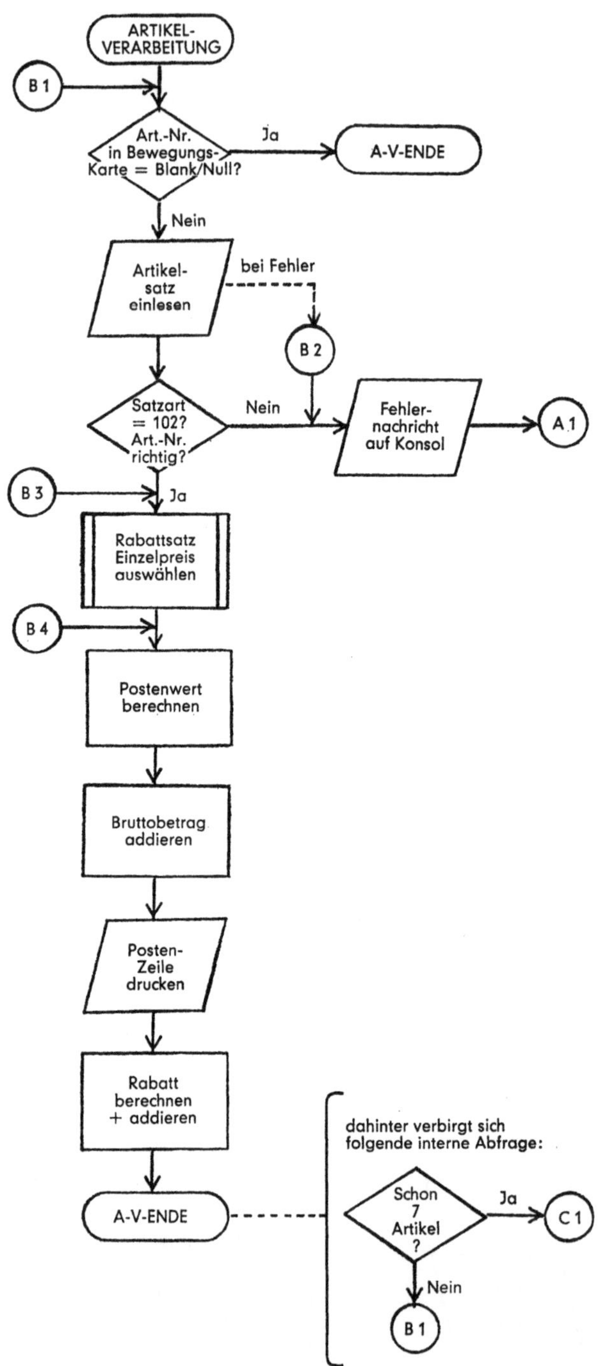

Abbildung 3 (Forts.)

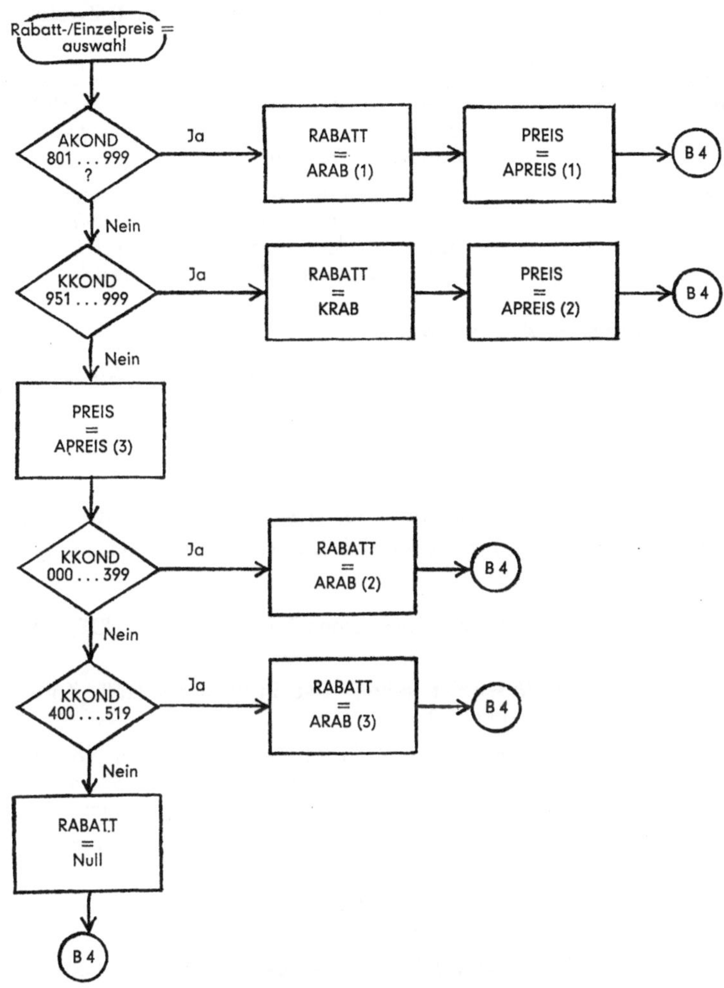

Abbildung 3 (Forts.)

Rechnungskopf drucken Aus den soeben gelesenen Kundeninformationen wählt das Programm die Kundenadresse aus und druckt sie zusammen mit Datum und festen Texten als Rechnungskopf in der erforderlichen Art aus.

B-Zweig Artikelsatz lesen Aus der Bewegungskarte wird sukzessive jede Artikelposition in der Art des B-Zweiges abgearbeitet. Der Artikelsatz wird vom externen Speicher in den Hauptspeicher eingelesen.

Postenzeile drucken Aus dem aktuellen Kundensatz bzw. Artikelsatz sowie aus der Bestellkarte des Programms jetzt alle notwendigen Informationen entnehmen, um die Postenzeile aufzubereiten und zu drucken.

Mehr Artikel? Wenn noch mehr Artikelbestellungen aus der Bewegungskarte entnommen werden können, verzweigt das Programm wieder zum Anfang des B-Zweiges. Andernfalls kann die Rechnung im C-Zweig abgeschlossen werden.

C-Zweig
Rabatt-/Netto-Zeile   Die während der Verarbeitung zwischengespeicherten Summen (Gesamt-Rabatt, Gesamt-Brutto) können vom Programm zum gewünschten Rechnungsschluß aufbereitet und gedruckt werden.

Mehr Karten?   Wenn weitere Bewegungskarten vorhanden sind, kann die Verarbeitung wieder mit dem A-Zweig starten. Andernfalls ist das Programm bis auf die Schlußmeldung am Ende der Verarbeitung angelangt.

b) Detailliertes Programm-Ablaufdiagramm

Abbildung 3 ist so detailliert dargestellt, daß sie eine direkte Bezugnahme zur Programmierung zuläßt. Das Programm-Ablaufdiagramm ist in den meisten Teilen ohne weiteren Kommentar zu verstehen und soll deshalb nur in wesentlichen Punkten erläutert werden.

Die verwendeten Symbole entsprechen der I S O - N o r m (International Organization for Standardization) und der D I N 66 001; sie haben f o l g e n d e B e d e u - t u n g :

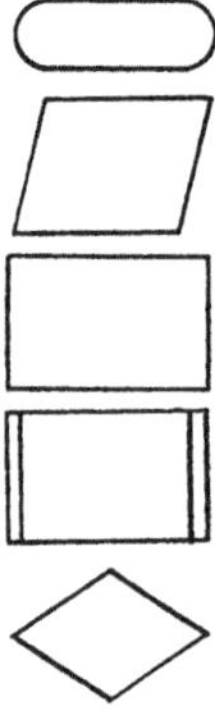

Anfang bzw. **Ende** eines Teils (z. B. A-V-ENDE) oder des gesamten Programms (z. B. START, ENDE).

Ein-/Ausgabe seitens des Programms (z. B. Karte lesen, Zeile drucken usw.).

Verarbeitung des Programms beliebiger vorhandener Daten (z. B. soeben errechneten Bruttobetrag des Artikelpostens für die Rechnungsendsumme in einen Zwischenspeicher addieren).

Aufruf eines an anderer Stelle näher spezifizierten Programmteils (z. B. ARTIKEL-VERARBEITUNG).

Abfrage. Je nach Ausfall Verzweigung zu verschiedenen Programmpunkten.

Konnektor, d. h. Name eines bestimmten Punktes im Programmablauf.

Auf folgende Einzelheiten der Abbildung 3 sei verwiesen:

Die bei **A1** gestrichelte Linie aus dem Kästchen „Bewegungskarte einlesen" bedeutet, daß für die Programmierung nicht der in Abbildung 2 skizzierte Weg maßgeblich ist (dort letztes Kästchen im C-Zweig: „Mehr Karten?"), sondern stets ein neuer Versuch unternommen wird, eine Bewegungskarte einzulesen, bis die verwendete EDV-Anlage intern anzeigt, daß keine Karte mehr vorhanden ist. In diesem Fall soll entsprechend der gestrichelten Linie „bei Kartenende" verzweigt werden. Gleichermaßen sind auch die gestrichelten Linien bei den Kästchen „Kundensatz einlesen" bzw. „Artikelsatz einlesen" zu verstehen. Hier wird der Ausgang „bei Fehler" je nach Programmiersprache und Betriebssystem unter verschiedenen Bedingungen aktiviert, z. B. wenn der einzulesende Satz eine ungültige externe Adresse spezifiziert, was durch eine ungültige Kunden- bzw. Artikelnummer entstehen kann.

Das am Ende des A-Zweiges gezeichnete Kästchen „ARTIKEL-VERARBEITUNG" (vor **C1**) bedeutet eine Verzweigung zum B-Zweig, die jedoch in diesem Fall siebenmal (entsprechend der maximalen Anzahl bestellter Artikel je Rechnung) erfolgt. Problemorientierte Programmiersprachen gestatten hier im allgemeinen eine geeignete einfache Programmierung unter Benutzung i n d i z i e r t e r V a r i a b l e n (hier BARTNR(IND) und BMENGE(IND) aus der Bewegungskarte).

Die bei **B1** gestellte Frage „Art.-Nr. in Bewegungskarte Blank/Null?" bedeutet, daß abgefragt werden soll, ob die momentan aktuelle Artikelnummer (BARTNR(IND)) in der Bewegungskarte einen gültigen echten Wert enthält oder nicht.

Das bei **B3** spezifizierte Kästchen „Rabattsatz/Einzelpreis auswählen" soll folgender Situation Rechnung tragen, die der Übersichtlichkeit halber in einem separaten Teil des Ablaufdiagramms dargestellt ist.

> **1. Frage:** Unterliegt der Artikel einer besonderen Werbungsaktion (AKOND = 801 ... 999), so gilt für alle Kunden ein besonderer Rabatt (ARAB (1)) und ein besonderer Preis (APREIS (1)).
>
> **2. Frage:** Liegt kein Aktionsartikel, aber der Fall eines Großkunden vor (KKOND = 951...999), so gilt der individuelle Kundenrabattsatz (KRAB) in Zusammenhang mit dem Großhändlerpreis (APREIS (2)).
>
> **3. Frage:** In allen anderen Fällen (Normalkunde, Normalartikel) gilt der Normalpreis (APREIS (3)) in Zusammenhang mit einem Rabattsatz, der sich an den Kundenkonditionen (KKOND) orientiert und entweder ARAB (2), ARAB (3) oder Null ist.

Das bei **A-V-ENDE** zur Erklärung angedeutete Entscheidungskästchen „Schon 7 Artikel?" soll dem Leser lediglich helfen, die Rückkehr zum Aufrufpunkt (d. h. nach **C1**) zu finden. Programmtechnisch erfolgt dieser Rücksprung automatisch durch den Ansprungbefehl.

II. Programmierung

1. ALGOL

Die Entwicklung der problemorientierten Programmiersprache ALGOL (= **Algorithmic Language**) geht auf Bemühungen zurück, <u>international austauschbare Programme für technisch-wissenschaftliche Anwendungen der elektronischen Datenverarbeitung zu erstellen.</u> Als programmtechnische Grundlage zur Verwirklichung dieses Zieles wurde in den Jahren 1957 bis 1960 von europäischen und amerikanischen Mathematikern die Programmiersprache ALGOL entwickelt; sie wird im folgenden in der Version ALGOL 60 benutzt. Während der letzten Jahre wurde diese Version der ALGOL-Sprache erheblich erweitert und unter der Bezeichnung ALGOL 68 veröffentlicht; mit dieser Version werden umfassende Möglichkeiten der numerischen und nichtnumerischen Datenverarbeitung eröffnet, wie sie bei anderen gegenwärtig verfügbaren Sprachen nicht gegeben sind. Allerdings stellt ALGOL 68 höhere Anforderungen an den Programmierer, außerdem fehlen geeignete Übersetzungsprogramme, so daß gegenwärtig diese Version der ALGOL-Sprache in der Praxis kaum vertreten ist.

ALGOL-Programme werden völlig f o r m a t f r e i auf Lochkarten übertragen. Es
können daher nach Belieben Zwischenräume innerhalb der Programmnotierung eingefügt werden; notwendig ist nur, daß die ALGOL-Sprachelemente in Apostroph-
zeichen gesetzt werden. Im übrigen gelten die für die Arithmetik gebräuchlichen
Zeichen: + für Addition, — für Subtraktion, * für Multiplikation und / für Division.
Typisch für ein ALGOL-Programm ist seine B l o c k s t r u k t u r , die durch die
Begriffe ‚BEGIN' und ‚END' angegeben wird. Jeder Block entspricht einem Teilpro-
gramm, das seinerseits wieder Teil eines übergeordneten Blocks sein kann. Dadurch
gibt es gleichgeordnete und ineinandergeschachtelte Blöcke, die jeweils von einem
‚BEGIN' und einem ‚END' wie von einer Klammer zusammengehalten werden. Den
äußersten Block bildet das Programm selbst; es muß daher mit ‚BEGIN' und mit
‚END' abgeschlossen werden. Jeder Programmblock gliedert sich wieder in zwei Teile,
den V e r e i n b a r u n g s t e i l und den A n w e i s u n g s t e i l. Im V e r e i n-
b a r u n g s t e i l werden jene Begriffe definiert, mit denen das Programm den
Datenverarbeitungsprozeß ausführen soll. Die Sprachelemente ‚INTEGER' bzw.
‚REAL' bezeichnen jene Größen, die nur ganzzahlige Werte, wie z. B. Artikelnummer
oder beliebige Werte, wie z. B. Rechnungsbetrag, annehmen können. Mit der Kate-
gorie ‚ARRAY' werden Zahlengruppen bezeichnet, die in Tabellenform verarbeitet
werden. Jeder Tabellenplatz kann durch eine oder mehrere Koordinaten, das heißt
als indizierte Größe im Programm angesprochen werden, wie z. B. im Rahmen der
Tabelle BMENGE, die sämtliche Bestellmengen einer Rechnung enthält.

Nach dem Vereinbarungsteil folgt innerhalb eines Blockes der A n w e i s u n g s -
t e i l ; er enthält alle Befehle, die notwendig sind, um die vereinbarten Daten miteinander in der geforderten Art und Weise zu verknüpfen. Bemerkenswert einfach
gestaltet sich beispielsweise die Programmierung der Preis- und Rabattstaffel (vgl.
die der Programmarke B 3 folgenden Befehle). In gleicher Weise kann auch die
Berechnung für den Betrag der Postenzeile (WERT) und die Rundungsvorschrift vom
Programmierer arbeitssparend angegeben werden. Hier zeigen sich klar die Vorteile der auf technisch-wissenschaftliche Probleme abgestellten Programmiersprache.

Problematisch ist für die ALGOL-Sprache der Zugriff auf Daten, die von außen oder
von peripheren Speichereinrichtungen dem Verarbeitungsprozeß zur Verfügung gestellt werden. In der Version ALGOL 60 sind diese Programmfunktionen nur rudi-
mentär angelegt, so daß eingabe- und ausgabeintensive Datenverarbeitungsprozesse, wie sie in der kommerziellen Datenverarbeitung häufig vorkommen, schwierig
zu programmieren sind. Dieser Mangel ist in dem vorliegenden Programm völlig
behoben, da die Software-Ausstattung des benutzten Rechnersystems zusätzliche
Befehle für den Zugriff auf Band- und Plattenspeicher, sowie für die Datenein- und
-ausgabe verarbeitet. Der geforderte Plattenzugriff wird mit Hilfe des Befehls
PLATTE (. . .) programmiert. Die Datenein- und -ausgabe ist durch die Befehle INPUT
bzw. OUTPUT[4]) neu geregelt; damit läßt sich jedes beliebige Layout der zu druckenden Liste mit nur wenigen Steuerzeichen programmieren. Ähnliches gilt auch für das
Lesen von Daten, die auf formatisierten Datenträgern vorliegen. Auch die Ein- und

---

[4]) Diese beiden Befehle entsprechen den 1964 herausgegebenen Empfehlungen der ACM (= Association for
Computing Machinery).

```
? TR4 (2)    MV 14, FEB 70 , MODE  8

'BEGIN''COMMENT'RECHNUNGSSCHREIBUNG IN ALGOL;
'PROCEDURE'PLATTE;'CODE';
'INTEGER'DATUM,SA,BKDNR,BDAT,KKOND,KRAB,AKOND,ANZAHLRECHNG,L,I,IND,
ARTSATZNR;
'INTEGER''ARRAY'BARTNR,BMENGE[1:7],KNAME,KORT,KSTR[1:5],ABEZ[1:6],
   SATZ[1:20];
'REAL'RABATTSUMME,RECHNSUMME,WERT,PREIS,RABTT;
INPUT(13,'('4D')',DATUM);ANZAHLRECHNG:=0;
A1:
INPUT(11,'('2D')',SA);'IF'SA'EQUAL'0'THEN''GOTO'KARTENENDE;
INPUT(11,'('2(4D)')',BKDNR,BDAT);
'FOR'I:=1'STEP'1'UNTIL'7'DO'INPUT(11,'('2(4D)')',BARTNR[I],BMENGE[I]);
'IF'SA'NOTEQUAL'12'THEN'
'BEGIN'OUTPUT (3,'('''('FALSCHE KARTENART')',2D')',SA);'GOTO'A1'END';
'IF'DATUM'NOTEQUAL'BDAT'THEN'
'BEGIN'OUTPUT (3,'('''('FALSCHES DATUM')',4D')',BDAT);'GOTO'A1'END';
PLATTE(0,20,SATZ[1],SATZ,(BKDNR-1)*20+1);
'IF'SATZ[2]'NOTEQUAL'BKDNR'OR'SATZ[1]'NOTEQUAL'101'THEN'
'BEGIN'A2:OUTPUT (3,'('''('FALSCHE KD-NR')',4D')',BKDNR);'GOTO'A1'END';
'FOR'L:=1'STEP'1'UNTIL'5'DO'
'BEGIN'KNAME[L]:=SATZ[L+2];KORT[L]:=SATZ[L+7];KSTR[L]:=SATZ[L+12]'END';
KKOND:=SATZ[20];KRAB:=SATZ[19];
A3:
OUTPUT (1,'('*,10B,20A,14B,'('RECHNUNG')',26B,DD'('.')'DD,
   '('.1970')'''')',KNAME,DATUM);
OUTPUT (1,'('/,10B,20A')',KORT,'('/,10B,20('('*')')-/,10B,20A')',KSTR);
OUTPUT (1,'('3/,('WIR LIEFERTEN IHNEN ZU UMSEITIGEN BEDINGUNGEN:')''')');
RABATTSUMME:=RECHNSUMME:=0;
'FOR'IND:=1'STEP'1'UNTIL'7'DO'
'BEGIN'ARTIKELVERARBEITUNG:
ARTSATZNR:=BARTNR[IND];'IF'ARTSATZNR'EQUAL'0'THEN''GOTO'AVENDE;
PLATTE(0,15,SATZ[1],SATZ,(ARTSATZNR-1)*15+1001);
'IF'SATZ[2]'NOTEQUAL'ARTSATZNR'OR'SATZ[1]'NOTEQUAL'102'THEN'
'BEGIN'B2:OUTPUT (3,'('/'('FALSCHE ART-NR')',4D')',ARTSATZNR);'GOTO'
   AVENDE'END';
'FOR'L:=1'STEP'1'UNTIL'6'DO'ABEZ[L]:=SATZ[L+2];AKOND:=SATZ[15];
B3:
PREIS:='IF'AKOND>800'THEN'SATZ[9]'ELSE''IF'KKOND>950'THEN'SATZ[11]
   'ELSE'SATZ[13];
RABTT:='IF'AKOND>800'THEN'SATZ[10]'ELSE''IF'KKOND>950'THEN'KRAB'ELSE'
   'IF'KKOND<400'THEN'SATZ[12]'ELSE''IF'KKOND<520'THEN'SATZ[14]'ELSE'0;
B4:
WERT:=BMENGE[IND]*PREIS;RECHNSUMME:=RECHNSUMME+WERT;
OUTPUT(1 ,'('/7ZD,4ZD,B,30A,4ZD.DD,2ZD.D,16ZD.DD')',
   BMENGE[IND],SATZ[2],ABEZ,PREIS,RABTT,WERT);
WERT:=WERT*RABTT/100+0.005;RABATTSUMME:=RABATTSUMME+WERT;
AVENDE:'END'IND;
C1:
OUTPUT (1,'('/,44B'('RABATT')',15B,6ZD.DD')',RABATTSUMME);
RECHNSUMME:=RECHNSUMME-RABATTSUMME;
OUTPUT (1,'('3/,44B'('RECNUNGSBETRAG')',6B,6ZD.DD')',RECHNSUMME);
ANZAHLRECHNG:=ANZAHLRECHNG+1;        'GOTO'A1;
KARTENENDE:OUTPUT(3,'('/3ZD,'('RECHNUNGEN GEDRUCKT')''')',ANZAHLRECHN);
'END'PROGRAMM RECHNUNGSSCHREIBUNG;
```

Abbildung 4

Ausgaben über die Konsolschreibmaschine des Systems werden durch den INPUT-
bzw. OUTPUT-Befehl programmiert; die im Befehl einzutragende Gerätenummer
spezifiziert, ob es sich um die Konsolschreibmaschine (Gerätenummer 3 bzw. 13),
den Schnelldrucker (Gerätenummer 1) oder das Kartenlesegerät (Gerätenummer 11)
handelt.

Schließlich ist zu erwähnen, daß ein Teil des Programms aus Kommentar-
texten besteht, die zum besseren Verständnis des Programmablaufs an mehreren Stellen eingefügt werden können. Zur übersichtlicheren Gestaltung des Programms werden Programmarken gesetzt, die zugleich als Bezugspunkte für Sprung-
befehle (z. B. 'GO TO' A1) benutzt werden. Um die Vergleichbarkeit der Program-

miersprachen zu erleichtern, werden diese S p r u n g m a r k e n so gesetzt, wie sie auch in den anderen Programmtexten vorkommen.

2. COBOL

Die COBOL-Sprache wurde ab 1959 auf Veranlassung der amerikanischen Regierung als eine einheitliche Programmiersprache für kommerzielle Zwecke entwickelt. Der Name steht für „**C**ommon **B**usiness **O**riented **L**anguage" und trägt dem hauptsächlich kaufmännischen Anwendungszweck Rechnung.

Ein kaufmännisches Problem läßt sich u. a. als stark ein-/ausgabeorientiert, mit vielen Daten und wenigen eigentlichen Rechenoperationen charakterisieren.

Entsprechende Schwerpunkte sind aus der Abbildung 5 zu erkennen. Die erste Hälfte des COBOL-Programms besteht aus übersichtlichen, aber langatmigen

```
IDENTIFICATION DIVISION.                                          COBOL
PROGRAM-ID. 'RECHNGXX'.                                           COBOL
AUTHOR. BURGARTH.                                                 COBOL
REMARKS.                    RECHNUNGSSCHREIBUNG IN COBOL          COBOL

ENVIRONMENT DIVISION.                                             COBOL
INPUT-OUTPUT SECTION.                                             COBOL
FILE-CONTROL.                                                     COBOL
    SELECT BEWEGG ASSIGN TO 'KARTE' UTILITY.                      COBOL
    SELECT KUNDEN ASSIGN TO 'KDATEI' DIRECT-ACCESS,              COBOL
        ORGANIZATION RELATIVE, ACCESS RANDOM,                     COBOL
        SYMBOLIC KEY KD-SATZ-NR.                                  COBOL
    SELECT ARTIKEL ASSIGN TO 'ADATEI' DIRECT-ACCESS,             COBOL
        ORGANIZATION RELATIVE, ACCESS RANDOM,                     COBOL
        SYMBOLIC KEY ART-SATZ-NR.                                 COBOL
    SELECT RECHNG ASSIGN TO 'DRUCKER' UTILITY.                    COBOL

DATA DIVISION.                                                    COBOL
FILE SECTION.                                                     COBOL
FD  BEWEGG, RECORDING F, LABEL RECORDS OMITTED,                  COBOL
    DATA RECORD KARTE.                                            COBOL
01  KARTE.                                                        COBOL
  02 BKA                  PICTURE 99.                             COBOL
  02 BKDNR                PICTURE 9(4).                           COBOL
  02 BDAT                 PICTURE 99V99.                          COBOL
  02 FILLER               OCCURS 7.                               COBOL
    3 BARTNR              PICTURE 9(4).                           COBOL
    3 BMENGE              PICTURE 9(6).                           COBOL
FD  KUNDEN, RECORDING F, LABEL RECORDS STANDARD,                 COBOL
    DATA RECORD K-SATZ.                                           COBOL
01  K-SATZ.                                                       COBOL
  02 KSA                  PICTURE 999        COMPUTATIONAL-3.     COBOL
  02 KNR                  PICTURE 9(4)       COMPUTATIONAL-3.     COBOL
  02 KNAME                PICTURE X(20).                          COBOL
  02 KORT                 PICTURE X(20).                          COBOL
  02 KSTR                 PICTURE X(20).                          COBOL
  02 KPLZ                 PICTURE 9(4)       COMPUTATIONAL-3.     COBOL
  02 KRAB                 PICTURE 99V9       COMPUTATIONAL-3.     COBOL
  02 KKOND                PICTURE 999        COMPUTATIONAL-3.     COBOL
FD  ARTIKEL, RECORDING F, LABEL RECORDS STANDARD,                COBOL
    DATA RECORD A-SATZ.                                           COBOL
01  A-SATZ.                                                       COBOL
  02 ASA                  PICTURE 999        COMPUTATIONAL-3.     COBOL
  02 ANR                  PICTURE 9(4)       COMPUTATIONAL-3.     COBOL
  02 ABEZ                 PICTURE X(30).                          COBOL
  02 PREISSTAFFEL         OCCURS 3.                               COBOL
    3 APREIS              PICTURE 999V99     COMPUTATIONAL-3.     COBOL
    3 ARAB                PICTURE 99V9       COMPUTATIONAL-3.     COBOL
  02 AKOND                PICTURE 999        COMPUTATIONAL-3.     COBOL
FD  RECHNG, RECORDING F, LABEL RECORDS OMITTED,                  COBOL
    DATA RECORDS ZEILE1, ZEILE2.                                  COBOL
01  ZEILE1.                                                       COBOL
  02 VORSCHUB             PICTURE X.                              COBOL
  02 FILLER               PICTURE X(10).                          COBOL
  02 DANSCHR              PICTURE X(20).                          COBOL
  02 FILLER               PICTURE X(15).                          COBOL
  02 DTEXT1               PICTURE X(15).                          COBOL
  02 FILLER               PICTURE X(19).                          COBOL
  02 DDAT                 PICTURE 99.99.                          COBOL
  02 DJAHR                PICTURE X(5).                           COBOL
  02 FILLER               PICTURE X(43).                          COBOL
01  ZEILE2.                                                       COBOL
  02 FILLER               PICTURE XXX.                            COBOL
  02 DMG                  PICTURE Z(5)9B.                         COBOL
  02 DARTNR               PICTURE ZZZ9B.                          COBOL
  02 DTEXT2               PICTURE X(30).                          COBOL
  02 DAPREIS              PICTURE BZZ9.99B.                       COBOL
  02 DRAB                 PICTURE Z9.9B(10)  BLANK WHEN ZERO.     COBOL
  02 DDM                  PICTURE Z(6)9.99.                       COBOL
  02 FILLER               PICTURE X(56).                          COBOL
WORKING-STORAGE SECTION.                                          COBOL
77  KD-SATZ-NR            PICTURE S9(8)      COMPUTATIONAL.       COBOL
77  ART-SATZ-NR           PICTURE S9(8)      COMPUTATIONAL.       COBOL
77  IND                   PICTURE S9(8)      COMPUTATIONAL.       COBOL
```

```
77   PREIS            PICTURE 999V99      COMPUTATIONAL-3.         COBOL
77   RABATT           PICTURE 99V9        COMPUTATIONAL-3.         COBOL
77   WERT             PICTURE 9(7)V99     COMPUTATIONAL-3.         COBOL
77   RECHN-SUMME      PICTURE 9(7)V99     COMPUTATIONAL-3.         COBOL
77   RABATT-SUMME     PICTURE 9(7)V99     COMPUTATIONAL-3.         COBOL
77   ANZAHL-RECHNG    PICTURE 9(5) COMPUTATIONAL-3 VALUE ZERO.     COBOL
77   DATUM            PICTURE 99V99.                               COBOL
PROCEDURE DIVISION.                                                COBOL
    ACCEPT DATUM FROM CONSOLE.                                     COBOL
    OPEN INPUT BEWEGG KUNDEN ARTIKEL, OUTPUT RECHNG.               COBOL
    MOVE SPACES TO ZEILE1.                                         COBOL
A1. READ BEWEGG END GO TO KARTENENDE.                              COBOL
    TRANSFORM KARTE FROM SPACES TO ZERO.                           COBOL
    IF BKA NOT = 12, DISPLAY 'FALSCHE KARTENART ', BKA             COBOL
                UPON CONSOLE, GO TO A1.                            COBOL
    IF BDAT NOT = DATUM, DISPLAY 'FALSCHES DATUM ', BDAT           COBOL
                UPON CONSOLE, GO TO A1.                            COBOL
    MOVE BKDNR TO KD-SATZ-NR.                                      COBOL
    READ KUNDEN INVALID GO TO A2.                                  COBOL
    IF KSA = 101 AND KNR = BKDNR GO TO A3.                         COBOL
A2. DISPLAY 'FALSCHE KD-NR ', BKDNR UPON CONSOLE. GO TO A1.        COBOL
A3. MOVE KNAME TO DANSCHR.                                         COBOL
    MOVE 'RECHNUNG' TO DTEXT1.                                     COBOL
    MOVE DATUM TO DDAT.                                            COBOL
    MOVE '.1970' TO DJAHR.                                         COBOL
    MOVE '1' TO VORSCHUB. PERFORM DRUCK.                           COBOL
    MOVE KORT TO DANSCHR. PERFORM DRUCK.                           COBOL
    MOVE ALL '-' TO DANSCHR. PERFORM DRUCK.                        COBOL
    MOVE KSTR TO DANSCHR. PERFORM DRUCK.                           COBOL
    MOVE ' WIR LIEFERTEN IHNEN ZU UMSEITIGEN BEDINGUNGEN'          COBOL
         TO ZEILE1. MOVE '-' TO VORSCHUB. PERFORM DRUCK.           COBOL
    MOVE '-' TO VORSCHUB.                                          COBOL
    MOVE 0 TO RABATT-SUMME, RECHN-SUMME.                           COBOL
    PERFORM ARTIKEL-VERARBEITUNG THRU A-V-ENDE VARYING IND         COBOL
                FROM 1 BY 1 UNTIL IND > 7.                         COBOL
    GO TO C1.                                                      COBOL
ARTIKEL-VERARBEITUNG.                                              COBOL
    MOVE BARTNR (IND) TO ART-SATZ-NR.                              COBOL
    IF ART-SATZ-NR = 0, GO TO C1.                                  COBOL
    READ ARTIKEL INVALID GO TO B2.                                 COBOL
    IF ASA = 102 AND ART-SATZ-NR = ANR, GO TO B3.                  COBOL
B2. DISPLAY 'FALSCHE ART-NR ', ART-SATZ-NR UPON CONSOLE.          COBOL
    GO TO A-V-ENDE.                                                COBOL
B3. MOVE BMENGE (IND) TO DMG.                                      COBOL
    MOVE ANR TO DARTNR.                                            COBOL
    MOVE ABEZ TO DTEXT2.                                           COBOL
    IF AKOND > 800, MOVE APREIS (1) TO PREIS,                      COBOL
            MOVE ARAB (1) TO RABATT, GO TO B4.                     COBOL
    IF KKOND > 950, MOVE APREIS (2) TO PREIS,                      COBOL
            MOVE KRAB TO RABATT, GO TO B4.                         COBOL
    MOVE APREIS (3) TO PREIS.                                      COBOL
    IF KKOND < 400, MOVE ARAB (2) TO RABATT, GO TO B4.             COBOL
    IF KKOND < 520, MOVE ARAB (3) TO RABATT, GO TO B4.            COBOL
    MOVE 0 TO RABATT.                                              COBOL
B4. MOVE PREIS TO DAPREIS.                                         COBOL
    MOVE RABATT TO DRAB.                                           COBOL
    COMPUTE WERT = BMENGE (IND) * PREIS.                           COBOL
    MOVE WERT TO DDM.                                              COBOL
    ADD WERT TO RECHN-SUMME.                                       COBOL
    PERFORM DRUCK.                                                 COBOL
    COMPUTE WERT ROUNDED = WERT * RABATT / 100.0.                  COBOL
    ADD WERT TO RABATT-SUMME.                                      COBOL
A-V-ENDE. EXIT.                                                    COBOL
C1. MOVE 'RABATT' TO DTEXT1.                                       COBOL
    MOVE RABATT-SUMME TO DDM.                                      COBOL
    PERFORM DRUCK.                                                 COBOL
    COMPUTE DDM = RECHN-SUMME - RABATT-SUMME.                      COBOL
    MOVE 'RECHNUNGSBETRAG' TO DTEXT1.                              COBOL
    MOVE '-' TO VORSCHUB.                                          COBOL
    PERFORM DRUCK.                                                 COBOL
    ADD 1 TO ANZAHL-RECHNG.                                        COBOL
    GO TO A1.                                                      COBOL
KARTENENDE.                                                        COBOL
    DISPLAY ANZAHL-RECHNG, ' RECHNUNGEN GEDRUCKT' UPON CONSOLE.    COBOL
    CLOSE BEWEGG, RECHNG, KUNDEN, ARTIKEL.                         COBOL
    STOP RUN.                                                      COBOL
DRUCK.                                                             COBOL
    WRITE ZEILE1 AFTER VORSCHUB.                                   COBOL
    MOVE SPACES TO ZEILE1.                                         COBOL
```

Abbildung 5

D a t e n d e f i n i t i o n e n. Die zweite Hälfte des Programms spiegelt den eigentlichen **P r o g r a m m a b l a u f** wider; er besteht aus leicht verständlichen, aber oft schwerfälligen Anweisungen.

Der **V e r e i n b a r u n g s t e i l** eines COBOL-Programms gliedert sich in drei Teile, auf die kurz eingegangen werden soll.

Die **IDENTIFICATION DIVISION** gibt hier den Namen des Programms, des Autors und eine verbale Problembeschreibung an.

Die **ENVIRONMENT DIVISION** definiert die Verarbeitungsform jeder einzelnen Datei, wobei aus Implementierungsgründen Konsoldaten nicht als selbständige Datei geführt werden. Während die Dateien BEWEGG (also die Eingabedaten) und RECHNG (also die zu druckenden Rechnungen) als starr fortlaufende Dateien definiert sind, werden die Dateien KUNDEN und ARTIKEL als wahlfrei zugreifbare Plattendateien mit dem programmtechnischen Suchargument KD-SATZ-NR bzw.

ART-SATZ-NR organisiert. Die **DATA DIVISION** definiert in ihrem ersten Teil (FILE SECTION) die Anordnung und Struktur der einzelnen Daten in den vier Dateien BEWEGG, KUNDEN, ARTIKEL und RECHNG. Vorgestellte Ziffern geben eine Ordnungshierarchie an,. PICTURE-Eintragungen bestimmen Länge und Art des Dateninhalts. COMPUTATIONAL-3 steht als Abkürzung für „dezimal gepackte Darstellung". Die unter ZEILE 1 und ZEILE 2 definierte RECHNG-Datei gibt die benötigten Druckschablonen wieder, wobei FILLER als Füllangabe für nicht benutzte Druckerpositionen steht. Der zweite Teil der DATA DIVISION (WORKING-STORAGE SECTION) definiert reine Arbeitsfelder für die Verarbeitung. Jedes im COBOL-Programm benutzte Datenelement muß, wenn nicht in der FILE SECTION so wenigstens hier, mit einem Namen geführt werden.

Die **PROCEDURE DIVISION** ist im wesentlichen allgemeinverständlich abgefaßt. Es soll hier nur auf einige markante Punkte eingegangen werden.

Bei der Marke A1 wird der gesamte Einlesevorgang einer Karte durch READ BEWEGG ausgedrückt. Alle weiteren Angaben sind in den Definitionen der Datei BEWEGG enthalten. Die anschließende Anweisung TRANSFORM KARTE FROM SPACES TO ZERO ist notwendig, um später nicht ausgelochte Kartenfelder mit Hilfe einer n u m e r s c h e n Abfrage auf Null prüfen zu können.

Auffällig sind die vielen charakteristischen MOVE-Anweisungen in dem COBOL-Programm. Sie bewirken den Transport einzelner Daten in bestimmte Bereiche des Arbeitsspeichers, um z. B. anschließend über den Schnelldrucker ausgegeben zu werden. Ein gewünschter Datentransport (z. B. bei A3 vom Kundensatz in den Druckbereich) muß in jedem Fall explizit programmiert werden.

Der Aufruf des B-Zweiges erfolgt mit dem etwas mühsam zu schreibenden PERFORM-Befehl (PERFORM ARTIKEL-VERARBEITUNG VARYING . . .). Im Anschluß an diesen Befehl muß eine Verzweigung zum C-Zweig programmiert werden (GO TO C1).

Beachtenswert ist die drittletzte Zeile des B-Zweiges (COMPUTE WERT ROUNDED = . . .); hier wird der Postenrabattbetrag errechnet und durch den Zusatz ROUNDED in der richtigen Stelle kaufmännisch gerundet.

3. FORTRAN

Die FORTRAN-Sprache ist die älteste unter den problemorientierten Programmiersprachen. Sie entstand schon 1954 durch J. W. Backus. Der Name steht für **For**mula **Trans**lator" und deutet die Orientierung der Sprache an <u>technisch-wissenschaftlichen</u> <u>Aufgabenstellungen</u> an. Probleme dieser Art erfordern <u>rechenintensive und ein-/</u> <u>ausgabeschwache Programme.</u>

Der Ablauf eines FORTRAN-Programmes läßt sich aus der Befehlsliste (vgl. Abb. 6) nicht so leicht erkennen, wie dies bei z. B. COBOL möglich ist. Zunächst fällt auf, daß nur wenige Datenvereinbarungen angegeben sind. Tatsächlich kann ein FORTRAN-Programm völlig ohne V e r e i n b a r u n g s t e i l formuliert werden, weil eine entsprechende Datendefinition durch den ersten Buchstaben des Datennamens automatisch **erfolgt.**

Die erste Zeile des FORTRAN-Programms (DEFINE FILE . . .) definiert die beiden Plattendateien KUNDEN (Referenz-Nummer 6) und ARTIKEL (Referenz-Nummer 7).

```fortran
      DEFINE FILE 6(8000,20,U,KDNR),7(1200,16,U,NRART)      FORTRAN
C                                                           FORTRAN
C                RECHNUNGSSCHREIBUNG IN FORTRAN             FORTRAN
C                                                           FORTRAN
      INTEGER*2 DATUM,BKA,BKDNR,BDAT,BARTNR(7)              FORTRAN
      INTEGER   DARTNR,KSA,KNR,KPLZ,KRAB,KKOND,BMENGE(7),   FORTRAN
     1          ASA,ANR,APREIS(3),ARAB(3),AKOND,ANZRCH/0/   FORTRAN
      REAL      DDATUM,DPREIS,DRAB,KNAME(5),KORT(5),KSTR(5),ABEZ(7)  FORTRAN
      REAL*8    RABSU,RECHSU,WERT                           FORTRAN
      READ(1,910) DATUM                                     FORTRAN
910   FORMAT(I4)                                            FORTRAN
      DDATUM = DATUM/100.                                   FORTRAN
C    A1                                                     FORTRAN
1     READ(5,920,END=30) BKA,BKDNR,BDAT,((BARTNR(I),BMENGE(I)),I=1,7)  FORTRAN
920   FORMAT(I2,2I4,7(I4,I6))                               FORTRAN
      IF(BKA-12) 810,2,810                                  FORTRAN
810   WRITE(2,930) BKA                                      FORTRAN
930   FORMAT('FALSCHE KARTENART ',I2)                       FORTRAN
      GO TO 1                                               FORTRAN
2     IF(BDAT-DATUM) 820,3,820                              FORTRAN
C    A2                                                     FORTRAN
820   WRITE(2,940) BDAT                                     FORTRAN
940   FORMAT('FALSCHES DATUM ',I4)                          FORTRAN
      GO TO 1                                               FORTRAN
3     KDNR = BKDNR                                          FORTRAN
      READ(6' KDNR,ERR=830) KSA,KNR,KNAME,KORT,KSTR,KPLZ,KRAB,KKOND  FORTRAN
      IF(KSA.EQ.101 .AND. BKDNR.EQ.KNR) GO TO 5             FORTRAN
830   WRITE(2,950) BKDNR                                    FORTRAN
950   FORMAT('FALSCHE KD-NR ',I4)                           FORTRAN
      GO TO 1                                               FORTRAN
C    A3                                                     FORTRAN
5     WRITE(3,960) KNAME,DDATUM                             FORTRAN
960   FORMAT(1H1,10X,5A4,14X,'RECHNUNG',26X,F5.2,'.1970')   FORTRAN
      WRITE(3,961) KORT                                     FORTRAN
961   FORMAT(1H ,10X,5A4)                                   FORTRAN
      WRITE(3,962)                                          FORTRAN
962   FORMAT(1H ,10X,'--------------------')                FORTRAN
      WRITE(3,961) KSTR                                     FORTRAN
      WRITE(3,963)                                          FORTRAN
963   FORMAT(1H-,'WIR LIEFERTEN IHNEN ZU UMSEITIGEN BEDINGUNGEN')  FORTRAN
      RABSU = 0.                                            FORTRAN
      RECHSU = 0.                                           FORTRAN
      WRITE(3,964)                                          FORTRAN
964   FORMAT(1H0)                                           FORTRAN
C    ARTIKEL-VERARBEITUNG                                   FORTRAN
      DO 23 IND = 1,7                                       FORTRAN
      NRART = BARTNR(IND)                                   FORTRAN
      IF(NRART) 24,24,11                                    FORTRAN
11    READ(7'NRART,ERR=840) ASA,ANR,ABEZ,((APREIS(I),ARAB(I)),I=1,3),  FORTRAN
     1AKOND                                                 FORTRAN
      IF(ASA.EQ.102 .AND. ANR.EQ.NRART) GO TO 13            FORTRAN
C    B2                                                     FORTRAN
840   WRITE(2,970) BARTNR(IND)                              FORTRAN
970   FORMAT('FALSCHE ART-NR ',I4)                          FORTRAN
      GO TO 23                                              FORTRAN
C    B3                                                     FORTRAN
13    IF(AKOND-800) 15,15,14                                FORTRAN
14    PREIS = APREIS(1)                                     FORTRAN
      RABATT = ARAB(1)                                      FORTRAN
      GO TO 22                                              FORTRAN
15    IF(KKOND-950) 17,17,16                                FORTRAN
16    PREIS = APREIS(2)                                     FORTRAN
      RABATT = KRAB                                         FORTRAN
      GO TO 22                                              FORTRAN
17    PREIS = APREIS(3)                                     FORTRAN
      IF(KKOND-400) 18,19,19                                FORTRAN
18    RABATT = ARAB(2)                                      FORTRAN
      GO TO 22                                              FORTRAN
19    IF(KKOND-520) 20,21,21                                FORTRAN
20    RABATT = ARAB(3)                                      FORTRAN
21    RABATT = 0.                                           FORTRAN
C    B4                                                     FORTRAN
22    WERT = PREIS*BMENGE(IND)/100.                         FORTRAN
      RECHSU = RECHSU + WERT                                FORTRAN
      DPREIS = PREIS/100.                                   FORTRAN
      DRAB = RABATT/10.                                     FORTRAN
      DARTNR = NRART                                        FORTRAN
      WRITE(3,980) BMENGE(IND),DARTNR,ABEZ,DPREIS,DRAB,WERT  FORTRAN
980   FORMAT(1H ,I8,I5,1X,7A4, F8.2,F5.1,F20.2)             FORTRAN
      WERT = (WERT*RABATT+5.)/1000.                         FORTRAN
      RABSU = RABSU + WERT                                  FORTRAN
C    A-V-ENDE                                               FORTRAN
23    CONTINUE                                              FORTRAN
C    C1                                                     FORTRAN
24    WRITE(3,981) RABSU                                    FORTRAN
981   FORMAT(1H ,44X,'RABATT',15X,F10.2)                    FORTRAN
      RECHSU = RECHSU - RABSU                               FORTRAN
      WRITE(3,982) RECHSU                                   FORTRAN
982   FORMAT(1H-,44X,'RECHNUNGSBETRAG',6X,F10.2)            FORTRAN
      ANZRCH = ANZRCH + 1                                   FORTRAN
      GO TO 1                                               FORTRAN
C    KARTENENDE                                             FORTRAN
30    WRITE(2,990) ANZRCH                                   FORTRAN
990   FORMAT(I5,1X,'RECHNUNGEN GEDRUCKT')                   FORTRAN
      STOP 999                                              FORTRAN
      END                                                   FORTRAN
```

Abbildung 6

Dabei ist zu beachten, daß die dort enthaltenen Satzlängenangaben (20 bzw. 16) in Maschinenwörtern[5]) gemessen sind (1 Wort = 4 Bytes), so daß die in Abschnitt 132. bzw. 133. aufgeführten Satzlängen 80 bzw. 64 Bytes betragen.

Die vier zum Vereinbarungsteil des Programms gehörenden Definitionszeilen (INTEGER * 2. . . ., INTEGER . . ., REAL . . ., REAL * 8 . . .) bestimmen den Datentyp und die für eine interne Binärdarstellung benötigte Wortlänge, wie z. B. Ganzzahlhalbwort, Ganzzahlwort, Gleitkommazahlwort, Gleitkommazahldoppelwort. Durch ein System von Nummern ist die Möglichkeit gegeben, einzelne Datengruppen Ein- bzw. Ausgabeeinrichtungen zuzuordnen. Die Nr. 1 bedeutet Eingabe über die Konsolschreibmaschine, Nr. 2 Konsolschreibmaschinenausgabe, Nr. 3 Schnelldruckerausgabe, Nr. 5 Karteneingabe usw. Mit Hilfe von FORMAT-Spezifikationen werden die Stellenpositionen und ihre Bedeutung auf dem Kartenbild oder im Listenbild festgelegt.

Der Verarbeitungsteil besteht im wesentlichen aus arithmetischen Verknüpfungen der Daten (Zeichen +, −, *, /), Transportbefehlen (Zeichen =), logischen Abfragen (IF. . .) und Befehlen zur Datenein- und -ausgabe (READ, WRITE). Die Verarbeitung der einzelnen Rechnungsposten wird mit Hilfe einer Programmschleife ausgeführt, die bis zu sieben Mal durchlaufen wird; sie wird z. B. durch den Befehl DO 23 IND 1,7 programmiert.

4. PL/1

Die PL/1-Sprache wird seit den Jahren 1963/64 von Mitgliedern der internationalen Benutzerorganisationen SHARE und GUIDE entwickelt. SHARE dient dem Programmaustausch auf dem technisch-wissenschaftlichen Gebiet; mit kommerziellen Datenverarbeitungsproblemen befaßt sich GUIDE. Der Name „Programming Language Nr. 1" soll durch seine Unverbindlichkeit andeuten, daß diese Programmiersprache <u>allgemein anwendbar ist und weder das technisch-wissenschaftliche Gebiet noch den Bereich der kommerziellen Datenverarbeitung besonders betont. PL/1 weist damit die Merkmale einer Universalsprache auf.</u>

Das in der Abbildung 7 dargestellte PL/1-Programm besteht aus einem Vereinbarungsteil, der cirka 20% der Programmliste umfaßt, und einem Anweisungsteil, der sich auf den Rest des Programms erstreckt. Die Regeln dieser Sprache lassen es zu, daß der Programmierer auf einen Vereinbarungsteil völlig verzichtet; dann werden Datendefinitionen automatisch bei der Programmübersetzung vorgenommen. Sofern die Aufgabenstellung es erfordert, kann der Vereinbarungsteil des Programms aber auch so ausführlich gestaltet werden, wie dies für COBOL vorgeschrieben ist. In diesem großen Variationsspielraum wird ein typisches Merkmal von PL/1 deutlich: <u>Die gleiche Aufgabenstellung kann durch mehrere verschiedenartige Programmkonstruktionen gelöst werden.</u> Der Programmierer muß sich dann entscheiden, welche Programmstruktur für das vorliegende Problem und für die gegebene Rechenanlage auch hinsichtlich des Speicherbedarfs und der Ausführungszeit die günstigste Lösung ergibt.

---

[5]) Das Maschinenwort ist eine Folge von Binärzeichen, die jeweils en bloc verarbeitet wird; die Länge des Maschinenwortes ist durch die Konstruktion der EDV-Anlage vorgegeben.

```
                        /* RECHNUNGSSCHREIBUNG IN PL/1 */            PL/1
RECHNGX: PROCEDURE OPTIONS(MAIN);                                    PL/1
DECLARE                                                              PL/1
    KUNDEN FILE RECORD INPUT ENVIRONMENT(REGIONAL(1)) DIRECT,        PL/1
    1 K_SATZ,                                                        PL/1
        2 (KSA FIXED DEC(3), KNR FIXED DEC(4),(KNAME,KORT,KSTR)      PL/1
        CHAR(20),KPLZ FIXED DEC(4),KRAB FIXED DEC(3,1),              PL/1
        KKOND FIXED DEC(3)),                                         PL/1
    ARTIKEL FILE RECORD INPUT ENVIRONMENT(REGIONAL(1)) DIRECT,       PL/1
    1 A_SATZ,                                                        PL/1
        2 (ASA FIXED DEC(3),ANR FIXED DEC(4),ABEZ CHAR(30),APREIS(3) PL/1
        FIXED DEC(5,2),ARAB(3) FIXED DEC(3,1),AKOND FIXED DEC(3)),   PL/1
    (KD_SATZ_NR,ART_SATZ_NR) FIXED DEC(4),                           PL/1
    KARTE FILE STREAM INPUT, DRUCKER FILE STREAM OUTPUT PRINT,       PL/1
    BKA FIXED DEC(2), BDAT FIXED DEC(4,2), BMENGE(7) FIXED DEC(6),   PL/1
    (BKDNR,BARTNR(7)) FIXED DEC(4),                                  PL/1
    PREIS FIXED DEC(5,2),RABATT FIXED DEC(3,1),                      PL/1
    KOND(5) FIXED DEC(3),KONST(5) FIXED DEC(3) INIT(801,951,520,400,0), PL/1
    INX(10) FIXED DEC(1) INIT(1,2,3,3,3,1,4,0,3,2),                  PL/1
    (WERT,RECHN_SUMME,RABATT_SUMME) FIXED DEC(9,2),                  PL/1
    ANZAHL_RECHNG FIXED DEC(5) INIT(0),                              PL/1
    DATUM FIXED DEC(4,2);                   /* ENDE DER DEFINITIONEN */ PL/1
    OPEN FILE(KARTE),FILE(DRUCKER),FILE(KUNDEN),FILE(ARTIKEL);       PL/1
    ON ENDFILE(KARTE) GO TO KARTENENDE;                              PL/1
    ON KEY(KUNDEN) GO TO A2;                                         PL/1
    ON KEY(ARTIKEL) GO TO B2;                                        PL/1
    DISPLAY ('') REPLY (DATUM);                                      PL/1
A1: GET FILE(KARTE) EDIT(BKA,BKDNR,BDAT,(BARTNR(I),BMENGE(I)         PL/1
        DO I = 1 TO 7)) (F(2),F(4),F(4,2),7 (F(4),F(6)));            PL/1
    IF BKA ¬= 12 THEN DO;                                            PL/1
        DISPLAY ('FALSCHE KARTENART '||BKA); GO TO A1; END;          PL/1
    IF BDAT ¬= DATUM THEN DO;                                        PL/1
        DISPLAY ('FALSCHES DATUM '||BDAT); GO TO A1; END;            PL/1
    KD_SATZ_NR = BKDNR;                                              PL/1
    READ FILE(KUNDEN) INTO(K_SATZ) KEY(KD_SATZ_NR);                  PL/1
    IF KSA ¬= 101 | BKDNR ¬= KNR THEN DO;                            PL/1
A2:     DISPLAY ('FALSCHE KD-NR '||BKDNR); GO TO A1; END;            PL/1
    KOND(*) = KKOND;                                                 PL/1
A3: PUT FILE(DRUCKER) PAGE EDIT(KNAME,'RECHNUNG',DATUM,'.1970')      PL/1
        (X(10),A,X(14),A,X(26),F(5,2),A);                           PL/1
    PUT FILE(DRUCKER) SKIP EDIT(KORT,(20)'-',KSTR)                   PL/1
        (X(10),A,2 (SKIP,X(10),A));                                 PL/1
    PUT FILE(DRUCKER) SKIP(3) LIST                                   PL/1
        ('WIR LIEFERTEN IHNEN ZU UMSEITIGEN BEDINGUNGEN');           PL/1
    PUT FILE(DRUCKER) SKIP(2);                                       PL/1
    RABATT_SUMME,RECHN_SUMME = 0;                                    PL/1
ARTIKEL_VERARBEITUNG:                                                PL/1
    DO IND = 1 TO 7 WHILE(BARTNR(IND) > 0);                          PL/1
        ART_SATZ_NR = BARTNR(IND);                                   PL/1
        READ FILE(ARTIKEL) INTO(A_SATZ) KEY(ART_SATZ_NR);            PL/1
        IF ASA ¬= 102 | ART_SATZ_NR ¬= ANR THEN DO;                  PL/1
B2:         DISPLAY ('FALSCHE ART-NR '||ART_SATZ_NR);                PL/1
            GO TO A_V_ENDE; END;                                     PL/1
        KOND(1) = AKOND;                                             PL/1
B3:     DO I = 1 TO 5 WHILE(KOND(I) < KONST(I)); END;                PL/1
        PREIS = APREIS(INX(I));                                      PL/1
        IF INX(I+5) = 4 THEN RABATT = KRAB;                          PL/1
            ELSE IF INX(I+5) = 0 THEN RABATT = 0.;                   PL/1
            ELSE RABATT = ARAB(INX(I+5));                            PL/1
B4:     WERT = BMENGE(IND) * PREIS;                                  PL/1
        RECHN_SUMME = RECHN_SUMME + WERT;                            PL/1
        PUT FILE(DRUCKER) SKIP EDIT(BMENGE(IND),ANR,ABEZ,PREIS,      PL/1
            RABATT,WERT) (F(8),F(5),X(1),A,F(7,2),F(5,1),F(20,2));   PL/1
        WERT = (WERT * RABATT + .05) / 100.0;                        PL/1
        RABATT_SUMME = RABATT_SUMME + WERT;                          PL/1
A_V_ENDE:   END;                                                    PL/1
C1: PUT FILE(DRUCKER) SKIP EDIT('RABATT',RABATT_SUMME)              PL/1
                        (X(45),A,X(15),F(10,2));                     PL/1
    RECHN_SUMME = RECHN_SUMME - RABATT_SUMME;                        PL/1
    PUT FILE(DRUCKER) SKIP(3) EDIT('RECHNUNGSBETRAG',RECHN_SUMME)    PL/1
                        (X(45),A,X(6),F(10,2));                      PL/1
    ANZAHL_RECHNG = ANZAHL_RECHNG + 1;                               PL/1
    GO TO A1;                                                        PL/1
KARTENENDE:                                                          PL/1
    DISPLAY (ANZAHL_RECHNG||' RECHNUNGEN GEDRUCKT');                 PL/1
    END RECHNGX;                                                     PL/1
```

Abbildung 7

Die erste Zeile des PL/1-Programms definiert den Block RECHNGX als Hauptprogramm. Mit den folgenden Zeilen (DECLARE...) werden in beliebiger Reihenfolge jene Daten, Datensätze und Dateien vereinbart, die nicht durch automatische Definitionen im Programm verankert werden sollen. Da PL/1-Programme eine B l o c k -

s t r u k t u r aufweisen können, ist es möglich, auch nach der Datenvereinbarung im äußersten Block später zusätzliche Datenfelder zu definieren.

Nach den OPEN-Befehlen, die den Zugriff zu den von der Peripherie kommenden Daten eröffnen, werden drei ON-Conditions gesetzt. Sie bewirken eine Verzweigung des Programmablaufs, falls die programmierte Bedingung (hier: Kartenende bzw. falscher Suchbegriff) zutrifft. Bei der Marke A 1 wird die Karte mit den Daten der Rechnungsposten gelesen; als Lesebefehl wird GET... EDIT... verwendet, da es sich um eine einfache sequentielle Dateneingabe handelt. Daneben gibt es weitere Ein-Ausgabebefehle, wie z. B. GET/PUT... LIST oder GET, PUT... DATA (vgl. 3. Zeile nach Marke A 3). Bemerkenswert ist ferner die Aneinanderreihung von Zeichenfolgen durch V e r k e t t u n g s s y m b o l e; ein Beispiel dafür gibt das Zeichen // im Befehl DISPLAY („FALSCHES DATUM' // BDAT). Dieses Sprachelement ist insbesondere für die nichtnumerische Datenverarbeitung von großer Bedeutung. Der wahlfreie Zugriff auf die Plattendateien wird durch den Lesebefehl READ FILE ... ausgelöst; mit Hilfe der zusätzlichen Datenvereinbarung REGIONAL (1), DIRECT ist die Art des Zugriffs und das Adressierverfahren festgelegt.

Im Verarbeitungsteil des Programms können für Vergleichsoperationen und für logische Verknüpfungen K u r z z e i c h e n verwendet werden, wie z. B. $\neg =$ für „ungleich" bzw. $\vee$ für die Disjunktion („inklusives Oder"); dadurch vereinfacht sich der Schreibaufwand bei der Notation des Programms.

P r o g r a m m s c h l e i f e n werden mit DO-Anweisungen programmiert; das Sprachelement WHILE liefert während eines jeden Schleifendurchlaufs das Ergebnis einer Abfrage, die für eine Beendigung der Schleifendurchläufe sorgt. Die Rabatt- und Preisstaffel wird im vorliegenden Programm als Tabelle berechnet und gespeichert, so daß für die Rechnungsschreibung jeweils der Index des zutreffenden Tabellenplatzes bestimmt und sein Inhalt in die Postenzeile übertragen werden muß.

III. Vergleich

Dieser dritte Teil soll weder ein alles umfassender Vergleich sein noch ein Werturteil über die behandelten Sprachen ergeben. Es geht vielmehr darum, die Schwerpunkte dieser Programmiersprachen einander gegenüberzustellen. In insgesamt sechs Abschnitten werden die oben dargestellten Programmbeispiele miteinander verglichen.

1. ALGOL-COBOL

Ein Unterschied zwischen dem ALGOL-Programm (Abb. 4) und dem COBOL-Programm (Abb. 5) wird bereits am Umfang der Befehlsliste deutlich; außerdem erfordert COBOL ein formatisiertes Schema für die Programmnotation. Mit ALGOL läßt sich derselbe Sachverhalt durch eine vergleichsweise kompaktere Programmierung und Notation ausdrücken. Die Ausdehnung der Programmliste ist im COBOL-Programm vor allem auf den umfangreichen Vereinbarungsteil (DATA-DIVISION) zurückzuführen. Im Unterschied zum ALGOL-Programm können in der Data-Division des COBOL verschiedenartige, dem jeweiligen Rechnungszweck genau angepaßte Datenformate vereinbart werden. Dadurch wird die Kapazität des Arbeitsspeichers besser genutzt; außerdem ist mit diesen vielfältigen Möglichkeiten der Datendarstellung zugleich auch eine Datenaufbereitung für Eingabe- und Ausgabevorgänge verbunden. Somit läßt sich die gerade bei der kommerziellen Datenverarbeitung geforderte Gestaltungsfreiheit im Drucklistenbild auf einfache Weise realisieren. Die INPUT- und OUTPUT-Befehle des ALGOL unterscheiden sich hierin grundsätzlich von der Konzeption der COBOL-Sprache.

Der eigentliche Verarbeitungsteil des COBOL-Programms (PROCEDURE-DIVISION) ist im Vergleich zum ALGOL-Programm umständlicher zu formulieren. COBOL bietet hier auch nicht die vielfältigen Möglichkeiten der ALGOL-Sprache zur Formulierung von arithmetischen und logischen Verknüpfungen der Daten, so daß sich z. B. die Programmierung der Rabatt- und Preisstaffel weniger elegant gestaltet. Schließlich muß aber in diesem Zusammenhang die Fähigkeit der Selbstdokumentation einer Sprache und eines Programms gesehen werden. Ein selbstdokumentierendes Programm ist so abgefaßt, daß es von einem Dritten ohne weitere Kenntnisse des vorliegenden Datenverarbeitungsproblems verstanden werden kann. Die zum Teil umständliche Programmierung in COBOL unterstützt jedoch gerade diese Fähigkeit der Selbstdokumentation, so daß COBOL für die Anwendung in der Praxis durch mathematisch nicht geschulte Programmierer durchaus Vorteile bieten kann. Trotzdem hat dieser Vergleich gezeigt, daß <u>jede der beiden Sprachen Vorteile und Nachteile auf bestimmten Gebieten aufweisen, wobei COBOL für die Programmierung eingabe- und ausgabeintensiver Datenverarbeitungsprozesse, die auf mittleren Anlagen mit vergleichsweise kleiner Arbeitsspeicherkapazität durchgeführt werden sollen, besonders gut geeignet ist.</u>

2. ALGOL-FORTRAN

ALGOL- und FORTRAN-Programme (vgl. dazu Abb. 4 und Abb. 6) sind insofern miteinander vergleichbar, als beide Sprachen ursprünglich zur Programmierung technisch-wissenschaftlicher Probleme entwickelt wurden. Da FORTRAN die für ALGOL typische Blockstruktur nicht besitzt, ist die programmtechnisch elegante Verschachtelung von Programmteilen nicht möglich. Das FORTRAN-Programm zeichnet sich daher durch einen einfachen Aufbau aus, der aber oftmals mit einer größeren Zahl von Programmbefehlen erkauft werden muß. Daher erfordert das Programmieren in FORTRAN einen größeren Aufwand bei der Notation des Programms.

Vorteile gegenüber ALGOL ergeben sich aus der erweiterten Möglichkeit zur Vereinbarung von Datenfeldern innerhalb des Programms. Durch die Benutzung stufenweise variabler Datenfelder läßt sich gegenüber ALGOL bereits eine nennenswerte Einsparung bei der Belegung der Speichereinrichtungen einer Datenverarbeitungsanlage erreichen. Demgegenüber weist ALGOL entscheidende Vorteile bei der Formulierung des Verarbeitungsteils auf. So kann z. B. die Verarbeitung von Tabellenelementen (ein- bzw. mehrfach indizierte Größen) oder der Aufruf von Programmschleifen in ALGOL einfacher und zugleich umfassender programmiert werden. Mit der Verwendung der INPUT- und OUTPUT-Befehle für die Programmierung der Dateneingabe und -ausgabe erfüllt ALGOL mindestens dieselben Funktionen wie sie in FORTRAN durch die Befehle FORMAT in Verbindung mit WRITE bzw. READ programmiert werden können. So ergibt sich im Vergleich mit FORTRAN für ALGOL ein günstiges Bild; allerdings muß oftmals die programmtechnische Vielfalt und Eleganz von ALGOL durch längere Ausführungszeiten für das Programm bezahlt werden. Dadurch kann es vorkommen, daß FORTRAN-Programme wegen der einfacheren Struktur günstigere Rechenleistungen aufweisen.

3. ALGOL-PL/1

Bisweilen wird behauptet, PL/1 sei aus einer Vereinigung der beiden Sprachen ALGOL und COBOL entstanden. An ALGOL erinnert bei PL/1 die Blockstruktur des Programmaufbaus und die Formulierung logischer und arithmetischer Datenverknüpfungen im Verarbeitungsteil des Programms. Die Anlehnung der PL/1-Sprache an COBOL läßt sich aus den Gestaltungsmöglichkeiten des Datenvereinbarungsteiles in Programm erkennen. Wie das Beispiel des Programms Rechnungsschreibung zeigt, können variable Datenformate vereinbart werden; außerdem ist es möglich, die Art des Datenzugriffs innerhalb des Programms umfassend festzulegen. Damit hat PL/1 die Flexibilität der Datenorganisation von COBOL und weist zugleich den Vorteil von ALGOL zur Formulierung der Verarbeitungs- und Verknüpfungsoperationen auf. Ob nun PL/1 oder die verbesserte Version ALGOL 68 zukünftig das Rennen machen wird, läßt sich an Hand dieser Vergleiche nicht sagen; es ist jedoch klar, daß PL/1 wegen seiner Vorzüge für die Datenverarbeitungspraxis in der Zukunft eine große Bedeutung erlangen wird.

4. COBOL-FORTRAN

Ähnlich wie beim Vergleich ALGOL-COBOL wird es nur wenig praxisnahe Fälle geben, wo die Alternative COBOL-FORTRAN zur Entscheidung ansteht. FORTRAN deckt den technisch-wissenschaftlichen Programmierbereich, COBOL den kommerziellen Bereich jeweils besser ab.

Der kleinere Umfang des FORTRAN-Programms gegenüber dem COBOL-Programm darf nicht zu voreiligen Schlüssen verleiten. Für das genannte Anwendungsbeispiel weist FORTRAN markante Unzulänglichkeiten auf, die bei Verwendung von COBOL nicht aufgetreten wären. Die vier in FORTRAN benutzten Datenfelddefinitionen auf der Basis eines Maschinenwortes weisen die hier geforderte Flexibilität wegen der verschieden langen Datenfelder nicht auf. In der FORTRAN-Programmierung werden dieselben Informationen in Datensätzen dargestellt, die mehr Speicherplatz als im Falle des COBOL-Programms erfordern. Bei 8000 Kundensätzen und 1200 Artikelsätzen würde dieser Umstand zu einem Verlust von cirka 78 400 Bytes Speicherplätze auf einer peripheren Speichereinrichtung führen.

Das hier gewünschte Druckbild läßt sich mit den Sprachelementen von FORTRAN gerade noch programmieren. Kompliziertere Listenbilder würde die Möglichkeiten von FORTRAN bereits übersteigen. Im Unterschied dazu erlaubt die PICTURE-Eintragung der COBOL-Sprache eine genügend große Anpassungsfähigkeit an die Bedürfnisse des praktischen Falles.

Die wenig aussagefähigen Nummern des FORTRAN-Programms zur Definition von Programmarken bzw. Dateizuordnungen wird bei COBOL durch übersichtliche und leicht verständliche Bezeichnungen ersetzt. Dadurch verbessert sich auch die Selbstdokumentation des COBOL-Programms.

Im Verarbeitungsteil des FORTRAN-Programms ergeben sich Vereinfachungen, da die Notation der Verknüpfungs- und Transportbefehle einfacher ist und außerdem ein Teil der MOVE-Befehle des COBOL-Programms entfallen kann. Die Programmschleife zum Drucken der Posten wird in beiden Programmen benutzt; für FORTRAN beginnt die Schleife mit DO, während für COBOL der Befehl PERFORM angewandt werden muß.

5. COBOL-PL/1

Es fällt schwer, Probleme zu finden, die nicht genau so günstig mit PL/1 zu lösen wären wie mit COBOL. Darüber hinaus bietet PL/1 wesentlich mehr Möglichkeiten im Vergleich zu COBOL, so daß ein entsprechendes PL/1-Programm übersichtlicher und wesentlich kompakter formuliert werden kann. Der Verarbeitungsteil des COBOL-Programms kann in seinen Funktionen wahlweise auch im Falle von PL/1 programmiert werden, während viele COBOL-Befehlsfolgen im Anweisungsteil des Programms durch PL/1 erheblich gekürzt werden können. Im Vergleich zu COBOL hat also PL/1 in diesem Fall keine programmtechnischen Nachteile, wie sie bei den für technisch-wissenschaftliche Aufgaben entwickelten problemorientierten Sprachen zu erkennen sind.

6. FORTRAN-PL/1

Die Nachteile von FORTRAN für die Datenein- und -ausgabe sowie für die Datenorganisation ergeben auch beim Vergleich mit PL/1 ein ungünstiges Ergebnis. In ihrem Anweisungsteil haben beide Programme Gemeinsamkeiten; allerdings zeichnet sich PL/1 durch größere Flexibilität aus. Schließlich läßt sich das PL/1-Programm im wesentlichen formatfrei notieren, so daß damit im Vergleich zu FORTRAN die Arbeit des Programmierers etwas vereinfacht wird.

IV. Zusammenfassung

Wie die Vergleiche zeigen, ist die vorliegende Aufgabenstellung aus dem Bereich der kommerziellen Datenverarbeitung typisch für eine Programmierung in der COBOL-Sprache. Die vielfältigen Datenaus- und -eingabefunktionen, die für eine sachgerechte Fakturierung erforderlich sind, und die vergleichsweise einfachen Datenverknüpfungsoperationen umreißen genau jene Problemstellung, für die COBOL entwickelt wurde. Insofern ist FORTRAN sicherlich die am wenigsten geeignete Sprache, während PL/1 sich in gleicher Weise wie COBOL hier bewährt. ALGOL nimmt eine Sonderstellung ein, da es in der kommerziellen Datenverarbeitungspraxis kaum verbreitet ist und somit in diesem Falle außer Konkurrenz betrachtet werden muß. Das ALGOL-Programm hat immerhin gezeigt, daß auch dieses kommerzielle Problem durchaus sachgerecht zu programmieren ist, wenn die INPUT- und OUTPUT-Funktionen im Zusammenhang mit ALGOL 60 benutzt werden können.

Für die Auswahl einer Programmiersprache zur Lösung praktischer Aufgabenstellungen können die oben angestellten programmiertechnischen Eigenschaften jedoch nicht allein maßgebend sein. Daneben sollten auch jene Voraussetzungen bedacht werden, die den praktischen Einsatz der Sprache und der mit ihrer Hilfe erstellten Programme betreffen, wie z. B. technische Ausstattung der EDV-Anlage (Kapazität ihres Arbeitsspeichers), Qualität des Compilerprogramms, Ausbildungsniveau und Schulungsprogramm der Programmierer und Kompatibilität der Sprache mit den bereits vorhandenen Programmen.

Der Entwurf eines Datenverarbeitungssystems

Von Diplomkaufmann Albert Henne, Hamburg

1. Die Aufgabenstellung

Ein Nahrungsmittelhersteller hat außer verschiedenen Werken 50 Niederlassungen mit Verkaufslagern. 500 Verkaufsfahrer beliefern 140 000 Einzelhändler mit Ware. Für diesen Hersteller soll eine Datenverarbeitungsanlage konzipiert werden. Eine der wesentlichen Aufgaben dieser Anlage soll die tägliche Verkaufsabrechnung sein. An Hand dieser Aufgabe soll eine Hardware-Konfiguration entwickelt und begründet werden.

Bei der Verkaufsabrechnung sind folgende Datenmengen zugrunde zu legen:

Datenbestand	Anzahl der Sätze	Satz-länge	Mill. Bytes	Karten Zeilen
Kundenstammsätze	140 000	200	28	—
Kundensonderkonditionen	20 000	500	10	—
Bestellung pro Tag à 8 Artikel	20 000	80	1,6	20 000 Karten
Rechnungen pro Tag à 12 Zeilen zu 75 Bytes	20 000	900	18	240 000 Zeilen
Artikelbestand	5 000	50	0,25	—

Auf Grund der Datenmengen für die Verkaufsabrechnung, der Größe des abzulösenden Systems und der zusätzlich zu übernehmenden Aufgaben werden folgende Annahmen gemacht:

1. Die Probleme können mit einem System IBM/360 Modell 40 mit einer Hauptspeichergröße von 192 K (1 K = 1024 Bytes) oder 256 K gelöst werden.

2. Das einzusetzende Betriebssystem ist das IBM/360 Operating System.

3. Zur Lösung des Anwendungsproblems gibt es zwei Wege

    1. Die Plattenlösung

    2. Die Bandlösung

Bei beiden Lösungen sollen Bänder und Platten eingesetzt werden.

2. Der Einfluß der Software auf die Hardware

Bei der Verkaufsabrechnung müssen 20 000 Rechnungen à 12 Zeilen = 240 000 Zeilen gedruckt werden. Der schnellste verfügbare Drucker (IBM 1403 Modell N 1) schreibt maximal 66 000 Zeilen pro Stunde. Bei einer Rechnungsschreibung sollten wir wegen der vielen Vorschübe und wegen der Rüstzeiten mit einer effektiven Stundenleistung von 50 000 Zeilen rechnen. Das hat zur Folge, daß das Drucken der Rechnungen ca. 5 Stunden dauert. Da dies bei dieser Anwendung nicht akzeptabel ist, gilt es, die Rechnungen gleichzeitig auf 2 Druckern zu drucken und damit die Druckzeit zu reduzieren. Aus diesem Grunde sollen die Druckausgaben zunächst auf Band ausgegeben werden und dann von Band gedruckt werden.

Dieser Umweg über das Band lohnt sich nur, wenn das Drucken des Bandinhalts gleichzeitig mit dem Erstellen neuer Rechnungen erfolgt. Das wird mit Hilfe des Multiprogrammings erreicht. In unserem Beispiel könnten zunächst 3 Programme parallel ablaufen:

1. Die Rechnungsschreibung mit Druckausgabe auf Band

2. Das Drucken der Rechnungen von Band auf dem 1. Drucker

3. Das Drucken der Rechnungen von Band auf dem 2. Drucker

Dieses Multiprogramming ist mit Hilfe des Operating Systems in der Version Multiprogramming mit fester Anzahl von T a s k s möglich.

Eine Task ist die Ausführung eines Programmes. Die Programme werden in festzugeordneten Hauptspeicherbereichen (P a r t i t i o n s) ausgeführt. Den parallelen Ablauf der Programme steuert der Supervisor. Dieses Systemprogramm steht daher ständig im Hauptspeicher. Der Supervisor startet ferner jede Ein/Ausgabeoperation und schließt sie auch ab.

Im Hauptspeicher stehen also folgende Programme, denen bestimmte Ein/Ausgabeeinheiten zugeordnet wurden.

Hauptspeicher	Supervisor	**Rechnungs-schreibung** mit Ausgabe der Rechnungen auf Band	**Drucken** der Rechnungen von Band	**Drucken** der Rechnungen von Band
Zugeordnete Ein/Ausgabeeinheiten		1 Bandeinheit für die Druckausgabe u. a. Einheiten	1 Bandeinheit 1 Drucker	1 Bandeinheit 1 Drucker

Die Programme werden von Platte geladen. Für das IBM/360 Operating System sind 2 Platten IBM 2314 sinnvoll einzusetzen. Diese Platten enthalten Programmbibliotheken und Arbeitsbereiche. Das Operating System benötigt ferner eine 1052 Konsolschreibmaschine.

Sollen große Mengen von Lochkarten gelesen werden oder große Mengen gedruckt werden, so wird die Verarbeitung durch die langsamen Einheiten verzögert. Während der gesamten Verarbeitungszeit bleibt der Hauptspeicher durch das große Verarbeitungsprogramm belegt, obwohl für das Kartenlesen oder Drucken nur wenig Hauptspeicherplatz benötigt wird. Deshalb trennt man das Kartenlesen und Drucken von den Hauptprogrammen.

Man liest mit S p o o l - P r o g r a m m e n (Spool = Simultaneous peripheral operations on line) Karteninhalte auf Band und druckt vom Band. Beim Einsatz eines Kartenleseprogrammes für die Rechnungsschreibung würde dieses Programm die Bestellkarten auf Platte oder Band lesen.

Sollen geringe Mengen von Lochkarten (z. B. Steuerkarten) gelesen werden oder sollen wenig Zeilen (z. B. Systemnachrichten) gedruckt werden, so wären direkt zugeordnete Kartenleser und Drucker nicht ausgelastet, da sie während der gesamten Dauer der Task nur dieser zugeordnet wären. Außerdem müßten für jedes der parallel ablaufenden Programme andere Kartenleser und Drucker zugeordnet werden. Dieses Problem wird dadurch gelöst, daß das Systemprogramm Input Reader alle Steuerkarten und Datenkarten des Eingabestroms auf Platte liest. Von dort werden die Informationen durch den Initiator gelesen und die Programme werden gestartet. Kleinere Druckmengen (z. B. Systemnachrichten) werden auf Platte ausgegeben und automatisch durch den Output Writer geschrieben.

Folgende Darstellung soll die bis jetzt absehbare Hauptspeicheraufteilung und Einheitenzuordnung zeigen.

Haupt-speicher	Supervisor	P4		P2	P2	P0
		Input Reader		**Band-Drucker** für Rechn.	**Band-Drucker** für Rechn.	**Output Writer** für kleine Druck-mengen
		Rechnungs-schreibung				
192 K*)	50 K	96 K		16 K	16 K	14 K
E/A-Einheiten	OS: 1052 Konsol-schreibm. 2 × 2314 Platten	Input Reader 1 × 2540 Karten-einheit Plattenbereiche		1 Band 2415/5	1 Band 2415/5	Platten-bereiche
		Rechnungs-schreibung Plattenbereich f. Bestellungen 1 Band f. Rechnungen		1 Drucker 1403 Mod. N1	1 Drucker 1403 Mod. N1	1 Drucker 1443

*) 1 K = 1204 Bytes

3. Die Plattenlösung

3.1 Das Einlesen der Bestellungen

Da beim Einlesen der Bestellungen der Kartenleser der Engpaß ist, können wir als Verarbeitungszeit in etwa die Kartenlesezeit ansetzen. Sie beträgt 25 Minuten.

3.2 Sortieren der Bestellungen

Das Sortieren von 20 000 Sätzen à 80 Bytes mit 4 Arbeitsplatten und 96 K Hauptspeicherplatz dauert laut Sortierzeitentabelle 3 Minuten.

3.3 Die Einzelrechnungsschreibung

Bei der Einzelrechnungsschreibung werden für jeden Kunden die Konditionen geprüft und die Rechnung dementsprechend ausgeschrieben. In den Kundenstammsätzen ist die Adresse eines Sonderpreissatzes enthalten, wenn dieser Kunde Sonderpreise erhält. Wenn Einzelhandelsfilialen von Großkunden beliefert werden, so sind neben den Einzelrechnungen Sammelrechnungen auszustellen. Die Eingaben für die Sammelrechnungsschreibung werden bei der Einzelrechnungsschreibung erstellt. Die Artikelbestandsführung wird für jedes der 60 Lager getrennt durchgeführt. Die Artikelbestände im Datenbestand „Auslieferungslager" werden später verändert. Während der Rechnungsschreibung wird nicht geprüft, ob ein Artikel auf Lager ist. Dies ist deshalb nicht erforderlich, weil die Lager auf Grund der Rechnungen laufend aufgefüllt werden. Ausnahmsweise nicht vorrätige Artikel werden nachgeliefert, oder es wird eine Gutschrift erteilt. Im Datenbestand „Artikel" sind Artikelbeschreibungen, Preise und der Gesamtbestand aller Lager enthalten.

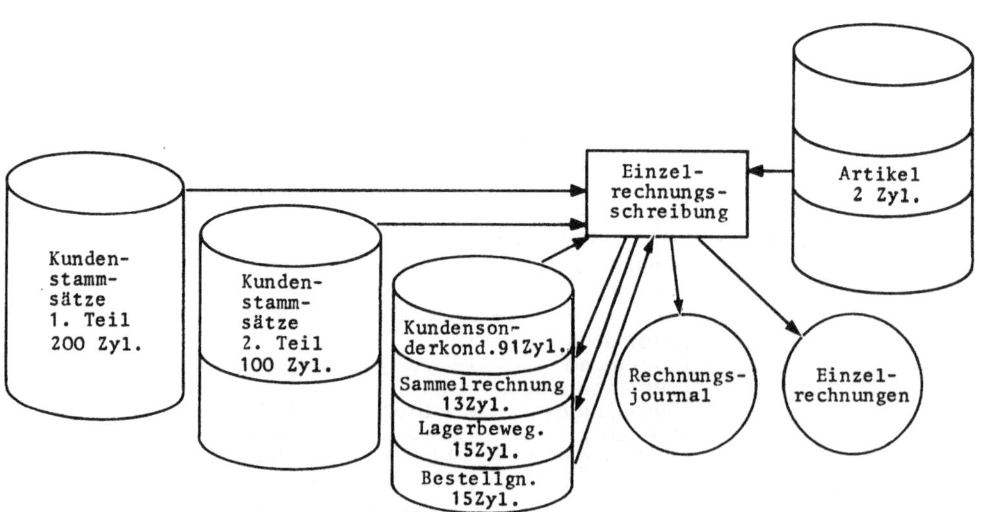

Die Zeit- und Kapazitätsberechnungen brachten folgendes Ergebnis:

Suchzeit	32 Minuten
Belastung Selektorkanal 1 (Plattenoperationen)	53 Minuten
Belastung Selektorkanal 2 (Bandoperationen)	25 Minuten
Belastung der Zentraleinheit durch E/A-Operationen	18 Minuten
Hauptspeicherplatz für Puffer	4670 Bytes
Plattenspeicherplatz	436 Zylinder

Diese Ergebnisse hängen wesentlich von den für die Dateien gewählten B l o k-
k u n g s f a k t o r e n und von der Verteilung der Daten auf die Platten und Bänder
ab. Dabei gelten folgende Regeln:

Mit steigendem Blockungsfaktor

- nimmt die Kapazität eines Bandes degressiv zu, da die Anzahl der Klüfte zwischen den Blöcken abnimmt **(Regel 1)**;

- nimmt die Kapazität einer Platte degressiv zu, wenn die Ausnutzung der Spur-
kapazität gleich ist, d. h. wenn am Spurende gleich viel ungenutzte Bytes sind
(Regel 2);

- nimmt die CPU-Zeitbelastung durch E/A-Operationen ab, da die Anzahl der
E/A-Operationen verringert wird **(Regel 3)**;

- steigt der Hauptspeicherplatzbedarf für Ein/Ausgabe-Puffer proportional **(Regel 4)**;

- sinken die Suchzeiten degressiv, wenn zwei Dateien auf einer Platte gleichzeitig sequentiell verarbeitet werden **(Regel 5)**;

- sinken die Aufsuchzeiten bei sequentieller Verarbeitung degressiv **(Regel 6)**;

- steigen die Schreib/Lesezeiten bei wahlweiser Verarbeitung proportional
(Regel 7);

Ferner gilt:

- Werden 2 Dateien zur gleichen Zeit in der Form bearbeitet, daß immer abwechselnd zu den Dateien zugegriffen wird, so empfiehlt es sich, die Dateien
auf verschiedene Platten zu legen **(Regel 8)**.

- Werden 2 Dateien zur gleichen Zeit in der Form bearbeitet, daß gleichzeitig zu
beiden Dateien zugegriffen wird, so empfiehlt es sich, zu beiden Dateien
über verschiedene Steuereinheiten und Kanäle zuzugreifen **(Regel 9)**.

Während die bisherigen Regeln Hardwareabhängigkeiten aufzeigten, verweist die
folgende Regel auf organisatorische Bedingungen:

● Die von der Blocklänge abhängige physische Kapazität einer Platte kann bei gestreuter Speicherung im allgemeinen nicht voll genutzt werden, da nicht alle verfügbaren Plätze belegt werden **(Regel 10)**.

Die Anwendungen dieser Regeln soll an einigen Beispielen erläutert werden.

Die Datenbestände sollten auf 4 Platten untergebracht werden. Der Datenbestand mit den meisten Zugriffen ist der Artikelbestand. Es gilt hier, die Suchzeiten zu minimieren. Durch die hohe Blockung wurde erreicht, daß der Datenbestand in zwei Zylinder paßte. Dabei wurde die Blocklänge so gewählt, daß am Spurende wenig unausgenutzter Platz blieb **(Regel 2)**. Die Speicherung erfolgte gestreut. Es war nur möglich, die Daten in 2 Zylindern unterzubringen, weil der Nummernkreis der Artikelnummern lückenlos war und daher eine lückenlose Speicherung möglich war **(Ausnahmefall von Regel 10)**. Die kurzen Suchzeiten kamen dadurch zustande, daß der Artikelbestand als einziger Bestand auf dieser Platte verarbeitet wurde **(Regel 8)**.

Der größte Datenbestand enthält die Kundenstammsätze. Die Blocklänge wurde nicht so hoch gewählt (600), weil sonst die Lesezeit bei der wahlweisen Verarbeitung zu hoch würde **(Regel 7)**. Dem steht ein erhöhter Platzbedarf auf der Platte gegenüber **(Regel 2)**. Der Platzbedarf wird bei diesem gestreut gespeicherten Datenbestand mit direkter Adressierung aus organisatorischen Gründen erhöht, da der Nummernkreis der Kundennummern nur zu 80 % belegt ist **(Regel 10)**. Die übrigen Dateien stehen alle auf einer Platte. Dadurch entstehen erhöhte Suchzeiten **(Regel 8)**. Die Suchzeiten werden durch Blockung gemindert **(Regel 5)**.

Welche Folgerungen sind aus den errechneten Werten zu ziehen?

1. Die Suchzeiten

Die Suchzeit beträgt 1908 Sekunden, also ca. 32 Minuten. Während des Suchens könnte von anderen Platten gelesen oder geschrieben werden. In unserem Falle kann die Suchzeit bei den Artikelsätzen vom Rechnungsschreibungsprogramm nicht genutzt werden, da während der Artikelverarbeitung keine anderen Plattenoperationen stattfinden. Die Suchzeiten für die auf einer Platte stehenden Dateien können nicht für das Lesen oder Schreiben einer anderen Datei auf derselben Platte genutzt werden, da die Einheit nur eine Operation zu einer Zeit ausführen kann. Die Suchzeiten für Kundenstammsätze können mit Operationen auf anderen Platten überlappt sein bzw. die Leseoperationen für Kundenstammsätze können gleichzeitig mit Suchoperationen auf anderen Platten ausgeführt werden. Da nicht sicher ist, daß dies geschieht, gehen die Suchzeiten voll als nicht überlappte Zeiten in die Verarbeitungszeit ein.

2. Die Aufsuch- und Lese/Schreib/Schreibprüfungszeiten auf Platten

Da nur eine Plattensteuereinheit vorhanden ist, sind diese Zeiten voll in die Gesamtzeit aufzunehmen (3171 Sekunden = ca. 53 Min.).

3. Die Start/Stop- und Schreibzeiten auf Bändern

Da diese Operationen über eine Bandsteuereinheit und über den 2. Selektorkanal ausgeführt werden, braucht die Zeit (1480 Sek. = 25 Min.) nicht zur Verarbeitungszeit hinzugezählt zu werden, da sie mit der Arbeit des 1. Selektorkanals überlappt wird.

4. CPU[1])-(Zentraleinheit-) eit für E/A-Operationen

Diese Zeit ist die Zeit, die der Supervisor benötigt, um eine E/A-Operation zu starten und abzuschließen sowie ein eventuell erforderliches Umschalten von einer Task zu anderen durchzuführen. Ferner enthält diese Zeit die Zeit, die benötigt wird, um die Daten vom Kanal in den Hauptspeicher zu transportieren (K a n a l i n t e r f e r e n z). Die Zeit von 1060 Sek. = 18 Min. enthält also keine Verarbeitung der Daten.

5. Die Gesamtverarbeitungszeit

Bisher gilt:

Suchzeiten	32 Minuten
andere Plattenzeiten	53 Minuten
Bandzeiten	— Minuten (voll überlappt)
E/A-Zeiten	85 Minuten
CPU-Zeit für E/A-Operationen	18 Minuten

Wenn die Gesamtverarbeitungszeit 85 Minuten wäre, würde die CPU-Belastung 85 : 18 = ca. 20 % allein auf Grund der E/A-Operationen sein. Es wären also 80 % der CPU-Zeit für die Verarbeitung frei, was bei derartigen Anwendungen völlig ausreicht, um die CPU nicht zum Engpaß werden zu lassen. Da die Rechnungsschreibung jedoch im Multiprogramming erfolgt, steht dem Programm wesentlich weniger CPU-Zeit zur Verfügung. Der Einfluß des Multiprogrammings auf die Gesamtverarbeitungszeit soll in den nächsten Abschnitten erläutert werden.

Während des größten Teils der Rechnungsschreibung laufen folgende Tasks:

	P 3	P 2	P 1	P 0
Supervisor (keine Task)	Rechnungs-schreibung	Band-Drucker	Band-Drucker	Output-Writer

Jedes der 3 parallel zur Rechnungsschreibung ablaufenden Programme benötigt je nach Programmierung und Blockung 10–20 % CPU-Zeit.

Die Prioritäten sind P0 > P1 > P2 > P3, d. h. der Output Writer in P0 hat die höchste Ausführungspriorität, es folgen die Band-Drucker-Programme und schließlich das Rechnungsschreibungsprogarmm. Wenn der CPU-Zeitbedarf jeder der Partitions P1 und P2 je 20 % wäre und das Rechnungsschreibungsprogramm 20 % allein für die E/A-Operation benötigt, blieben also nur 20 % für die Verarbeitung

---

[1]) CPU = Central Processing Unit = Zentraleinheit

im Rechnungsschreibungsprogramm. Es ist also wichtig, bei den Band-Drucker-Programmen auf CPU-zeitsparende Programmierung zu achten. Dies ist, da praktisch keine Verarbeitung vorliegt, nur über eine Verringerung der Zahl der E/A-Operationen zu erreichen. Dies ist bei Bändern und Platten über hohe Blockung und bei den Druckern durch K a n a l b e f e h l s k e t t u n g möglich. Wir können daher von einer CPU-Zeit-Belastung von 10 % je Partition (P0–P2) ausgehen. Damit verbleiben für die Verarbeitung in der Rechnungsschreibungstask 50 % CPU-Zeit (je 10 % sind für P0–P2 und 20 % für E/A-Operationen in P3 abzusetzen). Ob die 50 % CPU-Zeit ausreichen, um die Verarbeitung durchzuführen, ohne daß die CPU zum Engpaß wird, hängt außer von der Anwendung, von der gewählten Programmiersprache und der Qualität der Programmierer ab. Diese Zeit sollte jedoch ausreichen, so daß die E/A-Zeiten zur Grundlage der Zeitberechnungen gemacht werden können. Dabei ist jedoch zu beachten, daß die angegebene CPU-Belastung die durchschnittliche CPU-Belastung ist, d. h. daß es gerade beim Rechnungsschreibungsprogramm vorkommt, daß die CPU-Zeit dann nicht verfügbar ist, wenn sie benötigt wird und daß damit die CPU-Zeit häufig zum Engpaß wird. Auf Grund dieser Tatsachen ist auf die E/A-Zeiten ein Zuschlag von 30–50 % vorzunehmen. Wir wählen für die weiteren Überlegungen den 50%igen Zuschlag und gehen davon aus, daß damit auch Rüstzeiten abgedeckt sind. Die tatsächliche Laufzeit läßt sich erst nach Fertigstellung der Programme exakt ermitteln. Es ist einer der Vorteile des Operating-Systems, daß die Blockgrößen dann ohne Veränderung der Programme lediglich durch Änderung der Steuerkarten den Bedürfnissen angepaßt werden können. Für die weiteren Überlegungen wollen wir von einer Gesamtverarbeitungszeit von 2 Stunden ausgehen.

3.4 Sortieren der Lagerbewegungen

20 000 Sätze mit durchschnittlich 80 Bytes Länge können bei 96 K Hauptspeicher und Sortarbeitsbereichen auf 4 Platten in 3 Minuten sortiert werden.

3.5 Verbuchen der Lagerbewegungen

Die Lagerbewegungen werden pro Artikel und Lager im Datenbestand „Auslieferungslager" verbucht. Die Gesamtsumme aller Bewegungen eines Lagers wird auch in den entsprechenden Sätzen im Datenbestand „Artikel" vermerkt. Die Laufzeit dieses Programmes beträgt 5 Minuten.

3.6 Zusammenfassung

Die Gesamtzeit der Verkaufsabrechnung, soweit sie hier untersucht wurde, setzt sich aus folgenden Zeiten zusammen:

1. Lesen der Bestellungen	25 Min.
2. Sortieren der Bestellungen	3 Min.
3. Einzelrechnungsschreibung	120 Min.
4. Sortieren der Lagerbewegungen	3 Min.
5. Verbuchen der Lagerbewegungen	5 Min.
	156 Min.

Die Rüstzeiten sind minimal, da die Platten nicht ausgewechselt werden. Die Druckausgabe teilt sich wie folgt auf:

	Drucker 1	Drucker 2
Rechnungen	150 Min.	150 Min.
Rechnungsjournal		25 Min.
Artikelbestandsliste	70 Min.	
	220 Min.	175 Min.

Wenn der 1. Drucker 10 Minuten nach Beginn der Einzelrechnungsschreibung (Druckausgabe auf Band bis dahin 20 000 Zeilen = 25 Druckminuten) bzw. 38 Minuten nach Beginn des Lesens der Bestellungen startet, ist die gesamte Arbeit nach 38 + 220 = 258 Minuten bzw. 4 Stunden und 18 Minuten abgeschlossen.

Die Arbeit wurde mit folgender Konfiguration durchgeführt:

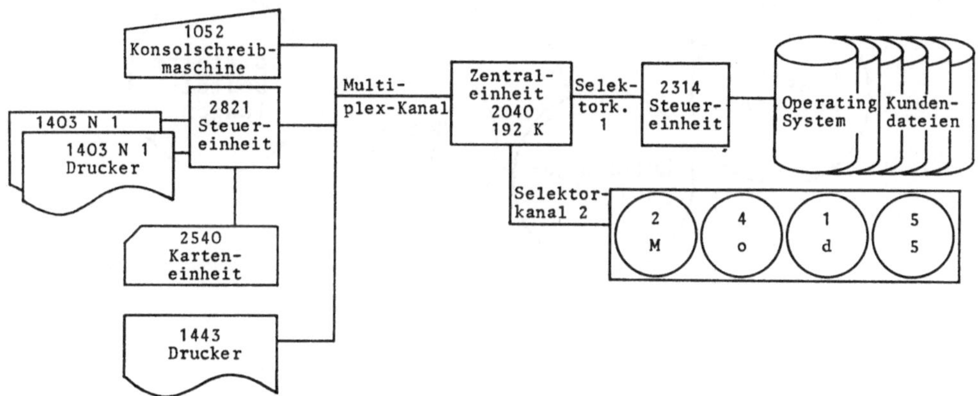

Der zeitliche Ablauf der Arbeit und die Belegung der Einheiten ist in der folgenden Tabelle dargestellt (vgl. Tabelle I).

Eine Bewertung der Gesamtkonfiguration erfolgt später.

4. Die Bandlösung

4.1 Einlesen der Bestellungen

Die Einlesezeit dauert wie bei der Plattenlösung 25 Minuten.

4.2 Sortieren der Bestellungen

Das Sortieren von 20 000 Sätzen à 80 Stellen in 96 K Hauptspeicher bei 4 Arbeitsbändern 2401 Modell 5 (120 000 Bytes/sec., Start-Stop-Zeit 8 ms) dauert nach den Sortierzeittabellen 5 Minuten.

4.3 Einzelrechnungsschreibung

Im Unterschied zur Plattenlösung bilden die Kundenstammsätze und Kunden-
sonderkonditionen eine Datei. Die Artikelsätze stehen auf einer der Systemplatten.

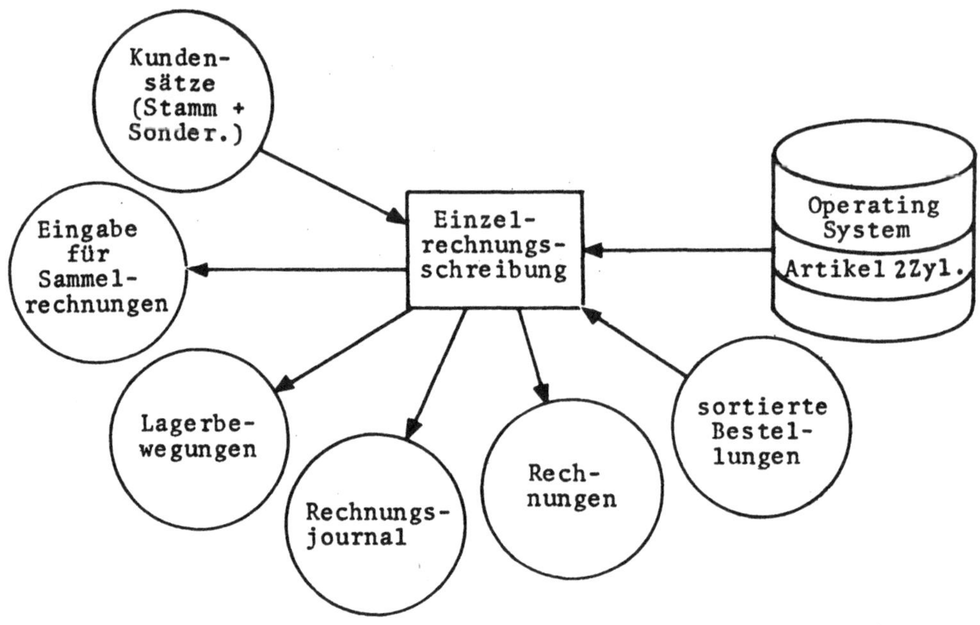

Die Zeit- und Kapazitätsberechnungen ergaben:

Suchzeit	17 Minuten
Belastung Selektorkanal 1 (Plattenoperationen)	41 Minuten
Belastung Selektorkanal 2	17 Minuten
Belastung der Zentraleinheit durch E/A-Operationen	18 Minuten
Hauptspeicherplatz für Puffer	5570 Bytes (10090 Bytes, 7570 Bytes)
Plattenspeicherplatz	2 Zylinder

Wenn alle Bänder am Selektorkanal 2 angeschlossen sind und 1 Puffer pro Datei
zugeordnet ist, können die E/A-Operationen trotzdem nur nacheinander ausgeführt werden, weil zunächst ein Bestellblock, dann ein oder mehrere Kunden-
blöcke eingelesen werden müssen. Anschließend werden die Artikelsätze verarbeitet und die Einzelrechnungssätze und Lagerbewegungssätze aufgefüllt. Nach
Abschluß einer Rechnung wird eventuell ein Sammelrechnungssatz erstellt und

te 148 a

Tabelle I

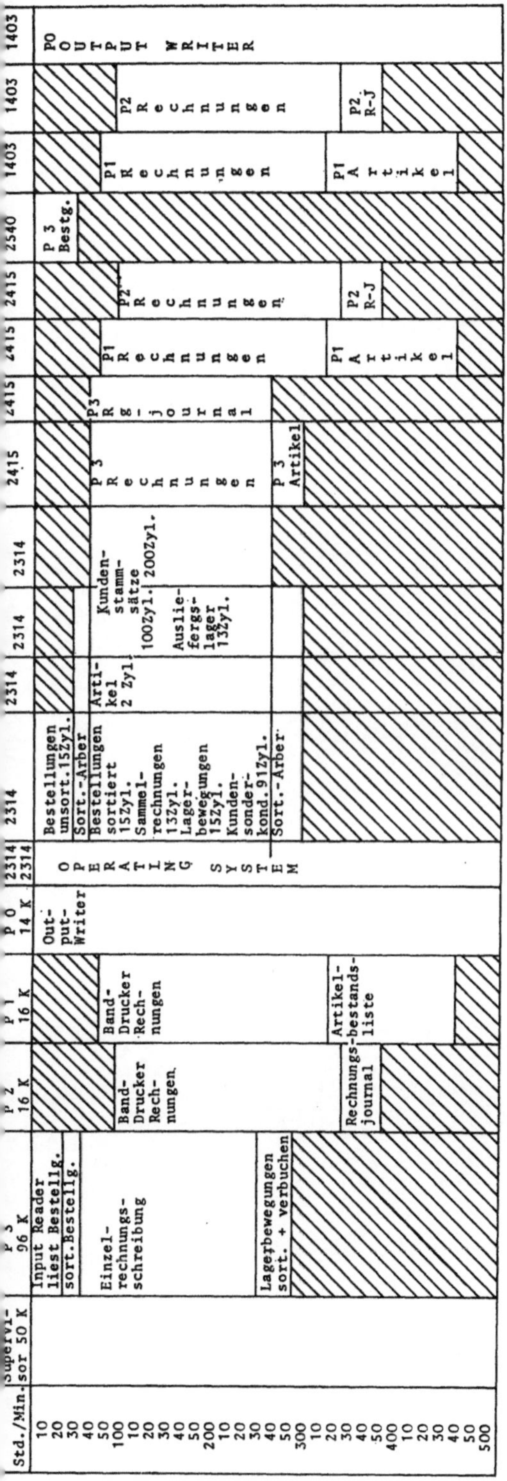

Std./Min.	Supervisor 50 K	P 3 96 K	P 2 16 K	P 1 16 K	P O 14 K	2314/2314	2314	2314	2314	2314	2415	2415	2415	2415	2540	1403	1403	1403
10 20 30 40 50 100 10 20 30 40 50 200 10 20 30 40 50 300 10 20 30 40 50 400 10 20 30 40 50 500		Input Reader liest Bestellg. sort.Bestellg. / Einzel-rechnungs-schreibung / Lagerbewegungen sort. + verbuchen	Band-Drucker Rechnungen. / Rechnungs-journal	Band-Drucker Rechnungen / Artikel-bestands-liste	Output-Writer	OPERATING SYSTEM	Bestellungen unsort.15Zyl. Sort.-Arber / Bestellungen sortiert 15Zyl. Sammel-rechnungen 13Zyl. Lager-bewegungen 15Zyl. Kunden-sonder-kond.91Zyl. Sort.-Arber	Artikel 2 Zyl.	Kunden-stamm-sätze 100Zyl. Auslie-fergs-lager 13Zyl.	200Zyl.	P 3 Rechnungen / P 3 Artikel	P3 Rg.-journal	P1 Rechnungen / P1 Artikel	P2 Rechnungen / P2 R-J		P1 Rechnungen / P1 Artikel	P2 Rechnungen / P2 R-J	PO OUTPUT WRITER

Tabelle II

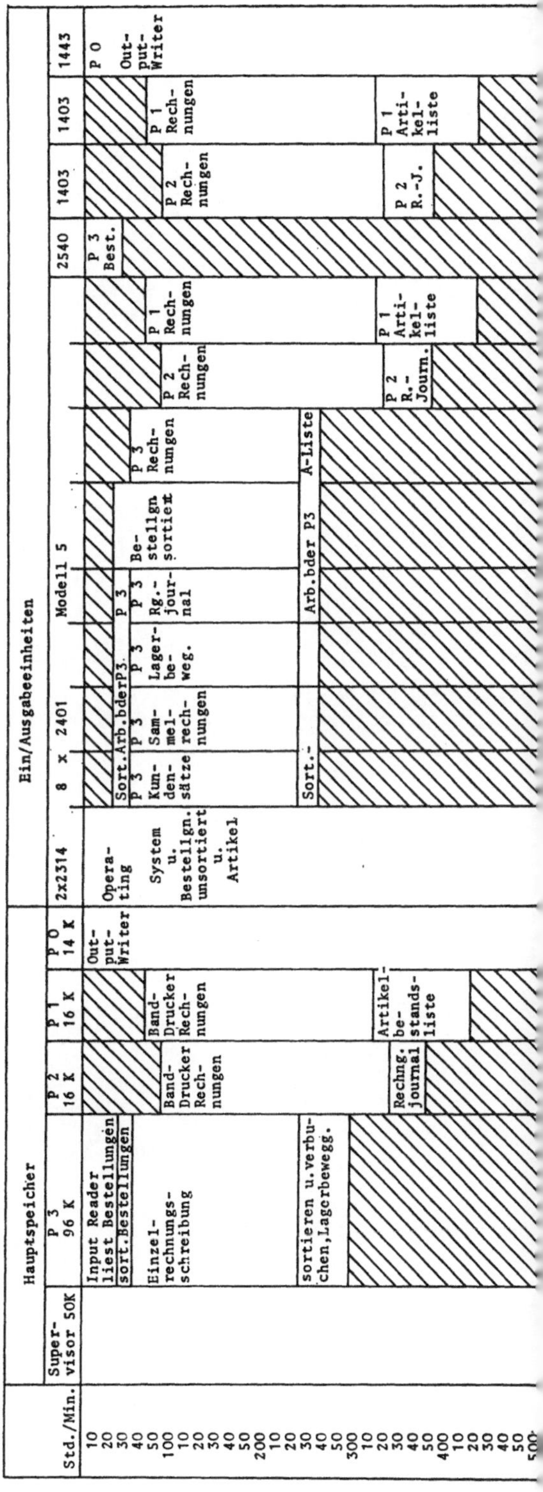

Std./Min.	Supervisor 50K	Hauptspeicher P 3 96 K	P 2 16 K	P 1 16 K	P O 14 K	Ein/Ausgabeeinheiten 2x2314	8 x 2401	Modell 5				2540	1403	1403	1443
10 20 30 40 50 100 10 20 30 40 50 200 10 20 30 40 50 300 10 20 30 40 50 400 10 20 30 40 50 500		Input Reader liest Bestellungen sort.Bestellungen / Einzel-rechnungs-schreibung / sortieren u.verbuchen,Lagerbewegg.	Band-Drucker Rechnungen / Rechng. journal	Band-Drucker Rechnungen / Artikel-be-stands-liste	Output-Writer	Opera-ting / System u. Bestellgn. unsortiert u. Artikel	Sort.Arb.bderP3 / P3 Kunden-sätze / P3 Sam-mel-rech-nungen / Sort.-	P3 Lager-be-weg. / P3 Rg.-jour-nal / Be-stellgn sortiert / Arb.bder P3	P3 Rechnungen / A-Liste	P2 Rechnungen / P2 R.-Journ.	P1 Rechnungen / P1 Artikel-liste	P3 Best.	P2 Rechnungen / P2 R.-J.	P1 Rechnungen / P1 Artikel-liste	P O Output-Writer

geschrieben. Die Gesamt-E/A-Zeit beträgt bei dieser Version 75 Minuten, der Hauptspeicherplatzbedarf für Puffer beträgt 5570 Bytes. Wenn 2 Puffer für alle Band-E/A-Bereiche gewählt werden, können Band- und Plattenoperationen überlappt werden. Die Gesamt-E/A-Zeit beträgt dann 58 Minuten und der Hauptspeicherbedarf für Puffer 10 090 Bytes. Ein Kompromiß wäre es, für die Kundensätze 2 Puffer und für alle anderen Dateien 1 Puffer zuzuordnen. Dann könnte das Lesen der Kundensätze überlappt werden, und die Gesamt-E/A-Zeit beträgt 66 Minuten und der Hauptspeicherbedarf für Puffer beträgt 7570 Bytes. Die absolute CPU-Zeit-Belastung für die E/A-Operationen beträgt in allen 3 Fällen 18 Minuten. Schlägt man wie bei der Plattenlösung 50 % auf, so ergeben sich für die Verarbeitungszeit und die relative CPU-Zeit-Belastung durch E/A-Operationen folgende Werte:

Puffer	Hauptspeicher-bedarf für Puffer Bytes	Gesamt-E/A-Zeit Min.	Gesamt-Verarb.-Zeit Min.	CPU-Zeit f. E/A-Op. Min.	relative CPU-Zeit-Belastung f. E/A %
immer 1 Puffer	5570	75	112	18	16
2 Puffer für alle Band-bereiche	10090	58	87	18	21
2 Puffer für Kundensätze	7570	66	100	18	18

4.4 Sortieren der Lagerbewegungen

20 000 Sätze mit durchschnittlich 80 Bytes Länge können bei 96 K Hauptspeicher und 4 Arbeitsbändern in 5 Minuten sortiert werden.

4.5 Verbuchen der Lagerbewegungen

Die Verbuchung dauert 5 Minuten.

4.6 Zusammenfassung

Die Gesamtzeit der Verkaufsabrechnung, soweit sie hier untersucht wurde, setzt sich aus folgenden Zeiten zusammen:

1.	Lesen der Bestellungen	25 Min.
2.	Sortieren der Bestellungen	5 Min.
3.	Einzelrechnungsschreibung	112 Min. (87 Min., 100 Min.)
4.	Sortieren der Lagerbewegungen	5 Min.
5.	Verbuchen der Lagerbewegungen	5 Min.

152 Min. (127 Min., 140 Min.)

Es entstehen Rüstzeiten beim Auswechseln der Bänder. Die Druckzeiten entsprechen denen der Plattenlösung und sind für Drucker 1 220 Min. und Drucker 2 175 Min. Wenn der Drucker 1 40 Minuten nach Beginn des Lesens der Bestellungen startet, dauert die gesamte Arbeit 40 + 220 = 260 Minuten bzw. 4 Stunden und 20 Minuten.

Die Arbeit wurde mit folgender Konfiguration durchgeführt:

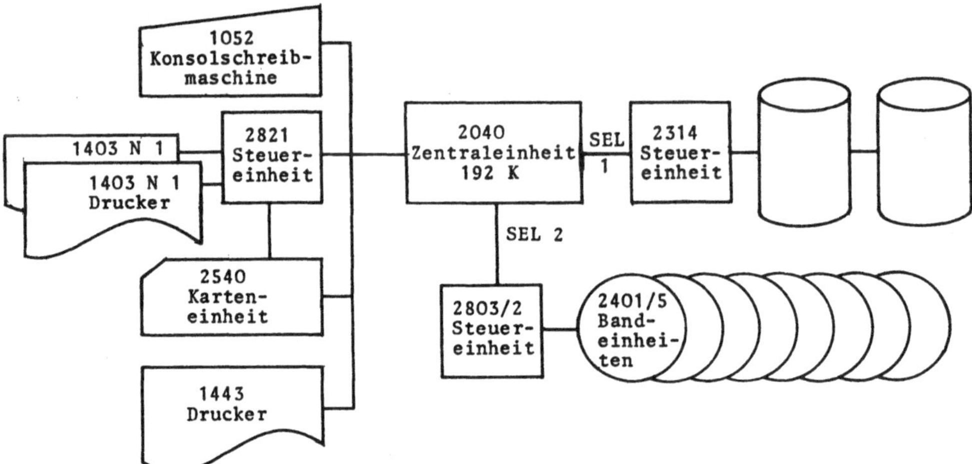

Der zeitliche Ablauf der Arbeit und die Belegung der Einheiten ist in der Tabelle II dargestellt.

5. Vergleich der Lösungen

5.1 Rechnerischer Vergleich

Soweit die Unterschiede beider Lösungen zahlenmäßig auszudrücken sind, sind sie in nachfolgender Tabelle enthalten.

	Plattenlösung		Bandlösung	
Preise	100 %		111 %	
absolute Ausführungs- zeiten ohne Drucker	156 Min.	152 Min.	127 Min.	140 Min.
relative Ausführungs- zeiten ohne Drucker	100 %	98 %	81 %	90 %
Preis-Leistungs- verhältnis	100 %	109 %	90 %	100 %
Hauptspeicherplatz f. Puffer bei Einzel- rechnungsschreibung	4670 Bytes	5570 Bytes	10090 Bytes	7570 Bytes
Belastung d. CPU durch E/A-Operationen bei Einzelrechnungs- schreibung	15 %	16 %	21 %	18 %

Was sagen diese Zahlen aus? Die Plattenlösung und die 1. Bandlösung sind in den Ergebnissen fast identisch. Die 2. und 3. Variation der Bandlösung bringen zwar zeitliche Vorteile, jedoch eine höhere Belastung der Leistungsfaktoren Hauptspeicherplatz und CPU-Zeit. Sollten diese beiden Leistungsfaktoren zum Engpaß werden, so würde mangelnder Hauptspeicherplatz die Wahl der 2. und 3. Variation verhindern. Mangelnde CPU-Zeit könnte den Ablauf der Programme in der 2. und 3. Variation so verzögern, daß der Zeitgewinn gegenüber der 1. Bandlösung oder Plattenlösung verlorengeht. Sowohl die Platten- als auch die Band-) lösung sind rechnerisch gleichwertig. Eine Entscheidung für oder gegen eine Lösung ist aus den auf die Verkaufsabrechnung bezogenen Berechnungen nicht zu erhalten.

5.2 Begründung der Hardware-Entscheidungen und Ausbaufähigkeit der einzelnen Komponenten

Die Leistungsfähigkeit eines Datenverarbeitungssystems hängt von den Leistungsfaktoren ab, die zum Engpaß werden und dadurch die Ausnutzung der anderen Leistungsfaktoren verhindern. Engpässe können beseitigt werden, indem man entweder den Leistungsfaktor, der den Engpaß verursacht, verstärkt oder indem man ihn entlastet. Eine Entlastung kann durch Verteilung der Arbeit auf andere Leistungsfaktoren erfolgen.

In den folgenden Abschnitten sollen einesteils die Hardware-Entscheidungen begründet werden und anderenteils die Ausbaufähigkeit bei den einzelnen Leistungsfaktoren untersucht werden.

5.2.1 Die Ein/Ausgabeeinheiten

5.2.1.1 Die Platteneinheiten für das Operating System

Die Entscheidung für die 2314 Plattensteuereinheit mit 2 Platteneinheiten gibt uns eine Maximalkapazität von 56 Mill. Bytes Speicherplatz im direkten Zugriff. Eine Lösung mit 4 2311 Platten hätte maximal 29 Mill. Kapazität gebracht und wäre teurer gewesen.

5.2.1.2 Die Platteneinheiten für die Benutzerdaten

Bei der Plattenlösung genügten 4 zusätzliche 2314 Platteneinheiten zur Aufnahme der Daten. Eine Erweiterung um 2 weitere 2314 Platten ist möglich und bei Übernahme zusätzlicher Anwendungen sinnvoll. Da die Rüstzeit für einen Plattenstapel 2 Minuten beträgt, kann es bei häufigem Plattenwechsel und kurz laufenden Jobs sinnvoll sein, genügend Platteneinheiten zum Vorrüsten der Platten zu haben.

5.2.1.3 Die Bandeinheiten bei der Plattenlösung

Es stehen folgende Bandeinheiten zur Auswahl:

Type	Schreib-dichte Bytes per Zoll	Start-/Stop-zeit in ms	Schreib-/ Lesegeschwin-digkeit Bytes/sec.	E/A-Zeit f. Rechn. Schreiben u. Lesen*) sec.	Preisrelation f. 4 Einheiten einschl. Steuereinheiten
2415/2	800	32	15 000	3 680	44 %
2415/5	1 600	32	30 000	2 480	53 %
21401/1	800	16	30 000	1 840	77 %
2401/4	1 600	16	60 000	1 240	90 %
2401/2	800	8	60 000	920	100 %

*) 40 000 Blöcke à 900 Bytes

Die Belastung von ca. 1 Stunde Bandlese/Schreibzeit während der 2½ Stunden Druckzeit ist niedrig genug, um volle Druckergeschwindigkeit zu gewährleisten. Damit gibt es von seiten der Rechnungsschreibung keinen Grund, schnellere Band-einheiten als 2415 Modell 2 einzusetzen. Anderenteils gehört zur Rechnungs-schreibung mittelbar die Datensicherung der Plattenbestände. Das Kopieren einer vollen Platte 2314 am Selektorkanal 1 auf ein Band 2415 Modell 2 am Selektor-kanal 2 würde jedoch über eine halbe Stunde dauern, während es bei 2401 Modell 2 Bändern ca. 10 Min. dauert. Dabei ist in beiden Fällen vorausgesetzt, daß die Platte spurweise gelesen wurde. Anderenteils werden bei der Rechnungsschreibung nur wenige Dateien täglich verändert, so daß der tägliche Datensicherungsanteil un-wesentlich ist. Als Kompromiß wurden die 2415 Modell 5 Bandeinheiten gewählt.

Sollten bei weiteren Anwendungen die Bandeinheiten in Zahl und Geschwindig-keit zum Engpaß werden, so könnten entsprechende Modelländerungen vorge-nommen werden.

5.2.1.4 Die Bandeinheiten bei der Bandlösung

Hier kommt es im Gegensatz zur Plattenlösung darauf an, schnelle Bandeinheiten für große Datenmengen einzusetzen. Folgende Bandeinheiten stehen zur Auswahl:

Type	Schreib-dichte pro Zoll	Start-/ Stop-Zeit in ms	Schreib-/ Lese-geschwind. Bytes/Sek.	E/A-Zeit Kunden-sätze*) Sek.	relative CPU-Zeit-Belastung d. E/A Op. %	Preisrelation f. 4 Einheiten einschl. Steuereinheit
2401/2	800	8	60 000	833	13	61 %
2401/3	800	5,3	90 000	555	19	93 %
2401/5	1 600	8	120 000	500	21	68 %
2420/5	1 600	6	160 000	375	28	72 %
2401/6	1 600	5,3	180 000	333	32	100 %

*) 21 000 Blöcke à 1900 Bytes

Es zeigt sich, daß bei den schnellsten Bandeinheiten die Belastung der Zentraleinheit durch die E/A-Operationen derart hoch ist, daß mit Sicherheit anzunehmen ist, daß die Bänder nicht mit voller Geschwindigkeit arbeiten. Die Bandeinheit 2401 Modell 5 bietet sich als guter Kompromiß an. Von den 8 Bändern werden in dieser Anwendung 4 für die Druckausgabe verwendet. Hier besteht grundsätzlich die Möglichkeit, die langsameren Bandeinheiten mit gleicher Steuereinheit und gleicher Schreibdichte 2401 Modell 4 zu verwenden. Aus Gründen der Austauscharbeit der Bandeinheiten wurde darauf verzichtet.

5.2.2 Die Steuereinheiten und Kanäle

5.2.2.1 Die Plattensteuereinheit

In unseren Beispielen ist die Plattensteuereinheit jeweils am Selektorkanal 1 und die Bandsteuereinheit jeweils am Selektorkanal 2 angeschlossen. Obwohl zumindest bei der Plattenlösung die Plattensteuereinheit ein Engpaß war, mußten wir darauf verzichten, eine weitere Plattensteuereinheit am Selektorkanal 2 anzuschließen, weil dies zu einer Gesamt-Übertragungsgeschwindigkeit von 624 000 Bytes pro Sekunde führen könnte, für die die Geschwindigkeit der Zentraleinheit nicht ausreicht.

Eine Beseitigung des Engpasses Plattensteuereinheit ist bei dem System/360 Modell 40 vor allem durch Verlagerung von sequentiellen Plattenbeständen auf Band möglich. Bei /360 Systemen ab Modell 50 aufwärts können 2314 Platten an mehrere Kanäle angeschlossen werden.

5.2.2.2 Die Bandsteuereinheit

Da die Platten am Selektorkanal 1 bei unserer Verarbeitung der Engpaß waren, genügte für die Bänder eine Steuereinheit. Wenn bei anderen Anwendungen die Bandsteuereinheiten zum Engpaß werden, empfiehlt es sich, die Bänder an 2 Kanäle anzuschließen. Dies kann durch Verteilung der Bänder auf zwei 2803 Steuereinheiten, die an beide Selektorkanäle angeschlossen sind, geschehen. Dann könnte gleichzeitig auf 2 Bändern gelesen oder geschrieben werden. Eine andere Möglichkeit ist die Verwendung einer 2804 Steuereinheit, die es ermöglicht, auf ein Band zu schreiben, während ein anderes Band gelesen wird.

5.2.3 Der Hauptspeicher

Der Hauptspeicherplatz wird bei der geplanten Anwendung nicht zum Engpaß werden. Eine Erweiterung für andere Anwendungen auf 256 K ist beim Modell 40 möglich. Das System /360 Modell 50 hat Hauptspeichergrößen bis 512 K. Zusätzlicher Hauptspeicherplatz sollte bei dem Modell 40 eher dazu verwendet werden, die Zentraleinheit durch hohe Blockung der Datensätze zu entlasten, als dazu, neben der Rechnungsschreibung noch ein Hauptprogramm laufen zu lassen.

5.2.4 Die Zentraleinheit

Die Zentraleinheit dürfte bei dieser Anwendung gut ausgelastet sein. Wenn sie bei anderen Anwendungen zum absoluten Engpaß wird, können die auf dem Modell 40 laufenden Programme ohne Veränderung auf jedem anderen der größeren Modelle der Serie /360 ausgeführt werden.

6. Zusammenfassung

In den vorhergehenden Abschnitten wollten wir an Hand der Analyse eines Anwendungsgebietes zeigen, welche Überlegungen bei der Konfiguration eines Datenverarbeitungssystemes anzustellen sind. Wir haben gesehen, daß beide Lösungen brauchbar sind. Welche Lösung zum Schluß gewählt wird, hängt von den anderen hier nicht untersuchten Anwendungsgebieten ab. Es sollte ferner gezeigt werden, daß eine Reihe von Ausbaumöglichkeiten bestehen, die das System zukunftssicher machen. Bei der Auswahl des Beispiels wurde bewußt eine Standardanwendung gewählt, weil an ihr die System-Design-Probleme gezeigt werden konnten, die in der Mehrzahl der System-Design-Fälle auftreten.

Fragen und Antworten

Erläuternde Fragen zum Themenkreis „EDV-Hardware" von Dr. Jordan

Frage: Was versteht man unter „Hardware" eines elektronischen Datenverarbeitungssystems?

Antwort:

Als „Hardware" (Metall- und Eisenwaren) bezeichnet man alle festen Bestandteile eines Datenverarbeitungssystems. Dazu gehören insbesondere: Metallrahmen, Schaltungen, Verdrahtungen, Speicher und Peripheriegeräte.

Der Begriff „Software" umfaßt demgegenüber alle Programme, die zur Funktionsfähigkeit des Systems erforderlich sind (S. 8).

Frage: Worin besteht das Wesen der Datenverarbeitung?

Antwort:

Durch das Zusammenwirken von Hardware, Software und problembezogenen Programmen entsteht das elektronische Datenverarbeitungssystem. Es ist in der Lage, D a t e n (= Ordnungs- oder Mengeninformationen) auf Grund von Steuerinformationen

zu erkennen,

durch Auswählen, Übertragen, Ändern, Mischen oder Umformen zu bearbeiten,

die Bearbeitungsergebnisse zu speichern und/oder weiterzugeben (S. 9).

Fragen und Antworten zur Erläuterung der veröffentlichten Aufsätze

Frage: Welche Vorläufer besitzt die heutige elektronische Datenverarbeitungsanlage?

Antwort:

1. Rechenmaschinen

Die ersten Versuche der Konstruktion einer Rechenmaschine verfolgten das Ziel, den Menschen von einfachen Rechenarbeiten zu entlasten. Schon im 17. Jahrhundert bauten Schickard und Leibniz in Deutschland sowie Pascal in Frankreich mechanisch wirkende, über eine Tastatur gesteuerte Rechenmaschinen.

Mitte des 19. Jahrhunderts ersann Ch. Babbage in England die Konzeption einer Rechenmaschine, die alle Bestandteile einer modernen Anlage enthielt (Speicher, Rechen- und Steuerwerk, Programme). Das Projekt war jedoch technisch noch nicht realisierbar und geriet in Vergessenheit (S. 12 f.).

2. Lochkartenmaschinen

Der Deutsch-Amerikaner Hollerith konstruierte 1885 die erste Lochkartenmaschine, die aus einem Kartenlocher, einer Sortiervorrichtung und einer Zählmaschine bestand. Mit dieser Anlage wurde 1890 die amerikanische Volkszählung ausgewertet (S. 13 f.).

Frage: Woraus resultiert die große Bedeutung des dualen Zahlensystems für die moderne elektronische Datenverarbeitung?

Antwort:

Das duale Zahlensystem benötigt zur Darstellung der Zahlen nur zwei Ziffern, z. B. O und L. Die duale Zahlendarstellung ist also mit allen Bauelementen möglich, die nur zwei Zustände kennen. In einem Computer werden aus Gründen der Schaltungsalgebra gerade solche Bauelemente verwandt. So kann z. B. der Transistor die Zustände „führt Strom" und „führt keinen Strom" annehmen (S. 16).

Frage: Wodurch unterscheiden sich die einzelnen Computer-Generationen?

Antwort:

Die Art und Bauweise der Schaltelemente sind die charakteristischen Kennzeichen, nach denen die einzelnen Maschinengenerationen unterschieden werden.

Fragen und Antworten zur Erläuterung der veröffentlichten Aufsätze

Die ältesten programmgesteuerten Rechenmaschinen (1940–1950) arbeiteten mit R e l a i s als Schaltelementen. Die nachfolgende erste Generation (1946–1960) verwandte R ö h r e n , bei der zweiten Generation (1960–1967) wurde durch die Einführung der T r a n s i s t o r e n zum ersten Mal die Herstellung kleinerer, kompakter und damit billigerer Anlagen ermöglicht, die vor allem im kommerziellen Sektor eingesetzt werden konnten.

In der dritten Maschinengeneration (1965–1971) werden M o n o l i t h - S c h a l t - k r e i s e verwandt, die die räumlichen Dimensionen noch weiter verkleinern (S. 20–24).

F r a g e : **Wann begann der Aufschwung der kommerziellen Verwendung des Computers?**

Antwort:

Der Aufschwung der kommerziellen Anwendung der EDV fällt in die erste Hälfte der sechziger Jahre, als viele Betriebe und Verwaltungen mit Anlagen der zweiten Generation ausgerüstet wurden. Zunächst erfolgte der Einsatz von Lochkarten-Drucker-Anlagen neben den konventionellen Lochkartenmaschinen, später wurde die Daten-Ein- und -ausgabe von der Lochkarte auf die schnelleren Medien Band und Platte verlagert (S. 19).

F r a g e : **Welche technischen und organisatorischen Neuerungen brachte die dritte Generation der EDV mit sich?**

Antwort:

1. Folgende technische Neuerungen sind festzustellen:

   a) Integrierte Schaltkreise an Stelle der Transistorschaltungen;

   b) Selektor- und Multiplex-Kanäle an Stelle der bisher starr zugeordneten Kanäle;

   c) zusätzliche Peripheriegeräte (Bildschirm, optische Belegleser, Magnetkartenspeicher).

2. In organisatorischer Hinsicht sind vor allem

   a) die Ausbaufähigkeit im „Familien-System" von der Karten-Drucker-Anlage bis zur Großanlage mit Datenfernverarbeitung und

   b) die Zeichen- und Befehldarstellung in Byte-Struktur zu nennen (S. 20).

Fragen und Antworten zur Erläuterung der veröffentlichten Aufsätze

Frage: **Welche Größenverhältnisse gelten für die Baugruppen der einzelnen Maschinengenerationen?**

Antwort:

Am eindrucksvollsten ist der Vergleich der Größenverhältnisse: Baugruppen, deren Röhren in der ersten Generation eine Schublade füllten, wurden mit Hilfe der Transistoren in der zweiten Generation auf postkartengroßen gedruckten Schaltungen untergebracht, während eine integrierte Monolith-Baugruppe der dritten Generation mit gleicher Funktion nur briefmarkengroß ist (S. 21).

Frage: **Wie sind die maschineninternen Speicher aufgebaut?**

Antwort:

Die maschineninternen Speicher sind Bestandteile der Zentraleinheit eines EDV-Systems. Beim häufigsten internen Speicher, dem sogenannten Magnetkernspeicher, werden kleine Ferrit-Ringe durch Stromstöße magnetisiert, wobei die Magnetisierungsrichtung „Nord" oder „Süd" die binäre Information 0 oder L enthält. Eine solche binäre Information heißt ein bit (binary digit). Eine Gruppe von 8 bits wird zu einem byte zusammengefaßt. Als Maßstab für die Größe des internen Speichers dient das Kilo-Byte (K), das 1024 Bytes entspricht (S. 25/26).

Frage: **Welche Ein- und Ausgabe-Medien sind zu unterscheiden?**

Antwort:

Drei verschiedene Gruppen von Datenträgern stehen heute einer EDV-Anlage zur Verfügung:

1. Lochkarten bzw. Lochstreifen;

2. Magnetbänder, -platten, -trommeln, -karten;

3. Klarschriftbelege.

Diese drei Gruppen von Eingabemedien können auch als externe Datenspeicher verwendet werden; besonders die zweite Gruppe eignet sich gut für die Aufbewahrung einmal erfaßter Daten zur zukünftigen weiteren Bearbeitung (S. 26/28).

Fragen und Antworten zur Erläuterung der veröffentlichten Aufsätze

F r a g e :   **Was versteht man unter Pufferungs- und Kanaltechnik?**

Antwort:

Die Peripheriegeräte (Ein- und Ausgabe-Medien) arbeiten im Vergleich zur Zentraleinheit sehr langsam. Man hat deshalb die Peripheriegeräte mit einem eigenen Pufferspeicher ausgestattet, so daß die Zentraleinheit den gesamten Inhalt des Pufferspeichers auf einmal übertragen kann und dazwischen Zeit für weitere Aufgaben hat.

Ein Kanal ist eine Steuereinheit, die die Datenübertragung zwischen Peripherie, Puffer und Arbeitsbereich im internen Speicher durchführen kann, ohne die zentrale Steuereinheit zu berühren.

Mit der dritten Maschinengeneration wurden Selektor-Kanäle, die jeweils eines von verschiedenen Peripheriegeräten ansteuern können, und Multiplex-Kanäle, die mehrere Peripheriegeräte bedienen, eingeführt. Dadurch wird die Leistungsfähigkeit der Anlage erheblich gesteigert (S. 28/29).

F r a g e :   **Wodurch sind die neuesten Entwicklungen der EDV gekennzeichnet?**

Antwort:

1. Die Datenverarbeitung wird in zunehmendem Maße automatisiert, d. h. viele Tätigkeiten können von der Anlage ohne menschlichen Eingriff vorgenommen werden (S. 30).

2. Die Baugruppen der zukünftigen vierten Generation werden in hohem Maße integriert sein (Large Scale Integration) und sich dadurch weiter verbilligen. Große Teile der Steuerung eines Computers können auf kleinstem Raum untergebracht werden (S. 31).

3. Die internen Speicher werden hauptsächlich Dünnfilmspeicher oder Magnetdrahtspeicher sein, die mit niedrigeren Kosten hergestellt werden können als die Magnetkernspeicher (S. 31 ff.).

Frage: Warum sollte die Unternehmungsleitung über Grundkenntnisse auf dem Gebiet der Programmiersprachen verfügen?

Antwort:

Seit dem Frühjahr 1970 bieten die Hersteller von Datenverarbeitungsanlagen Maschinen und Programme getrennt an. Um rationale Kriterien für die Wahl eines Programmiersystems zu erhalten, muß sich die Unternehmensleitung mit den Grundgedanke von Programmiersprachen vertraut machen (S. 36).

Frage: Welche drei Programmiersprachenkreise lassen sich unterscheiden?

Antwort:

Allgemein gilt: je weniger Struktur in der Aufgabe enthalten ist, desto größer ist der Abstand zwischen Problem und Rechner, der von den Sprachen überbrückt werden muß.

Aus diesem Grunde kann nach dem Abstand zwischen Maschine und Benutzer zwischen

> computerinternen Sprachen (Maschinensprachen),
> computernahen Sprachen (maschinenorientierten Sprachen),
> benutzernahen Sprachen (problemorientierten Sprachen)

unterschieden werden (S. 38).

Frage: Gibt es bereits eine Sprache, die sich für alle Verwendungszwecke und alle Maschinenfabrikate technisch und wirtschaftlich eignet?

Antwort:

Bislang sind lediglich Ansätze in dieser Richtung zu erkennen. Für bestimmte Anwendungsgebiete gibt es bereits Sprachen, die auf fast allen wichtigen Maschinenfabrikaten verwendbar sind und als problemorientierte Sprachen bezeichnet werden.

Frage: Was versteht man unter einer Programmiersprache?

Antwort:

Eine Programmiersprache ist (im Unterschied zur Umgangssprache) eine unzweideutige Sprache, mittels derer ein Computer instruiert wird, Daten dem Willen des Benutzers gemäß zu bearbeiten (S. 38).

Fragen und Antworten zur Erläuterung der veröffentlichten Aufsätze

Frage: Wodurch entsteht das Problem der Sprachenübersetzung?

Antwort:

Grundsätzlich können von einem Rechner nur Instruktionen, gegeben in einer Maschinensprache, verarbeitet werden. Diese Sprachen sind stark auf die Struktur der Anlagen zugeschnitten und passen sich oft der Vorstellungswelt und den Problemen des Benutzers nur unzureichend an. Aus diesem Grund werden benutzernahe (problemorientierte) Sprachen entwickelt, die aber, bevor sie vom Rechner verarbeitet werden können, mittels Übersetzungsprogramme in die Maschinensprache übertragen werden müssen (S. 43).

Frage: Was versteht man unter einem Übersetzungsprogramm (Compiler)?

Antwort:

Werden Programme nicht in einer Maschinensprache sondern in einer symbolischen Sprache geschrieben, so müssen diese Symbole, um vom Rechner verarbeitet werden zu können, mit Hilfe von Übersetzungsprogrammen in die Maschinensprache übersetzt werden (S. 44).

Frage: Welchen Vorteil bringt der Einsatz von Spezialsprachen?

Antwort:

Für häufig zu lösende Aufgaben einer bestimmten Struktur lohnt es sich, spezielle Sprachen zu entwickeln, die

    a) dem Benutzer die Beschreibung seiner Probleme erleichtern,

    b) wegen der Konzentration auf den speziellen Problemkreis technisch und wirtschaftlich besonders effektiv sind (S. 41 f.).

Frage: Welche Spezialsprachen sind vor allem für die Unternehmung wichtig?

Antwort:

Für die Behandlung von Simulationsmodellen ist eine Gruppe von Simulationssprachen entwickelt worden. Da diese Modelle als Hilfsmittel der Unternehmensführung eine wachsende Bedeutung erlangen, sollte der Unternehmer bei der Wahl eines Computersystems an die Möglichkeiten des Einsatzes von Simulationssprachen denken (S. 42).

Fragen und Antworten zur Erläuterung der veröffentlichten Aufsätze

Frage: Welche Tendenzen sind bei der Entwicklung von Computersprachen zu erkennen?

Antwort:

Da sich Maschinen und Speicher infolge des technischen Fortschritts pro Rechenbefehl verbilligen, werden immer mehr benutzerorientierte Sprachen eingesetzt (S. 42 ff.).

Frage: Welche Fragen stellen sich bei der Wahl eines Programmsystems?

Antwort:

1. Welche benutzerorientierte Sprache (z. B. ALGOL, FORTRAN, COBOL) soll vorgezogen werden (S. 46)?

2. Wie ist zwischen Sprachen höherer und mittlere Ebene abzuwägen?

3. Für welche Zwecke sollen Spezialsprachen herangezogen werden?

Frage: An Hand welcher Eigenschaften von Programmsprachen kann die Wahl eines Programmsystems getroffen werden?

Antwort:

1. <u>Berechnungskapazität</u>: Möglichkeit der leichten und raschen Definition von Berechnungsfolgen (S. 50)

2. <u>Datenorganisation:</u> z. B. Eignung zum Aufbau von Dateien auf unterschiedlichen Speichereinrichtungen (S. 50)

3. <u>Feldformate:</u> Eignung zur Behandlung großer uneinheitlicher Datenmengen;

4. <u>Effektivität:</u> Schnelligkeit, mit der das Zielprogramm hergestellt wird und Schnelligkeit, mit der das Zielprogramm selbst Probleme löst (S. 50)

5. <u>Zusammenstellbarkeit:</u> Anpassungsfähigkeit eines Programmsystems an Änderungen und Ergänzungen (S. 50)

6. <u>Ausführung:</u> Leichtigkeit, mit der Programme erstellt und geprüft werden können (S. 50)

7. <u>Systemeffektivität:</u> Eignung der Sprache hinsichtlich der zu programmierenden Problemstruktur (S. 51).

Fragen und Antworten zur Erläuterung der veröffentlichten Aufsätze

Hinzu kommen folgende weitere Gesichtspunkte (S. 51 f):

8. Gibt es effektive Compiler?

9. Ist der für die Sprache entwickelte Compiler mit guten Techniken der Fehlerdiagnose ausgerüstet?

10. Wie ist die Fehleranfälligkeit des Compilers selbst zu beurteilen?

11. Kann die Sprache leicht auf Rechner anderer Erzeugerfabrikate übertragen werden?

F r a g e : Welche Betriebsweisen elektronischer Datenverarbeitungssysteme lassen sich in Abhängigkeit von Gerätetechnik und Betriebssystemen unterscheiden?

Antwort:

Vor allem sind folgende Betriebsweisen zu nennen:

1. Stapelverarbeitung (vgl. S. 54 ff.);
2. Simultane Verarbeitung (vgl. S. 56 ff.), entweder als

    a) Multiprogramming oder
    b) Multiprocessing;

3. Datenfernverarbeitung (vgl. S. 59 ff.) als

    a) Stapelbetrieb oder als

    b) Dialogbetrieb;

4. gemischte Betriebsweisen (vgl. S. 62 ff.).

F r a g e : Wie kann die einfache „Stapelverarbeitung" charakterisiert werden?

Antwort:

Die einfache Stapelverarbeitung ist durch folgende Merkmale charakterisiert (vgl. S. 54 ff.):

1. Von der EDV-Anlage wird eine Aufgabe stets vollständig bearbeitet, bevor mit der nächsten Aufgabe begonnen wird.
2. Die Datenverarbeitungsanlage besitzt nur eine Zentraleinheit.
3. Eingabe, Verarbeitung und Ausgabe erfolgen im Rechenzentrum, d. h., sie sind ortsgebunden.

F r a g e : Wie vollzieht sich „Multiprogramming" in der einfachsten Ausbaustufe?

Antwort:

In der einfachsten Ausbaustufe des Multiprogramming werden vom Bedienungspersonal mehrere Programme vollständig in den Arbeitsspeicher geladen. Die Zentraleinheit beginnt dann – nach bestimmten Prioritätsregeln – mit der Bearbeitung eines der geladenen Programme. Sobald dieses Programm zur Ausführung einer Ein- oder Ausgabeoperation gelangt, wird diese Operation angestoßen, die Ver-

Fragen und Antworten zur Erläuterung der veröffentlichten Aufsätze

arbeitung des Programms unterbrochen und mit der Bearbeitung des nächsten Programms begonnen. Die Verarbeitung des zweiten Programms erfolgt nun parallel zur Ein- oder Ausgabeoperation des ersten Programms.

Wird der Zentraleinheit die Beendigung dieser Ein-/Ausgabeoperation angezeigt, wird die Verarbeitung des zweiten Programmes zum nächstmöglichen Zeitpunkt unterbrochen und die Verarbeitung des ersten Programmes fortgesetzt usw. (vgl. S. 56 f.).

Frage: **Welche Möglichkeiten bestehen, Multiprogramming-Betriebssysteme auszubauen und zu vervollkommnen?**

Antwort:

Multiprogramming-Betriebssysteme können insbesondere so ausgebaut werden, daß

a) auch die Einplanung der Programm-Reihenfolge nach bestimmten Algorithmen automatisch vorgenommen wird (vgl. S. 57 f.);

b) durch ein flexibleres System der zeitlichen Zuteilung der Zentraleinheit zu den einzelnen Aufgaben eine höhere Auslastung erzielt werden kann (vgl. S. 58 f.).

Frage: **Wie muß ein EDV-System ausgestattet sein, um „Multiprocessing" zu ermöglichen?**

Antwort:

Die Betriebsweise des Multiprocessing setzt voraus, daß ein Datenverarbeitungssystem mehrere miteinander verbundene Zentraleinheiten enthält.

Frage: **Welche Formen des Multiprocessing lassen sich unterscheiden?**

Antwort:

Nach der Art der Verbindung der Zentraleinheiten können folgende Formen unterschieden werden:

1. Alle Aufgaben der Ein- und Ausgabesteuerung, der Zwischenspeicherung und der Automatisierung des Rechenzentrumsbetriebs werden einem kleineren Rechner, dem sog. Dienstrechner, übertragen. Auf diese Weise kann der hochwertige Hauptrechner ausschließlich für die Rechenoperationen des Benutzerprogramms freigestellt werden (vgl. S. 58).

2. Zwei vollständige, i. d. R. gleich ausgestattete EDV-Anlagen werden zu einem sog. Mehrrechnersystem verbunden. Die Betriebssysteme sind unabhängig voneinander. Die Verbindung der beiden Anlagen ist durch den Zugriff jeder Zentraleinheit zu gemeinsamen externen Speichern und Ein-/Ausgabegeräten gegeben (vgl. S. 58 f.).

Fragen und Antworten zur Erläuterung der veröffentlichten Aufsätze

3. Das sog. <u>Mehrprozessorsystem</u> wird dadurch charakterisiert, daß zwei oder mehrere EDV-Anlagen auf denselben Arbeitsspeicher Zugriff haben und für dieses EDV-System ein einziges Betriebssystem existiert (vgl. S. 59 f.).

Frage: **Was ist unter Datenfernverarbeitung zu verstehen?**

Antwort:

Bei der Datenfernverarbeitung sind Datenerzeuger bzw. -verbraucher räumlich (weit) von einer zentralen EDV-Anlage entfernt. Der Datentransport zwischen Außenstellen und Verarbeitungsort erfolgt durch Übertragung der Daten über Fernmeldewege (Telex-, Datex-, Fernsprechnetz oder Standleitungen).

Frage: **Welche Betriebsweisen sind bei der Datenfernverarbeitung möglich?**

Antwort:

Bei der <u>indirekten Datenfernverarbeitung</u> (off-line-Betrieb) ist nur <u>Stapelbetrieb</u> möglich; die anfallenden Daten müssen zwischengespeichert werden, weil die EDV-Anlage nicht direkt an den Übertragungsweg angeschlossen ist (vgl. S. 59 f.).
Bei <u>direkter</u> Datenfernverarbeitung (on-line-Betrieb) ist außer <u>Stapelbetrieb</u> auch der sog. <u>Dialogbetrieb</u> möglich (vgl. S. 60 ff.).

Frage: **Wann wird von „Dialogbetrieb" gesprochen?**

Antwort:

Von Dialogbetrieb wird dann gesprochen, wenn eine Anforderung, die ein Benutzer an das EDV-System stellt, in so kurzer Zeit beantwortet werden kann, daß eine Art Dialog zwischen Benutzer und EDV-Anlage möglich ist (vgl. S. 60 ff.).

Frage: **In welchen Formen kann der Dialogbetrieb durchgeführt werden?**

Antwort:

Die erste Form des Dialogbetriebes ist dadurch charakterisiert, daß die Benutzer der Datenendstationen an <u>derselben Aufgabe unter Verwendung des gleichen zentral gespeicherten Programmes</u> arbeiten – sog. Communications System – (vgl. S. 60 f.).

Die zweite Form des Dialogbetriebs zeichnet sich dadurch aus, daß die Benutzer von Datenendstationen mit einem EDV-System <u>verschiedene Aufgaben mit voneinander unabhängigen Programmen</u> bearbeiten – sog. Time-Sharing-System – (vgl. S. 61 f.).

Fragen und Antworten zur Erläuterung der veröffentlichten Aufsätze

Frage: Welche „gemischten Betriebsweisen" finden in der Praxis Anwendung?

Antwort:

In der Praxis werden vor allem folgende „gemischte Betriebsweisen" angewandt:

1. Betriebsweisen der simultanen Verarbeitung werden mit der Datenfernübertragung kombiniert (vgl. S. 62);

2. das Multiprogramming und das Multiprocessing werden zu einer Betriebsweise zusammengefaßt (vgl. S. 62);

3. ein Time-Sharing-System und ein oder mehrere Communications-Systems werden im gleichen EDV-System betrieben (S. 62);

4. ein Multiprocessing-System wird mit einem Time-Sharing-System, das auch Communications-Betrieb zuläßt, kombiniert (vgl. S. 62).

Frage: Welche Betriebsweisen erscheinen zur Lösung kommerzieller Datenverarbeitungsaufgaben besonders geeignet zu sein?

Antwort:

Die übliche und in den meisten Fällen auch wirtschaftliche Betriebsweise für typische kommerzielle Datenverarbeitung, wie Lohn- und Gehaltsabrechnung, Auftragsabwicklung u. ä. ist bei kleineren Anlagen die einfache Stapelverarbeitung, bei mittleren Anlagen der Multiprogrammingbetrieb (vgl. S. 63).

Spezielle kommerzielle Aufgaben, wie z. B. die Platzbuchung von Verkehrsgesellschaften, können nur mit der Betriebsweise eines Communications-Systems bewältigt werden (vgl. S. 63 f.).

Frage: Welche Betriebsweise ist zur Lösung technisch-wissenschaftlicher Datenverarbeitungsaufgaben zu wählen?

Antwort:

Handelt es sich um Berechnungsprogramme mit hohem Zeit- und Arbeitsspeicherbedarf, so ist eine große und schnelle Rechenanlage erforderlich und die Betriebsweise der Stapelverarbeitung am geeignetsten. Liegt jedoch eine Mischung von großen und kleinen Programmen vor und spielen Programmentwicklung und Test eine wichtige Rolle, gewinnt das Multiprogramming an Bedeutung.

Die gleiche Bedeutung wie der Stapelbetrieb von Großrechnern haben im technisch-wissenschaftlichen Bereich die Time-Sharing-Systeme (vgl. S. 64).

Erläuternde Fragen zum Themenkreis „Organisationsformen des Datenverarbeitungsprozesses" von Dr. D. B. Pressmar

Frage: **Welche Probleme ergeben sich bei der Organisation eines Datenverarbeitungsprozesses?**

Antwort:

Der Zentraleinheit eines EDV-Systems müssen die für den aktuellen Stand des Verarbeitungsprozesses benötigten Daten möglichst ohne Wartezeiten von den peripheren Geräten zur Verfügung gestellt werden. Dabei entsteht das Problem,

- für die erforderlichen Daten die geeigneten Speichereinrichtungen auszuwählen (S. 69),
- bei peripher gespeicherten Dateien die günstigste Zugriffstechnik zu benutzen (S. 69),
- im Falle des wahlfreien Zugriffs ein zweckentsprechendes Adressierverfahren anzuwenden und (S. 75 ff.),
- den besten Kompromiß zwischen Datenspeicherung, Datenorganisation und Auswahl des Leitkriteriums für den Ablauf des Datenverarbeitungsprozesses zu finden (S. 80).

Frage: **Über welche Einrichtungen zur Datenspeicherung verfügt ein EDV-System beim gegenwärtigen Stand der Technik?**

Antwort:

Eine EDV-Anlage verfügt über interne und externe Datenspeichereinrichtungen. Zu den internen und extrem schnell zugreifbaren Datenspeichern gehören der Arbeitsspeicher und die Register. Der Arbeitsspeicher hat im Vergleich zu den Registern, die nur wenige Binärzeichen aufnehmen, eine größere Speicherkapazität. Sie reicht aber im allgemeinen nicht aus, um große Programme oder nennenswerte Massendaten zu speichern. In diesen Fällen werden periphere (externe) Speichereinrichtungen, wie Magnetband-, Magnetplattengerät u. ä. Einrichtungen eingesetzt. Sie können zwar größte Datenmengen aufnehmen, der Datenzugriff ist jedoch verhältnismäßig zeitraubend, so daß bei ungünstiger Organisation des Datenverarbeitungsprozesses Wartezeiten entstehen, die die Ausführungszeit von Programmen mit häufigen Datenzugriffen erheblich verzögern (S. 71 ff.).

Frage: **Wie läßt sich die Leistungsfähigkeit einer Speichereinrichtung beurteilen?**

Antwort:

Da die Register für die kurzzeitige Speicherung von Befehlen und Verarbeitungsdaten eine Sonderstellung innerhalb der Zentraleinheit einnehmen, gelten die folgenden Leistungskriterien nur für den Arbeitsspeicher und die peripheren Speichergeräte. Es lassen sich drei Leistungsmerkmale unterscheiden:

1. Speicherkapazität des Datenträgers einer Speichereinrichtung; sie wird meistens in Kilobytes gemessen (S. 72);

2. Möglichkeit des Speicherzugriffs, d. h. sequentieller, wahlfreier Zugriff oder beides (S. 72);

3. durchschnittliche Zugriffszeit zu den gespeicherten Daten; sie ist jene Zeitspanne, die zwischen dem Suchkommando für ein gespeichertes Datum und seinem Eintreffen in den Verarbeitungswerken der Zentraleinheit liegt (S. 73).

Frage: **Welche Prinzipien gelten für die Datenorganisation?**

Antwort:

Eine vorliegende Menge von Verarbeitungsdaten muß im Interesse einer leistungsfähigen Verarbeitung geordnet und strukturiert werden. Zu diesem Zweck werden Einzeldaten nach übergeordneten Sachkriterien zu Datensätzen zusammengefaßt. Mehrere Datensätze bilden im Rahmen eines gemeinsamen Sachzusammenhangs eine Datei. Die Satzfolge innerhalb einer Datei ist im Normalfall geordnet, d. h. sortiert; eine geordnete Datei erfordert demnach eine vorangehende Datensortierung. Bestehen zwischen mehreren Dateien auf Grund der in ihnen enthaltenen Daten Verflechtungen, dann können diese Dateien als integrierte Datei organisiert werden.

Frage: **Können Dateien hinsichtlich ihrer Bedeutung für den Datenverarbeitungsprozeß typisiert werden?**

Antwort:

Im Bereich der kommerziellen Datenverarbeitung lassen sich zwei Typen von Dateien, die Stammdatei und die Bewegungsdatei, unterscheiden (S. 70).

Stammdaten haben den Charakter von Nachschlageinformationen, die in größeren Zeitabständen ergänzt oder verändert werden müssen; sie werden außerdem immer wieder in den verschiedensten Verarbeitungsprozessen benötigt. Stammdateien einer Unternehmung sind z. B. die Personalstammdatei, die Artikelstammdatei, die Materialstammdatei, die Anlagenstammdatei, die Kunden- und Lieferantenstammdatei (S. 71).

Bewegungsdaten fallen dagegen laufend an und werden gemeinsam mit den Stammdaten verarbeitet; sie haben die Bedeutung aktueller Informationen, die nach Abschluß des Verarbeitungsprozesses wieder gelöscht werden können. Gemeinsames Verknüpfungskriterium für Bewegungs- und Stammdaten sind Organisationsnummern, wie z. B. Personalnummer, Artikelnummer, Materialnummer, Kundennummer usw. (S. 71).

Fragen und Antworten zur Erläuterung der veröffentlichten Aufsätze

Frage: Welche Bedeutung hat die Zugriffsart für die periphere Datenspeicherung?

Antwort:

Die Art des Zugriffs auf peripher gespeicherte Daten muß mit der Organisation des Verarbeitungsablaufes abgestimmt sein. Mit der Entscheidung über die Anwendung des wahlfreien oder sequentiellen Zugriffs werden zugleich die technisch möglichen Speichereinrichtungen spezifiziert, da z. B. Magnetbandspeicher für einen wahlfreien Zugriff nicht zu verwenden sind (S. 72/73).

Da im sequentiellen Zugriff jeder in der Datei definierte Datensatz technisch zwangsläufig erfaßt wird, eignet sich diese Zugriffsart nur dann, wenn im Laufe des Verarbeitungsprozesses sämtliche Datensätze der Datei benötigt werden. Auch wenn der sequentielle Zugriff die kürzesten Zugriffszeiten ergibt, muß noch die Zeit für eine Sortierung der Satzfolge innerhalb der Datei nach Maßgabe des Leitkriteriums der Verarbeitung hinzugerechnet werden (S. 74).

Der wahlfreie Zugriff verursacht längere Zugriffszeiten und ist dann von Vorteil, wenn aus einer umfangreichen Datei nur einzelne Datensätze mit entsprechend wenigen Zugriffen für die Verarbeitung benötigt werden. Der Zeitnachteil bei wahlfreiem Zugriff wird in diesem Fall durch Verlustzeiten bei sequentiellem Zugriff kompensiert; solche Verlustzeiten entstehen durch das Überspringen nicht gefragter Datensätze und durch die Vorsortierung der Satzfolge innerhalb der Datei (S. 75 und 76).

Frage: Welches Problem ist mit der Adressierung peripher gespeicherter Daten verbunden?

Antwort:

Im Rahmen des Verarbeitungsprozesses werden die Daten entsprechend ihren sachlogischen Beziehungen miteinander verknüpft; im Falle der Fakturierung werden beispielsweise die verkauften Mengen aus der Bewegungsdatei mit den Preisen aus den Artikelstammdaten miteinander multiplikativ verknüpft und zusammen mit der Artikelbezeichnung, die ebenfalls aus der Artikelstammdatei kommt, gedruckt. Gemeinsames Kriterium für den Zusammenhang zwischen Stamm- und Bewegungsdaten ist hier die Artikelnummer; sie wird als logische Datenadresse bezeichnet, da sie den sachlogischen Zusammenhang zwischen den bei der Verarbeitung benötigten Daten herstellt (S. 75).

Sind diese Daten nun peripher gespeichert, so muß zwischen ihrer physischen Speicheradresse und ihrer logischen Datenadresse eine Verbindung hergestellt werden. Dadurch ist es möglich, auf Grund der vom Verarbeitungsprozeß angeforderten logischen Datenadresse den Speicherplatz der betreffenden Daten zu bestimmen und sie zuzugreifen. Mit Hilfe geeigneter Datenadressierung, die insbesondere für den wahlfreien Zugriff notwendig ist, läßt sich dieses Problem lösen.

Fragen und Antworten zur Erläuterung der veröffentlichten Aufsätze

Frage: Wodurch unterscheiden sich die Adressierverfahren bei wahlfreiem Zugriff?

Antwort:

Zur Bestimmung der physischen Speicheradresse bei wahlfreiem Datenzugriff können vier Adressierverfahren angewandt werden:

1. <u>Direkte Adressierung</u>: Aus der logischen Datenadresse die eine Zahl, wie z. B. die Artikelnummer sein muß, wird mit Hilfe einer mathematischen Transformation eine physische Speicheradresse berechnet. Diese Transformation ist umkehrbar eindeutig, d. h., jeder physischen Adresse entspricht genau eine logische Adresse, wobei aus der Speicheradresse die logische Datenadresse rückgerechnet werden kann (S. 75).

2. <u>Indirekte Adressierung</u>: Dieses Verfahren setzt ebenfalls eine zahlenmäßige Datenadresse voraus; es besteht aus zwei Berechnungsschritten und benutzt im zweiten Schritt die Methode der direkten Adressierung. Zunächst wird die logische Datenadresse z. B. mit Hilfe der Divisionsmethode so umgerechnet, daß die neuen Datenadressen möglichst lückenlos mit Datensätzen besetzt sind. Dann wird aus der neuen logischen Adresse mit Hilfe der direkten Adressierung die physische Speicheradresse gewonnen. Mit diesem zweistufigen Verfahren kann es vorkommen, daß mehrere Datensätze derselben physischen Speicheradresse zugewiesen werden. In dieser Kollisionssituation wird der später ankommende Datensatz in einen Überlaufbereich ausgelagert; eine Kettadresse stellt die Verbindung her (S. 76).

3. <u>Indexadressierung</u>: Die Verbindung zwischen logischer und physischer Datenadresse wird durch eine Zuordnungstabelle (Adreßindex) hergestellt. Der Adreßindex kann sowohl numerische als auch nichtnumerische Datenadressen aufnehmen; die physische Speicheradresse wird so gewählt, daß alle Daten lückenlos auf dem Speichermedium aneinandergereiht sind. Daher läßt sich auf eine indexadressierte Datei sowohl wahlfrei als auch sequentiell zugreifen (S. 77).

4. <u>Kettadressierung</u>: Jeder Datensatz auf dem Speichermedium weist mindestens ein Adressenfeld auf, das eine Kettadresse für den Speicherplatz des als nächsten zuzugreifenden Datensatzes enthält. Läßt sich nun der Datenverarbeitungsprozeß so organisieren, daß die Kettadressenfolge mit dem Ablauf der Verarbeitung synchronisiert ist, so entfällt eine Adreßbestimmung mit Hilfe der logischen Datenadresse (S. 78).

Frage: Welche typischen Organisationsformen des Datenverarbeitungsprozesses sind zu unterscheiden?

Antwort:

Wegen des engen Zusammenhangs zwischen peripherer Datenspeicherung und Ablauf des Verarbeitungsprozesses lassen sich die Organisationsformen nach der Art des Dateizugriffs unterscheiden. Es gibt Datenverarbeitungsprozesse mit sequentiellem Dateizugriff, mit wahlfreiem Dateizugriff oder mit wahlfreien und sequentiellem Dateizugriff (S. 80).

F r a g e : **Wie muß eine zweckmäßige Organisation des Datenverarbeitungsprozesses beschaffen sein?**

Antwort:

Die Organisationsform eines Datenverarbeitungsprozesses muß drei Teilzielen genügen: Verkürzung der Ausführungszeit, sparsame Inanspruchnahme der internen Speicherkapazität und einfache Maschinenbedienung (S. 85).

Während zu den beiden zuletzt genannten Teilzielen konkrete Hinweise nur an Hand bestimmter Problemsituationen zu machen sind, lassen sich zur Minimierung der Ausführungszeit allgemeine Überlegungen anstellen: Abgesehen von der programmtechnischen Gestaltung des internen Verarbeitungsprozesses gilt es, Wartezeiten durch den peripheren Datenzugriff zu vermeiden. Dabei muß für jede peripher gespeicherte Datei entschieden werden, ob sie im wahlfreien oder sequentiellen Zugriff verarbeitet werden soll (S. 86).

Da sequentieller Datenzugriff im allgemeinen eine Sortierung der Datensätze verlangt, muß der Zeitaufwand für Sortierung und sequentiellem Datenzugriff auf die gesamte Datei mit dem proportional steigenden Zeitbedarf der Zahl der wahlfreien Zugriffe verglichen werden. Sind nur wenige Zugriffe erforderlich, ist die Organisation mit wahlfreiem Zugriff zweckmäßiger. Müssen dagegen sämtliche Sätze einer umfangreichen Datei dem Verarbeitungsprozeß zur Verfügung gestellt werden, dann ist eine Dateisortierung und sequentieller Zugriff zeitgünstiger (S. 87).

Frage: **Worin unterscheiden sich kurz- und langfristige Planung?**

Antwort:

Gegenstand der langfristigen Planung ist die Gestaltung des Unternehmens, insbesondere die Gestaltung des Produktionsapparates und des Personalstammes. Demgegenüber dient die kurzfristige Planung der Steuerung des Unternehmens; Produktionsapparat und Personalstamm werden hier als Daten angesehen (S. 94).

Frage: **Was ist der Ausgangspunkt des betrieblichen Planungssystems?**

Antwort:

Die primäre Aufgabe der Unternehmung in einer Marktwirtschaft besteht darin, die Marktchancen optimal zu nutzen und sich an Änderungen der Marktgegebenheiten rechtzeitig anzupassen. Daher muß jede betriebliche Planung (kurz- oder langfristig) zunächst bei den Marktgegebenheiten oder Marktchancen ansetzen, denen sich das Unternehmen gegenübersieht (S. 94).

Frage: **Welche weiteren Datengruppen sind der Planung zugrunde zu legen?**

Antwort:

Hier sind vor allem die Kostendaten zu nennen. Bei kurzfristiger Planung dürfen nur die von der produzierten Menge abhängigen (beschäftigungsvariablen) Kosten in Ansatz gebracht werden. Ihre Höhe wird vom Produktionsapparat, von der Produktionsdurchführung und von den Preisen für Material und Arbeit bestimmt.

Weitere Datengruppen sind in die Planung einzubeziehen, sofern sie als Beschränkungen wirksam werden, wie z. B. Kapazitätsgrenzen, Beschaffungsengpässe oder Finanzgrenzen (S. 94).

Frage: **Was versteht man unter einem Management-Informationssystem?**

Antwort:

Die Lösung eines Planungsproblems erfolgt üblicherweise in zwei Schritten:

1. Erfassung und Verarbeitung der benötigten Daten
2. Anwendung einer speziellen Lösungsmethode

Fragen und Antworten zur Erläuterung der veröffentlichten Aufsätze

Die Integration dieser beiden Schritte zu einem umfassenden System, das automatisch die erforderlichen Eingangsdaten liefert und die Ausgangswerte zu entsprechenden Steueranweisungen verarbeitet, bezeichnet man als Management-Informationssystem (S. 97).

Frage: **Welche Arten von Prognoserechnungen sind zu unterscheiden?**

Antwort:

Die Prognoserechnungen verknüpfen die Datenverarbeitung mit der Entscheidungsrechnung. Sie dienen dazu, den zukünftigen Wert einer Größe, z. B. die Höhe des Absatzes eines Erzeugnisses, in den kommenden Perioden zu berechnen. Die wichtigsten Verfahren der Prognoserechnung sind die <u>Indikatorrechnung</u> (multivariable Prognose) und die <u>Trendberechnung</u> (univariable Prognose (S. 97).

Frage: **Aus welchen Rechenschritten setzt sich die Indikatorrechnung zusammen?**

Antwort:

Bei der Indikatorrechnung wird angenommen, daß zwischen dem Absatzvolumen eines Unternehmens und bestimmten, anderen Wirtschaftsbereichen angehörenden Einflußgrößen, den Indikatoren, enge Korrelationsbeziehungen bestehen. Es werden nur solche Größen als Indikatoren benutzt, die entweder leichter zu schätzen sind als die zu prognostizierende Größe selbst oder bereits bekannt sind.

Mit Hilfe der Regressionsanalyse wird nun die funktionale Beziehung zwischen dem Absatzvolumen des Unternehmens und den Indikatoren aus Meßwerten der Vergangenheit abgeleitet (S. 98).

Frage: **Wann ist die Methode der exponentiellen Glättung vorteilhaft anzuwenden?**

Antwort:

Bei der Trendberechnung wird der gesuchte Prognosewert aus den Verangenheitswerten der gleichen Größe abgeleitet; die Entwicklungstendenzen werden also extrapoliert. Infolgedessen können plötzlich eintretende Tendenzänderungen nicht sofort in den Prognosewerten mit genügender Schärfe sichtbar gemacht werden. Um dieses Ziel zu erreichen, wird den zuletzt gemessenen Werten ein größeres Gewicht gegeben als den weiter zurückliegenden. Dieser Ansatz kennzeichnet das Verfahren der exponentiellen Glättung (S. 99—102).

Frage: **Wie läßt sich das Verfahren der linearen Optimierung charakterisieren?**

Antwort:

Bei der linearen Optimierung geht es darum, eine lineare Zielfunktion zu maximieren oder zu minimieren. Die Zielfunktion bringt zum Ausdruck, welche Beziehungen zwischen der Zielgröße (z. B. Gewinn, Umsatz, Kosten) einerseits und den Gegebenheiten (Daten), die von der Planung nicht beeinflußt werden können (z. B. Absatzgrenzen) sowie den Variablen (z. B. Produktionsmengen) andererseits bestehen. Die Werte der Variablen sind so zu bestimmen, daß die Zielfunktion unter Beachtung der relevanten Daten maximiert bzw. minimiert wird (S. 102).

Nichtlineare Funktionen (z. B. Umsatz- oder Kostenfunktionen) lassen sich linearisieren, indem die ursprüngliche Funktion durch eine Folge von linearen Funktionen angenähert wird (S. 103).

F r a g e : **Was ist unter dem Begriff Prozeßplanung zu verstehen und wie geht sie vonstatten?**

Antwort:

Die Prozeßplanung ist das Bindeglied zwischen der Planung des Produktionsprogramms und der eigentlichen Ablaufplanung. Wenn die Produktionsdurchführung technisch nicht festgelegt ist, gibt es oft mehrere kostenverschiedene Wege, um zum gleichen Produktionsergebnis zu gelangen. Die Prozeßplanung umfaßt Probleme, die im Rahmen der linearen Optimierung bei der Programmplanung (Überstundenproduktion), den sog. Mischungsproblemen (s. u.) und bei der Frage Eigenfertigung oder Fremdbezug auftreten und gelöst werden (S. 103—105).

F r a g e : **Wie können Programm- und Prozeßplanung mit Hilfe der linearen Optimierung aufeinander abgestimmt werden?**

Antwort:

Die Programmplanung hat festzulegen, welche Erzeugnisse in welchen Mengen in der nächsten Periode hergestellt werden sollen. Diese Aufgabe ist mit dem Grundmodell der linearen Optimierung lösbar (S. 105). Liegt die Produktionsdurchführung technisch nicht eindeutig fest, so sind zusätzlich die im Hinblick auf den Gewinn günstigsten Produktionsmöglichkeiten zu wählen. Diese beiden Planungsaufgaben müssen simultan mit Hilfe eines erweiterten Modells der linearen Optimierung gelöst werden (S. 105/107).

F r a g e : **Was versteht man unter Mischungsproblemen?**

Antwort:

Ein Produkt mit bestimmten Eigenschaften kann auf verschiedene Weise aus mehreren Rohstoffen gemischt werden. Es ist die Frage zu beantworten, welche Mengen welcher Rohstoffe zu mischen sind, damit das Produkt die geforderten Eigenschaften aufweist und gleichzeitig mit geringsten Kosten erzeugt wird (Kostenminimierungsaufgabe). Mischungsprobleme gehören zur Durchführungsplanung und sind in der Regel mit der linearen Optimierung zu lösen (S. 106/107).

Fragen und Antworten zur Erläuterung der veröffentlichten Aufsätze

Frage: **Welche Gesichtspunkte sind bei der mehrperiodigen Produktionsplanung zu beachten?**

Antwort:

Bei vielen Unternehmen unterliegen die Absatzmöglichkeiten von Periode zu Periode erheblichen Schwankungen. Sind die Erzeugnisse lagerfähig, so kann die Produktion zeitlich vom Absatz gelöst werden, um eine stetige Produktion zu ermöglichen. Die hierbei auftretenden zusätzlichen Lagerkosten sind den Kostenvorteilen einer stetigen Produktion gegenüberzustellen. Dieses Planungsproblem ist mit einem mehrere Perioden umfassenden Modell der linearen Optimierung lösbar (S. 107—109).

Frage: **Wodurch ist das sog. Transportproblem charakterisiert?**

Antwort:

Ein Transportproblem ist gegeben, wenn ein bestimmtes Erzeugnis an verschiedenen Orten in gewissen Mengen produziert wird, während an anderen Orten (z. B. Auslieferungslager) jeweils bestimmte Mengen dieses Erzeugnisses benötigt werden. Es ist der Transportplan aufzustellen, der die Transportkosten minimiert (S. 109).

Kurzlexikalische Erläuterungen

Adresse:

Eine im allgemeinen numerische Information zur Kennzeichnung eines Speicherplatzes innerhalb des EDV-Systems; dieses Kennzeichen wird im Unterschied zur symbolischen und logischen Adresse als **physische Adresse** bezeichnet.

Die **symbolische Adresse** wird beim Programmieren benutzt, um damit den Inhalt von Speicherzellen zu kennzeichnen, deren physische Adresse erst bei der Programmübersetzung endgültig zugeordnet wird.

Eine **logische Adresse** bezeichnet bei Verarbeitungsdaten den sachlogischen Zusammenhang zu anderen Daten, die miteinander zu verknüpfen sind, wie z. B. eine Artikelnummer, die Stammdaten mit den entsprechenden Bewegungsdaten in der Materialbuchhaltung verbindet. Die logische Datenadresse wird auch Identifizierungsmerkmal genannt.

Adressierverfahren:

Methode zur Bestimmung der physischen Adresse von Daten, die in peripheren Speichereinrichtungen des EDV-Systems gespeichert sind. Um aus der logischen Datenadresse die physische Speicheradresse zu gewinnen, lassen sich vier Methoden angeben, die insbesondere bei wahlfreiem Speicherzugriff verwendet werden:

1. direkte Adressierung,
2. indirekte Adressierung,
3. Index-Adressierung,
4. Kettadressierung.

Assembler:

Der Begriff hat zwei Bedeutungen:

a) maschinenorientierte symbolische Programmiersprache,
b) Übersetzungsprogramm zur Umwandlung der maschinenorientierten Assemblersprache in die Maschinensprache.

Betriebssystem:

Programmsystem, das die Zusammenarbeit der gerätetechnischen Komponenten (Hardware) einer EDV-Anlage organisiert, steuert und überwacht. Bestandteile eines Betriebssystems sind:

a) Organisationsprogramm (Ablaufteil, Ein- und Ausgabesystem, Monitor);

b) Programmiersprachenteil (Übersetzungsprogramme und Programmgeneratoren);

c) Dienstprogramme (z. B. zum Umsetzen von Dateien, die auf peripheren Geräten des Systems gespeichert sind);

d) Testhilfen (z. B. Programmüberwacher).

Bit:

Kurzform des englischen Ausdrucks binary digit, der im Deutschen Binärzeichen bedeutet. Das Binärzeichen existiert in zwei Ausprägungsformen: binär Null und binär Eins. Es bildet das binäre Alphabet und ist somit die Grundlage der binären Verschlüsselung von Daten.

Block:

Physische Einheit auf dem Datenträger einer peripheren Speichereinrichtung. Der Dateninhalt eines Blocks wird durch einen Ein- bzw. Ausgabebefehl behandelt. Die Blocklänge gibt an, wieviel Einzeldaten in einem Block enthalten sind. Im allgemeinen werden ein oder mehrere Datensätze vom Programmierer frei wählbar zu einem Block zusammengefaßt. Die Zahl dieser zu einem Block gehörenden Sätze wird Blockungsfaktor (Blockfaktor) genannt.

Byte:

In vielen Datenverarbeitungsanlagen gebräuchliche Einheit für die Kodierung der zu verarbeitenden Informationen. Ein Byte umfaßt neun Bits, von denen acht Bits der Verschlüsselung der Daten dienen und das neunte Bit zu Prüfzwecken mitgeführt wird.

Communications System:

Im Deutschen als Teilhaberrechensystem bezeichnet, eine Form des Dialogbetriebs, bei der die Benutzer der Datenendstationen an derselben Aufgabe unter Verwendung des gleichen zentral gespeicherten Programms arbeiten (z. B. Platzbuchungssysteme bei Luftverkehrsgesellschaften).

Compiler:

Übersetzungsprogramm, das ein in einer Programmiersprache geschriebenes Programm in die Maschinensprache einer Datenverarbeitungsanlage übersetzt.

Daten:

Informationen und Nachrichten, die ein datenverarbeitender Automat benötigt, um die ihm gestellte Aufgabe zu lösen. Ist der Verarbeitungs-

automat eine digitale Rechenanlage, müssen alle Daten in einer Binär-
verschlüsselung darstellbar sein.

Datenorganisation:

Grundsätze und Techniken, nach denen eine vorliegende Datenmenge
strukturiert und/oder geordnet wird. Dabei können z. B. Einzeldaten
nach übergeordneten Sachbezügen zu Datensätzen und diese wiederum zu Dateien zusammengefaßt werden. Mehrere Dateien bilden unter
bestimmten Bedingungen der sachlichen Verflechtung gemeinsam eine
integrierte Datei.

Datenspeicher:

Technische Einrichtungen eines EDV-Systems, um Daten zu speichern
und sie wieder nach Bedarf abzurufen. Die Speichereinrichtung besteht
aus dem Datenträger, der auswechselbar sein kann, und der Schreib-
Lese-Vorrichtung. Das EDV-System verfügt im allgemeinen über interne
und externe (periphere) Speichereinrichtungen. Zu den internen Speichern zählen der Arbeitsspeicher (Kernspeicher) und die Register
(elektronische bistabile Schaltkreise). Die externen Speicher sind vor
allem Magnetbandspeicher, Magnetplattenspeicher, Magnettrommel-
speicher und Magnetkartenspeicher; gelegentlich werden auch periphere Kernspeicher benutzt.

Datenverarbeitungsprozeß:

Der Datenverarbeitungsprozeß besteht hinsichtlich seines zeitlichen
Ablaufs aus drei Phasen: Dateneingabe, Verarbeitung und Datenausgabe. Die Verarbeitungsphase läßt sich durch vier Merkmale kennzeichnen:

1. Daten transportieren,
2. Daten identifizieren und zugreifen,
3. Daten mit anderen Daten verknüpfen,
4. Daten umwandeln, umgruppieren und verdichten.

Dialogbetrieb:

Betriebsweise eines EDV-Systems, bei der eine Anfrage eines Benutzers
in so kurzer Zeit beantwortet wird, daß eine Art Dialog zwischen
Benutzer und Anlage möglich ist. Dialogbetrieb wird hauptsächlich bei
Teilnehmer- und Teilhaber-Rechensystemen angewandt.

Dualsystem:

Zahlensystem mit der Basis Zwei, das nur die Ziffern Null und Eins
benötigt. Der Stellenwert einer Dualzahl wird durch die ganzzahligen
Potenzen von Zwei ausgedrückt.

Emulator:

Zusatzeinrichtung in der Zentraleinheit einer Rechenanlage, die bestimmte Software-Aufgaben übernehmen kann, wie z. B. die Simulation des Befehlsvorrates eines anderen Rechnerfabrikates oder die Durchführung bestimmter Unterprogramme, die sehr schnell ablaufen müssen.

Hardware:

Bezeichnung für die gerätetechnische Ausstattung eines EDV-Systems; sie umfaßt eine oder mehrere Datenverarbeitungsanlagen, die aus einer oder mehreren Zentraleinheiten, aus Geräten zur Ein- und Ausgabe, aus Geräten zur Speicherung von Daten und aus Einrichtungen zur Datenübertragung bestehen.

Integrierter Schaltkreis:

Elektronische Schaltung, bei der sämtliche in ihr enthaltenen Bauelemente in einem gemeinsamen Herstellungsprozeß durch Aufdampfung auf Silizium-Plättchen erzeugt werden.

Kanal:

Verbindung der Zentraleinheit mit den peripheren Geräten eines EDV-Systems. Im allgemeinen wird zwischen Steuerkanälen, die Befehle übertragen, und Datenkanälen unterschieden. Hinsichtlich der Übertragungsleistung gibt es zwei Typen von Kanälen: Der Selektorkanal kann nur mit einem Peripheriegerät zusammen arbeiten und hat die größte Übertragungsleistung; dagegen bedient der Multiplex-Kanal gleichzeitig mehrere Anschlußgeräte und ist dementsprechend langsamer in seiner Übertragungsrate.

Kernspeicher:

Interner Arbeitsspeicher einer Datenverarbeitungsanlage, dessen Hauptbestandteile Ferrit-Kerne sind, von denen jeder den Informationsgehalt eines Binärzeichens speichern kann. Die Kerne sind in Form von Speichermatrizen angeordnet.

Kettadresse (Verweisadresse):

Im allgemeinen eine physische Adresse. Sie verweist auf den Speicherplatz von Daten, die im Datenverarbeitungsprozeß in einem bestimmten Sachzusammenhang benötigt werden. Die Kettadresse im Programm verweist auf den nächst folgenden Befehl; Kettadressen auf den Datenträgern peripherer Speichereinrichtungen zeigen den Speicherplatz der nächsten zu verarbeitenden Daten an.

Kompatibilität (Austauschbarkeit):

Fähigkeit, ohne besondere Anpassungsmaßnahmen verschiedene Programme, verschiedene Daten und Datenträger und verschiedene Hardware-Einrichtungen miteinander zu einem arbeitsfähigen System zu kombinieren.

Magnetplattenspeicher:

Die Ober- und Unterseite einer Metallplatte ist mit einer magnetisierbaren Schicht bedeckt, in der die Informationen gespeichert werden. Mehrere Magnetplatten sind zu einem Plattenstapel zusammengefaßt. Ein Zugriffsarm ist mit einem Magnetkopf ausgestattet und greift beim Lesen und Schreiben zwischen die schnell rotierenden Platten.

Maschinensprache:

Maschineninterne Darstellung von Befehlen einer Datenverarbeitungsanlage. Gegenwärtig werden Programme nur noch ausnahmsweise in Maschinensprache abgefaßt, da die Handhabung dieser Sprache außerordentlich schwierig und zeitaufwendig ist.

Mnemotechnik:

Hilfsmittel und Verfahren, mit denen das menschliche Gedächtnis unterstützt werden soll. Der mnemotechnische Code einer Programmiersprache verwendet deshalb Symbole, die die Zuordnung zwischen dem Symbol und dem Befehlsinhalt erleichtern. Ein Additionsbefehl lautet in mnemotechnischer Schreibweise z. B. ADD.

Multiprocessing:

Betriebsweise eines EDV-Systems mit mehreren selbständigen Verarbeitungseinheiten. Es werden folgende Formen unterschieden:

a) Alle Aufgaben der Ein- und Ausgabesteuerung, der Zwischenspeicherung und der Automatisierung des Rechenzentrumsbetriebes werden einem kleinen Rechner, dem sog. Dienstrechner, übertragen. Auf diese Weise kann der hochwertige Hauptrechner ausschließlich für die Rechenoperationen des Benutzerprogramms freigestellt werden.

b) Zwei vollständige, im allgemeinen gleichartig ausgestattete EDV-Anlagen werden zu einem sog. Mehrrechnersystem verbunden. Die Betriebssysteme sind unabhängig voneinander. Als gemeinsame Verbindung der beiden Anlagen dient der Zugriff jeder Zentraleinheit zu gemeinsamen externen Speichereinrichtungen und Ein-/Ausgabegeräten.

c) Das sog. Mehrprozessorensystem wird dadurch charakterisiert, daß zwei oder mehrere Zentraleinheiten auf denselben Arbeitsspeicher zugreifen und für das gesamte System ein einheitliches Betriebssystem existiert.

Multiprogramming:

Betriebsweise einer EDV-Anlage, bei der in der einfachsten Ausbaustufe vom Bedienungspersonal mehrere Programme vollständig in den Arbeitsspeicher geladen werden. Die Zentraleinheit beginnt dann nach bestimmten Prioritätsregeln mit der Bearbeitung eines der geladenen Programme. Sobald dieses Programm die Ausführung von langsamen Ein- oder Ausgabeoperationen erfordert, entstehen in der Zentraleinheit Wartezeiten, die durch die Bearbeitung des nächsten Programms ausgefüllt werden. Die Bearbeitung des zweiten Programms erfolgt daher für den Betrachter nur scheinbar gleichzeitig.

Organisationsform:

Die Organisationsform eines Datenverarbeitungsprozesses betrifft die Gestaltung der folgenden Organisationsprobleme:

1. Verteilung der Dateien auf die internen und externen Speichereinrichtungen des Systems.

2. Bestimmung eines Leitkriteriums für die Steuerung des Ablaufs der Verarbeitung.

3. a) Auswahl der Zugriffsart für peripher gespeicherte Dateien,
   b) Festlegung des Adressierverfahrens im Falle des wahlfreien Zugriffs.

4. Sicherung von Dateien gegen Zerstörung oder Mißbrauch.

Peripheriegerät:

Anschlußgerät einer Datenverarbeitungsanlage zur Eingabe, Ausgabe oder Speicherung von Daten. Das Gerät ist mit der Zentraleinheit über einen oder mehrere Kanäle verbunden.

Plotter:

Zeichengerät einer Datenverarbeitungsanlage, das entweder mechanisch (Zeichnung mit Tusche auf Papier) oder elektronisch (Zeichnung mit Kathodenstrahl auf Mikrofilm) arbeitet.

Problemorientierte Sprache:

Im Gegensatz zu den maschinenorientierten Sprachen lassen problemorientierte Sprachen eine problembezogene Formulierung der Programmieraufgabe zu, indem z. B. bei einer mathematischen Aufgabe die entsprechende Formel angegeben wird. Problemorientierte Sprachen sind: ALGOL, FORTRAN, COBOL, PL1, APT, EXAPT.

Programmiersprache:

Eine eindeutige Sprache, bestehend aus bestimmten Regeln und Symbolen, mit deren Hilfe einem datenverarbeitenden Automaten Instruktionen zur Durchführung des Datenverarbeitungsprozesses mitgeteilt werden.

Quellenprogramm:

Folge von Befehlen, die mit Hilfe eines Übersetzungsprogramms in eine andere Sprache übersetzt wird. Ergebnis dieser Übersetzung ist im allgemeinen ein Zielprogramm in der Maschinensprache.

Relais:

Bauelement der ersten programmgesteuerten Rechenmaschinen; es besteht aus einer oder mehreren Spulen, die mit einem Weicheisenkern versehen sind. Wird eine Spule von einem Strom durchflossen, so zieht der dadurch magnetisierte Weicheisenkern einen Anker an. Bei Stromunterbrechung verliert der Weicheisenkern die magnetische Wirkung; das Relais kann auf diese Weise zwei Schaltzustände technisch realisieren.

Software:

Bezeichnung für die programmtechnische Ausstattung eines EDV-Systems; sie umfaßt alles, was für die Durchführung und Entwicklung der Organisation mit Hilfe der elektronischen Datenverarbeitung erforderlich ist, insbesondere ein Betriebssystem und eine Reihe von Anwenderprogrammen.

Speicherungsform:

Anordnung der zu speichernden Sätze einer Datei auf dem Datenträger einer Speichereinrichtung. Sind die Daten über das Speichermedium so verteilt, daß zwischen zwei physisch benachbarten Sätzen eine große Lücke entsteht, wird von gestreuter Speicherung gesprochen. In diesem Fall, der bei direkter und indirekter Adressierung auftritt, ist ein sequentieller Zugriff zu der Datei im Normalfall nicht möglich.

Speicherzugriff:

Aktivierung der Lese-Schreib-Vorrichtung eines Speichers, um Daten zu speichern (schreiben) oder zu lesen. Bei externen (peripheren) Speichereinrichtungen wird zwischen sequentiellem und wahlfreiem Zugriff unterschieden.

In **sequentiellem Zugriff** wird ein bestimmter Teil des Speichermediums systematisch zugegriffen, unabhängig davon, ob jeder Abschnitt dieses Speicherbereiches für den aktuellen Datenverarbeitungsprozeß relevant ist.

Der **wahlfreie Zugriff** eröffnet die Möglichkeit, speziell jene Abschnitte des Speichermediums physisch zuzugreifen, in denen bestimmte Daten zu lesen oder zu schreiben sind.

Typische externe Speichereinrichtungen für den sequentiellen Zugriff sind Magnetbandgeräte. Wahlfreier Zugriff ist darüber hinaus bei Magnetplatten, Magnettrommeln oder Magnetkartengeräten möglich.

Stapelverarbeitung:

Betriebsweise eines EDV-Systems, die durch folgende Merkmale charakterisiert ist:

1. von der EDV-Anlage wird eine Aufgabe stets vollständig bearbeitet, bevor mit der nächsten Aufgabe begonnen wird.
2. Die Datenverarbeitungsanlage besitzt nur eine Zentraleinheit.
3. Eingabe, Verarbeitung und Ausgabe sind ortsgebunden, sie müssen im Rechenzentrum ausgeführt werden.

Time Sharing System (Teilnehmerrechensystem):

Betriebsweise einer EDV-Anlage, bei der die Benutzer von Datenendstationen mit der Anlage verschiedene Aufgaben durch Programme bearbeiten, die voneinander unabhängig ablaufen können.

Unterprogramm:

Folge von Befehlen, die in verschiedenen Teilen eines Hauptprogramms immer wieder durchlaufen werden. Das Unterprogramm ist so aufgebaut, daß es als Baustein in unterschiedlichen Hauptprogrammen verwendet werden kann.

Verarbeitungstyp:

In Abhängigkeit von der Art des Zugriffs auf peripher gespeicherte Dateien lassen sich drei Verarbeitungstypen des Datenverarbeitungsprozesses unterscheiden: Prozesse mit sequentiellem Datenzugriff, mit wahlfreiem Datenzugriff oder mit Dateien, von denen einige wahlfrei und einige sequentiell zugegriffen werden.

Die Verarbeitung mit ausschließlich sequentiellem Datenzugriff ist typisch für Datenverarbeitungsorganisationen mit Magnetbanddatenspeicherung. Die Kombination von wahlfreiem und sequentiellem Zugriff wird bei Magnetplattenspeichern bevorzugt.

Die Autoren

Prof. Dr. Walter Goldberg,
Handelshochschule Göteborg.

Dr. Claus Jordan,
Technische Akademie Wuppertal.

Dipl.-Ing. Konrad Kasper,
Mitarbeiter der Zentralabteilung Technik der
Siemens AG München.

Dr. Dieter B. Pressmar,
Mitarbeiter am Institut für Unternehmens-
forschung der Universität Hamburg,
Lehrbeauftragter für elektronische
Datenverarbeitung an der Universität Hamburg.